海洋资源与生态环境理论及其问题研究

陈燕　　黄海　　马军　著

中国海洋大学出版社
·青岛·

图书在版编目(CIP)数据

海洋资源与生态环境理论及其问题研究/陈燕,黄海,马军著.—青岛:中国海洋大学出版社,2019.4

ISBN 978-7-5670-2160-0

Ⅰ.①海…　Ⅱ.①陈…　②黄…　③马…　Ⅲ.①海洋资源—关系—海洋环境—生态环境—研究　Ⅳ.①P74　②X145

中国版本图书馆 CIP 数据核字(2019)第 063193 号

海洋资源与生态环境理论及其问题研究

出版发行	中国海洋大学出版社
社　　址	青岛市香港东路 23 号　**邮政编码**　266071
网　　址	http://pub.ouc.edu.cn
出 版 人	杨立敏
责任编辑	王　慧
订购电话	0532-82032573(传真)
印　　刷	蓬莱利华印刷有限公司
版　　次	2019 年 10 月第 1 版
印　　次	2019 年 10 月第 1 次印刷
成品尺寸	170 mm×240 mm
印　　张	17.5
字　　数	235 千
印　　数	1—1000
定　　价	36.00 元

如发现印装质量问题,请致电 0535-5651533,由印刷厂负责调换。

前　　言

人类的生存和发展始终与自然资源密切相关。随着科学技术的进步,人类对自然资源的认识和开发利用程度逐渐加深。从古到今,人类对自然资源的认识和开发利用历史,由单一地面转向地面、地下兼顾,由单一陆地转向陆海兼顾。人们将目光投向了海洋,认识、研究和开发海洋。21 世纪被誉为海洋世纪,如何开发利用海洋应是人类社会认真思考的大问题。

海洋为人类提供了丰富的生物资源,在海洋里生存着 20 余万种生物,海水中的鱼类、贝类、藻类等是人类重要的食品。海底蕴藏着丰富的金属资源,蕴藏着占世界可开采储量 45%左右的石油,海底表层分布着丰富的矿藏。近年来研究发现"可燃冰"是一种清洁能源。波涛汹涌的海水,蕴藏着各种巨大的能量,潮汐能、温差能均是清洁能源,其开发利用对温室气体减排具有重要意义。同时,海洋也是整个地球生态系统的重要分解者,大量废水最终进入近海,依靠海洋的环境容量稀释、降解污染物,保持地球生态系统的平衡。

然而,人类向海洋索取资源、能源和利用海洋的同时,也对海洋产生了影响。陆源污染物的排放、海水养殖、海洋运输等导致大量污染物排入大海,造成了污染。

面对污染,我们需要加强生态文化建设,要将环境资源保护从物质生产和消费层面,从技术工程层面,扩展上升到政治、法律层面,上升到伦理价值观层面,关注人的生态人格塑造和综合素质的提高,倡导和谐发展的思维方式和生态价值观念,崇尚更加健康、文明、科学的生产、生活方式。

海洋是地球生命的起源,更是人类发展的生命保障系统,海洋生态系统的健康状态与人类的发展和命运息息相关。我国是一个海洋大国，大陆岸线长达19 057 km，岛屿岸线长达14 000 km，岛屿达10 312个。近年来一股“蓝色经济”热潮正在我国沿海地区不断涌现，这些地区的海洋生态正承受着巨大的压力，如何在发展海洋产业的同时保护海洋生态环境，是我国可持续发展中亟待解决的问题。海洋强国梦是中国梦的重要组成部分。党的十七大首次把建设“生态文明”写入党的报告，要求我们在发展中要正确处理海洋开发与海洋生态文明建设的关系，更多地关注区域海洋生态问题，保证海洋的有序开发，保持海洋的生态和谐；而党的十八大报告更是把“生态文明”建设放在突出地位，提出了生态文明建设、经济建设、政治建设、文化建设、社会建设“五位一体”的总体布局，不仅提出了要“建设海洋强国”，同时也强调要“保护海洋生态环境”；党的十九大报告相比十八大报告多了“加快”两字，开始全面加快海洋强国建设，并大力推进生态文明建设。有理由相信，今后中国将在发展海洋经济、加强陆海统筹方面投入更大精力。

全书共8章，内容涉及探索海洋世界、丰富宝贵的海洋资源、海洋资源的保护利用、海洋环境与海洋生态系统、海洋主要生态系统类型、海洋环境污染及其危害、海洋生态环境破坏及修复、海洋牧场。这些内容的阐述，旨在引起人们对海洋生态问题的关注，倡导大家团结起来共同守护我们的蓝色家园。

由于海洋资源种类繁多，性质各异，海洋资源的研究和开发利用涉及多学科的知识，加之笔者水平和时间有限，书中存在的不足和错误之处，恳请广大读者批评指正。

笔　者

2018年7月

目　　录

第1章　探索海洋世界

人类生活的地球表面71%是海洋,29%是陆地,有些陆地也是当年由海洋演变而来的。可以说,地球上发生的许多自然现象都与海洋有关,海洋在整个世界占据非常重要的地位,然而人类对整个海洋的了解并不多:海洋是怎么形成的?它是怎样发展变化的?它又是怎么对这个世界产生影响……

1.1　海洋概述

海洋是自然环境的重要组成部分。海洋对人类的生存和发展有着重要意义。地球表面总面积约 5.1×10^8 km²,分属于陆地和海洋。如以大地水准面为基准,陆地面积为 1.49×10^8 km²,占地表总面积的29.2%;海洋面积为 3.61×10^8 km²,占地表总面积的70.8%。海陆面积之比为2.4∶1(图1-1),可见地表大部分为海水所覆盖。

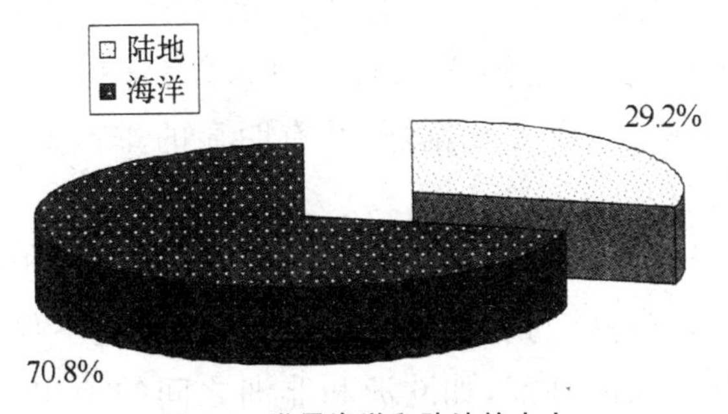

图1-1　世界海洋和陆地的大小

1.1.1　海洋的划分

覆盖在地球表面的海洋,因为距离陆域位置远近有差别,海底地貌和地质状况不同，海水各层尤其是表面水的温度、盐度、气体组成、水层动态生物分布等方面不同，所以海洋各部分无疑存在着区域差异，在海洋环境上表现出不同的生态特点。

1．海洋的分类

根据海洋要素特点和形态特征，将其分为主要部分和附属部分，主要部分为洋(ocean)，附属部分为海(sea)、海湾(bay)和海峡(strait)。海洋中面积较大的部分叫作洋，是海洋的主体，一般远离大陆，面积广阔，约占海洋总面积的90.3%。洋深度大，一般大于2 000 m；海洋要素如盐度、温度等不受大陆影响，盐度平均为3.5%，且年变化小；具有独立的潮汐系统和强大的洋流系统；洋的沉积物多为海相沉积。世界上的洋被大陆分割成彼此相通的四个大洋，即太平洋(the Pacific Ocean)、大西洋(the Atlantic Ocean)、印度洋(the Indian Ocean)和北冰洋(the Arctic Ocean)。大陆和岛屿是洋的天然界线，在没有可作为界线的大陆和岛屿的洋面，就以假定的标志为界线。比如，北极圈是北冰洋和太平洋、大西洋的假定界线，通过塔斯马尼亚南角的经线是太平洋和印度洋的界线。

海是海洋边缘与陆域毗邻或交错的部分，隶属各大洋，以海峡或岛屿与洋相通或相隔；海离大陆近，深度较浅，一般在2 000 m以内；海的面积较小，约占海洋总面积的9.7%；海的水文状况受大陆影响，各种环境因子变化剧烈，并有明显的季节变化；海的沉积物多为陆相沉积。

海可以分为陆间海、内海和边缘海。陆间海位于相邻两大陆之间，深度大，有海峡与相邻的海洋沟通，其海盆不仅分割大陆上部，而且分割大陆的基部，如欧洲和非洲之间的地中海，南北美洲之间的加勒比海。内海深入大陆之内，深度一般不大，虽与海洋有不同程度的联系，但受大陆影响更明显。有的内海与众多国家毗邻，如波罗的海；有的内海只是一个国家的内海，如我国的渤海。边缘海位于大陆边缘，不深入大陆，以半岛、岛屿或群岛与其他海洋分开，但可以自由的沟通，如东海、南海等。根据国际水道测量局的材料，全世界共有54个海。

此外，海洋因其封闭形态不同还有海湾和海峡之分。

海湾是海洋深入陆地，且深度、宽度逐渐减小的水域，如渤海湾、北部湾等。由于与大洋区的海洋环境相比，海湾水域有着截然不同的水动力学机制，同时海湾水域又是陆海相互作用剧烈的区域，尤其是受到人为因素的影响也相对较大，因此海湾生态环境也是海洋环境研究中的一个重要区域。

海峡是两侧被陆地或岛屿封闭，沟通海洋与海洋的狭窄水道。海峡最主要的特征是流急，特别是潮流速度大。海流有的上、下分层流入、流出，如直布罗陀海峡等；有的分左、右侧流入或流出，如渤海海峡等。由于海峡中往往受不同海区水团和环流的影响，故其海洋状况通常比较复杂。

海洋的平均深度达3 795 m，最深处是位于太平洋马里亚纳海沟的斐查兹海渊，其深度达11 034 m，这里是地球的最深点。海洋的体积大约为13.7×10^{8} km^{3}。

2. 中国海的分区

中国海域宽广、岸线曲折、岛屿众多、海洋资源丰富。中国海濒临西太平洋，北以中国大陆为界，南至努沙登加拉群岛，南北纵越纬度44°，西起中国大陆、中南半岛，东至琉球群岛、中国台湾和菲律宾群岛，东西横跨经度32°。中国海自北向南跨越温带、亚热带和热带3个气候带，海岸类型多样化，海岸线长达18 000 km，海域面积为4.73×10^{6} km^{2}。

中国海域内拥有岛屿超过6 500个，其中包括舟山群岛、万山群岛、台湾岛和海南岛等著名岛屿，总面积为8×10^{4} km^{2}，岛屿岸线为14 000 km；流入海域内的河流约有1 500条，其中包括黄河、长江、珠江等著名河流；年总径流量为1.8×10^{12} m^{3}；海底地形复杂，受大陆的影响沉积物多为陆相沉积；潮汐类型主要为全日潮、半日潮和不规则潮汐等类型。

中国海域划分为渤海、黄海、东海和南海 4 个海区。

渤海:形似一个侧放着的葫芦,北至辽河口,南到弥河口,跨度为 550 km,东西宽为 346 km。实际上,渤海三面被陆地环抱,是以渤海海峡与黄海连通的半封闭性内海。在 4 个海域中,渤海的面积最小,只有 77 000 km^2,最大深度为 80 m,位于渤海海峡的老铁山水道,平均深度为 18 m。流入渤海的河流较多,其中有黄河、海河和滦河等主要河流。黄河年平均径流量为 4.82×10^{10}。渤海海域盐度较低,年平均为 3%,近岸河口区为 2.2%~2.6%。水温变化较大,夏季为 24~28℃,冬季在 0℃左右,3 个海湾附近沿岸均有结冰现象,其冰冻范围为 1 km 左右,最大范围可达 20~40 km。

黄海:位于中国大陆与朝鲜半岛之间,位于济州岛以北,南北长 870 km,东西宽为 550 km,最窄处仅 180 km。面积为 4.2×10^5 km^2,最大深度 140 m,平均深度为 44 m。

从山东半岛成山角至朝鲜半岛长山一线又将黄海划分为两部分,连线以北为北黄海,以南称南黄海。北黄海的面积为 7.1×10^4 km^2,南黄海的面积为 3.09×10^5 km^2,因为苏北沿岸平原是古黄河下游的三角洲,所以水深较浅,海底坡度十分平缓。

东海:东海是一个比较宽阔的边缘海。东海海域内海峡较多,东北有朝鲜海峡,其将东海与邻近海域及太平洋沟通。东有大隅、吐噶喇等海峡与太平洋沟通,南有台湾海峡与南海沟通。流入海域内的河流主要有长江、钱塘江、瓯江和闽江等。世界著名的舟山渔场就位于东海,这里是中国近海海域黄鱼、带鱼的主要作业渔场。

南海:越过台湾海峡就进入了碧波万顷的南海。它北起中国台湾、广东、海南和广西,东至中国台湾、菲律宾的吕宋、民都洛及巴拉望岛,西至中南半岛和马来半岛,南至印度尼西亚的苏门答腊与加里曼丹岛之间的隆起地带。南海面积为 3.5×10^6 km^2,是渤海、黄海和东海面积之和的 3 倍。海域内有著名的北部湾和泰国湾。海域最大深度为 5 559 m,位于菲律宾附近。海域平均深度为 1 212 m。

流入南海的河流有中国沿岸的珠江、赣江以及中南半岛的红河、湄公河和湄南河等。

浩瀚的南海海域拥有 1 200 多个大大小小的岛、礁、滩，并组成了著名的四大群岛，即东沙群岛、西沙群岛、中沙群岛和南沙群岛，亦称中国南海诸岛。

中国海在海洋形态上属于边缘海类型中的纵边海，其形状为椭圆形，南北长，东西短。中国海主要在大陆架以内，即在 200 m 等深线以内，但在东海东侧的琉球群岛和南海南端的菲律宾与婆罗洲沿岸，超出了大陆架的范围，南海的中部到菲律宾的一半属大陆坡范围。渤海、黄海和东海属于温带海，一年中海况的季节变化比较大。南海属于热带海，其海况季节变化较小。我国四大领海的海域辽阔，资源丰富，有漫长的海岸线和众多的港湾，为我国发展海洋渔业提供了良好的条件。

1.1.2　海洋的味道

海水所含的盐度一般都在 3.5%左右，海洋中发生的许多现象都与盐度的分布和变化有密切关系，所以盐度是海水的基本特性，不同时间、不同海域的海水咸度是不同的。含盐量最高的海洋地区是在副热带地区，然后出现分别向两侧降低的趋势，含盐度最低地区出现在高纬地区。这是因为，海洋所含盐量的多少是与海洋的蒸发量、降水量和沿岸河流的注入量有着密切的联系的。地球的副热带地区，海洋的含盐量之所以会很高是与当地的气温高，蒸发量大，降水少相关联的。

1.1.3　海底结构

1. 大陆架

大陆架是大陆边缘在海面以下的延续部分，是指从低潮线以下至大陆斜坡以上、最接近陆地的海底部分。大陆架海底坡度比较平缓，平均坡度只有 0.1°，即平均每千米仅下降 1～1.5 m 左右。大陆架水域的水深范围一般都在 0～200 m 之间，边缘处的平均水深约 130 m，虽然在极个别海域大陆架边缘的水深有可能更深些，但很少超过 500～600 m。大陆架的平均宽度为 75 km，但由于沿岸地形的不同，在不同海域其宽度变化也比较大。

全球大陆架的总面积约 2.71×10^7 km^2，占海底总面积的 7.5%，其面积大约与世界第二大洲非洲的面积相当。

在地球的冰河时期，海平面大约比现在低 120～150 m，如今的大陆架应该是当时的大陆边缘。大陆架地貌的形成，一部分是浪蚀作用的结果，另一部分则是沉积岩沉积作用的结果。

大陆架是当前世界各国渔业捕捞和海底石油开采等最活跃的海域。目前世界上的主要渔场都分布在大陆架水域，海底石油和天然气开采也多集中在该水域，因而大陆架水域对沿海各国的经济和人民生活都是至关重要的，其边界也常成为相邻国家领土纠纷的焦点问题。

2. 洋中脊

海洋的脊梁就是洋中脊。洋中脊又叫大洋中脊、中隆或中央海岭。它隆起于洋底中部，并贯穿整个世界的大洋，从北冰洋开始，穿过大西洋，经印度洋，进入太平洋，总长度约 8×10^4 km，总面积约占海底面积的 33%，同地球上全部陆地的面积差不多。

3. 海沟

海底的深沟，是由坚硬的岩石组成，沟底上盖着薄薄的一层泥沙。沟底的软泥，有的来自繁殖于海面上的微小生物的遗体，它们从海面沉到海底。另外，沟坡上的泥沙偶尔也会崩落到沟底。海沟的上部比较开阔，越往下，渐渐缩窄。

世界海洋的平均深度不到 4 000 m，而全球 19 条海沟的水深却都在 7 000 m 以上。在海底的深渊里，终年暗无天日。

4. 海洋沉积物

海洋沉积物是各种海洋沉积作用所形成的海底沉积物的总称。海洋沉积物根据其来源及分布等特征，可分为陆源沉积物和远洋沉积物两种。陆源沉积物是指毗邻大陆的海盆边缘附近来自陆地的沉积物，包括陆源泥、滑坡沉积物、浊流沉积物和冰川沉积物；远洋沉积物是指分布在远离陆地的深海底部的沉积物，包括生物源沉积物、无机沉积物、自生沉积物和火山沉积物。海洋沉积物是海洋地质历史的良好记录，研究海底沉积物的类型、组成、分布规律、形成过程和它的发育历史，对认识海洋的形成和演变具有重要意义。

1.1.4 奇特的海洋现象

1. 海浪

海浪是由外部能量驱动海水所形成的运动，大多数海浪是“风浪”。风吹过海面时，会将海水卷起，并带动海水向前运动，最后形成海浪。在波峰处，重力把海水向下拉，形成杯状的波谷。通常情况下，风浪在海面上平稳前行，最后到达海岸，将能量释放出去。最大的风浪一般出现在大洋中的强风海域，如环绕南极洲的南大洋。在澳大利亚南部沿海地区，2.7～3 m高的海浪很常见，风暴引起的海浪经常高达6 m。但是在北大西洋的一些地区，某些条件下的风和海流会引起所谓的畸形波，这种波浪可高达33 m，有的甚至更高。

2. 海流

海流也称为洋流，是指大洋中一部分海水在某些外力的作用下形成的长距离定向流动，因其某些特征与陆地上的河流有相似之处，因而被称为海流。

在海洋中有河流，它在最严重干旱的情况下也不会干涸，在发生最大洪水的情况下也不会溢出两岸。这河流的两岸与河床是由冷水组成的，而它的湍流则是由温水组成的，墨西哥是它的河源，而北冰洋是它的河口。

海流虽然也有边界、流向、流速等，但其边界远不像河流那样分明，而宽度、流量等一般要比河流大得多。海流的宽度最大可达数百千米，长度则可达数千千米，其流速一般都可以达到5 km/h以上。有些海流的流速和流量有时大得惊人，例如：在挪威的萨尔登湾与西尔斯达德湾之间的海峡中，海流的最大流速可达30 km/h，其巨大的轰鸣声可传至数千米之外；墨西哥湾暖流在通过佛罗里达海峡时的流量可以达到每秒2.6×10^{11} m^3，流至切萨皮克湾后可进一步增大至每秒$7.5\times10^{11}\sim9\times10^{11}$ m^3。

海流的形成原因有多种，定向风和地球自转力等外力作用，海水因温度和密度变化等自身原因产生的重力作用，都可能导致海流的形成。根据其成因的不同，可分为风海流、密度流、补偿流。根据其自身特性的不同，又可分为沿岸流、大洋环流、寒流、暖流等。

3. 海雾

海雾是海面低层大气中一种水蒸气凝结的天气现象。因它能反射各种波长的光，故常呈乳白色。海雾是航海的克星，也是一种频发的海洋灾害。它会使海上的能见度显著降低，使航行的船只迷失航路，造成搁浅、触礁、碰撞等重大事故。

根据成因的不同，可把海雾分成平流雾、混合雾、辐射雾和地形雾四种。

(1)平流雾是因空气平流作用在海面上生成的雾。它包括两种：①平流冷却雾，又称暖平流雾，有时简称平流雾，它是暖气流受海面冷却，其中的水汽凝结而成的雾。这种雾比较浓，雾区范围大，持续时间长，能见度小。②平流蒸发雾，它是海水蒸发，使空气中的水汽达到饱和状态而形成的雾，又称冷平流雾或冰洋烟雾。冷空气流到暖海面上，由于低层空气下暖上冷，层结不稳定，故雾区虽大，雾层却不厚，雾也不浓。

(2)混合雾也可分为两种：①冷季混合雾，这种雾多出现在冷季；②暖季混合雾，这种雾多产生在暖季。

(3)辐射雾则有 3 种情况：①浮膜辐射雾，它是指漂浮在港湾或岸滨的海面上的油污或悬浮物结成薄膜形成的雾；②盐层辐射雾，当风浪激起的浪花飞沫经蒸发后留下盐粒，借湍流作用在低空构成含盐的气层，夜间因辐射冷却，就在盐层上面生成了雾；③冰面辐射雾。

(4)地形雾则有岛屿雾与岸滨雾之分。前者是空气爬越岛屿过程中冷却而成的雾；而岸滨雾则产生于海岸附近，夜间随陆风漂移蔓延于海上，白天借海风推动，可飘入海岸陆区。

4. 冰山

冰山是指从冰川或极地冰盖临海一端破裂落入海中漂浮的大块淡水冰。冰山并不是海冰结成的，是“陆上长，海上生”，是由冰川碎裂而成，漂浮或搁浅，形状多变，露出海面高度 5 m 以上。极地除了有海冰以外，海洋上还漂浮着十分壮观的冰山。冰山是一个危险的杀手，它常常出没于高纬度的海区，给过往的船只造成巨大的威胁。

5. 海啸

海啸是一种极具强大破坏力的波浪，由海底地震或海底火山喷发等海底剧变所引发，常常会引起海水大面积的泛滥。海啸一词用来形容运动速度极快的“水墙”。这种“水墙”高度可达 30 m 或更高，以 800 km/h 的速度运动。通常情况下，海啸可引发一连串的巨型波浪，波浪之间的间隔时间可达 45 min。这些波浪在外海深处很难被察觉到，只有在靠近海岸时，高度才会急剧增加。

6. 台风和飓风

一般来说，台风和飓风都会给人类的生产和生活带来不同程度的灾难。盛夏季节，热带海洋上常常产生一种庞大的空气涡旋。它一面强烈地旋转，一面在海上向前移动或登上陆地，常常带来狂风暴雨，甚至造成大范围的洪涝灾害和局部地区风暴潮、海啸、山崩等严重的自然灾害。

靠近赤道的热带海洋是飓风唯一的出生地。这里有充足的阳光，空气中含有充足的水分，当热带海面上形成巨大的低压区的时候，周围的冷空气就会补充进去，形成巨大空气涡旋。因此，飓风是在海上生成，然后登上陆地。

飓风和龙卷风之间存在很大的差异。龙卷风持续的时间很短暂，属于瞬间爆发。龙卷风最大的特征在于它出现时，往往有一个或数个如同“大象鼻子”样的漏斗状云柱，同时伴随着狂风暴雨、雷电或冰雹。

飓风是一个巨大的空气涡旋，多发生于暖季。其风力达 12 级以上。飓风中心有一个风眼，风眼越小，破坏力越大。

7. 潮汐

潮汐也许是海洋中最容易预报的一种变化。在每一个潮周期中，海面先是上升，然后下降。地球绕着地轴自转时，月球和太阳的引力对地球的牵拉作用是不断变化的，海面的上升和下降与这种变化的联系相当密切。月球引力的牵拉作用最强，所以月亮正下方的海洋无论处于哪个半球，涨潮都是最强烈的。地球自转的离心力作用于正在上涨的海水，会在海面上形成浅水波。这时，沿着海岸，我们会看见水位先是上升，继而下降。一个周期内，与其他周期内的潮汐相比，高潮达到最高，低潮达到最低，这就叫“大潮期”。一年中从头至尾，大潮期的出现与满月和新月相对应，两次大潮的间隔一般是两个星期。“小潮”是一个潮周期中出现最低的高潮和最高的低潮，出现时间在月相的上弦月和下弦月期间。无论如何，因为月亮每天升起的时间总比前一天晚 51 分钟，所以两个潮周期会持续 24 h 51 min，高潮也是每天都比前一天晚 51 min。

1.2　海洋资源及其分类与空间分布

1.2.1　海洋资源概述

海洋资源指的是能在海水中生存的生物、溶解于海水中的化学元素和淡水、海水中所蕴藏的能量，以及海底的矿产资源。海洋资源属于自然资源，既具有资源的特点，也具有自然资源的本质、属性和特征。这些都是与海水水体本身有着直接关系的物质和能量。

海洋资源除了包含上述能量和物质外，还有港湾、四通八达的海洋航线、水产资源的加工、海洋上空的风、海底地热、海洋景观、海洋里的空间乃至海洋的纳污能力等。可以说，海洋资源的范围涵盖海底矿产资源、海洋航运和港口资源、海洋能源、海水及海水化学资源，以及海洋生物资源等。

随着社会需求和科技的发展，人们对海洋资源的开发利用不断地延伸和扩展。目前，海洋资源开发活动中既有传统的又有新兴的。海洋航运、盐业、海洋捕捞业属于传统海洋开发的范畴；新兴海洋开发主要则包括（历史在 100 年以内的）海洋石油天然气开采、海水养殖、海洋空间利用等。许多新兴的海洋开发产业基本上都是 20 世纪五六十年代才发展成熟起来的，有海洋石油工业、海底采矿业、海水养殖业等，它们的兴起标志着人类对海洋资源的开发更为全面了。就活动范围而言，海洋资源的开发逐渐由单项开发发展为立体的综合开发。

就开发领域而言，对海洋的利用扩展到了资源、能源、空间三大方面。

1.2.2 海洋资源的特殊性质

海洋资源与陆地资源相比，有其特殊的性质。

1. 海洋资源的公有性

海洋资源的公有性主要体现在，国家管辖海域内的自然资源通常属于国家所有，此外，海洋资源的公有性还体现为国际性。近年来大规模的海洋调查、勘探和开发，经常采取国际合作的形式，并且成立协调各国利益的国际海洋开发组织。但是，在开发活动中，以海洋资源问题为中心的国际争端仍然长年不休。

2. 水介质的流动性和连续性

海水不是静止不动，而是向水平方向或垂直方向移动的。溶解于海水的矿物随海水的流动而位移；污染物也经常随着海水的流动在大范围内移动和扩散；部分鱼类和其他一些海洋生物也具有洄游的习性，这些海洋资源的流动使人们难以对这些资源进行明确而有效的占有和划分。世界海洋是连成一个整体的，鱼类的洄游无视人类的森严疆界四处闯荡，这样就给人类的开发带来一个在不同国家间利益和养护责任的分配问题；污染物的扩散和移动则可能会和给其他地区造成损失，甚至引起国际问题，这些都给海洋资源开发带来了困难。

3. 水介质的立体性

海洋资源立体分布于海洋范围内，与陆地相比，这个特点非常明显。例如，海水中的可以进行光合作用的植物，主要分布于平均 100 m 左右水深的区域范围内，而陆上森林的平均高度仅有 10 m 左右；生活在海水中的各种生物和海底矿物以及海滨风光，这些资源也呈立体状分布于海洋地理范围内，常常可以由不同的部门同时利用；另外，污染物质的扩散也在某种程度上呈立体状。

海水的立体性，使得各国难以建立固定设施来明确所属海洋资源的范围。

1.2.3　海洋资源的分类

海洋资源十分丰富，种类繁多，其基本属性和用途均具多样性。因此，对海洋资源的分类还没有形成完善的、公认的分类方案。

由于海洋资源属于自然资源，按照自然资源是否可能耗竭的特征，将海洋资源分成耗竭性资源和非耗竭性资源两大类。耗竭性资源按其是否可以更新或再生，又分为再生性资源和非再生性资源。再生性资源主要指由各种生物及由生物和非生物组成的生态系统，在正确的管理和维护下，可以不断更新和利用，如果使用管理不当则可能退化、解体并且有耗竭的可能。

海洋资源是一类特殊的自然资源，根据海洋资源本身的属性和用途对海洋资源进行分类，更便于强调和突出海洋资源的属性和用途，更有利于对海洋资源的研究、开发、利用和保护。

1.2.4　海洋资源的分布

不同大类的海洋资源，在海洋中具有不同的分布规律。

海水与水化学资源分布于整个海洋的海水水体中。海洋生物资源也分布于整个海洋的海床和海水水体，但以大陆架的海床和海水水体为主。海洋固体矿产资源的滨岸砂矿分布于大陆架的滨岸地带，结核、结壳及热液硫化物等矿床分布于大洋海底。海洋油气资源分布于大陆架。海洋矿产资源的分布如图1-2所示。海洋能资源分布于整个海洋的海水水体中。海洋空间资源和海洋旅游资源分布于海洋海水表层、整个海洋的海水水体及海底底床附近。

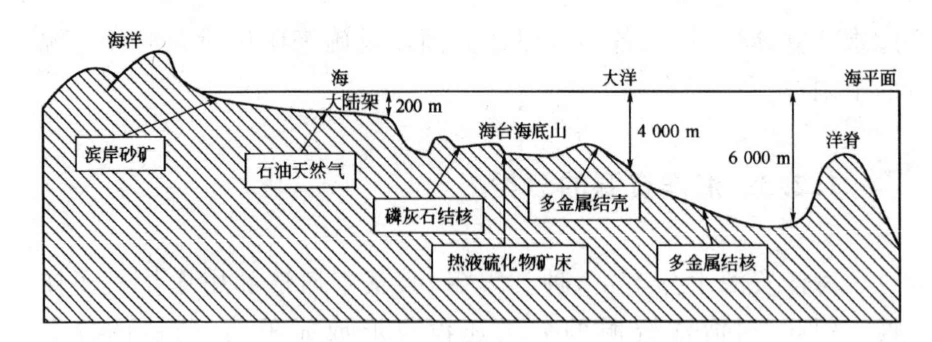

图 1-2 海洋矿产资源分布示意图(参考刘光鼎院士 2005 讲学资料编绘)

1. 海岸带海洋资源

海岸带(coastal zone)是海陆交互作用的地带。海岸发育过程受多种因素的影响,海岸形态错综复杂,导致不同岸段海岸带的地形、沉积物和水动力等具有多样性。海岸带地区有重要的海滨砂矿,如金、铂、金刚石、锡砂等,它们是被陆地河流搬运到海洋后,又被潮流和海浪运移、分选和集中而成。海岸带地区营养盐充足,拥有丰富的生物资源。海岸带旅游资源丰富,是开展滨海旅游的重要场所。海岸带地区具有广阔的空间,是开展盐业、海水养殖、海运、围垦、排污等工农业开发的重要场所。海岸带地区又是滨海湿地的主要分布区,具有非常重要的生态功能。

2. 大陆架海洋资源

大陆架(continental shelf)是大陆向海自然延伸的平缓的浅海区,是大陆周围被海水淹没的浅水地带,其范围是从低潮线延伸到坡度突然变大的地方为止。大陆架坡度平缓,平均坡度只有 0°07′。

大陆架海区的水动力活跃、多样,地形有利于物质的沉积,在河流冲淡水、波浪、潮流和海流的作用下,形成各种类型的浅海沉积。这里富有各种沉积矿床,如海绿石、磷钙石、硫铁矿、钛铁矿、石油和天然气等。大陆架下石油和天然气储量丰富,海上石油和油气开采主要集中在水深 100 m 的浅海区。此外,滨海砂矿以及用作建筑材料的砂砾石，也取于大陆架。

大陆架水浅、光照条件好，海流和垂直混合作用强烈，营养盐丰富，是各种海洋生物生长和繁殖的良好环境，初级生产力较高。这里既是重要的渔场，又是海水养殖的良好场所。目前世界上海洋食物资源的90%来自大陆架和邻近海湾。

3. 大陆坡海洋资源

大陆坡是大陆架坡折至大陆隆或海沟间的坡度较大的海底斜坡，大陆坡的坡度一般较陡，平均坡度4°17′。多数大陆坡的表面崎岖不平，其上发育有复杂的次一级地貌形态，最主要的是海底峡谷和深海平坦面。

大陆坡海域离大陆较远，海洋状况比较稳定，水文要素的周期变化难以到达海底，底层海水运动形式主要是海流和潮汐，沉积物主要是陆屑软泥。植物极少，动物主要是食泥动物。大陆坡地形较陡，浊流的流速较大，沉积物不易停留而沿着陡坡滚落到陆坡基部，再经过水动力的搬运，最后沉积下来。

4. 大陆隆海洋资源

大陆坡以外至大洋盆地之间，常有大陆坡坡麓缓缓倾向大洋底的扇形，叫作大陆隆(continental rise)。大陆隆跨越大陆坡坡麓和大洋底，是由沉积物堆积而成的沉积体。动力作用以浊流为主。它表面坡度很小，是接受陆坡上下滑的沉积物的主要地区，沉积物厚度巨大。这种巨厚沉积是在贫氧的底层水中堆积的，富含有机质，具备生成油气的条件，很可能是海底油气资源的远景区。这里也有着丰富的海底矿产，不仅有石油、硫、岩盐、钾盐，还有磷钙石和海绿石等，而且还是良好的渔场。

5. 大洋底海洋资源

位于大陆边缘之间的大洋底(ocean floor)是大洋的主体，由大洋中脊(mid-ocean ridge)和大洋盆地(ocean basin)两大单元构成。大洋盆地是指大洋中脊坡麓与大陆边缘之间广阔洋底，约占世界海洋面积的1/2，它的坡度极微，主要原因是深海沉积物将起伏的基底盖平，否则就显现为深海丘陵。深海动力作用以海流（底流）和火山等地质活动为主。

深海沉积物中，大陆边缘以海洋冰川沉积和其他陆源沉积为主，大洋底分布深海稀土沉积、钙质软泥沉积和硅质软泥沉积。深海海底蕴藏着锰结核和含金属泥沉积物，还有红黏土、钙质软泥、硅质软泥、海底热液矿床等。

1.3 海洋资源研究的意义

1.3.1 海洋资源研究是人类社会生存和发展的需要

和陆地一样，海洋是人类生存的基本条件。海洋和大气之间的热和物质的交换保持了地球适于人类生存的条件，世界上的降水主要来自海洋。海洋为人类社会发展提供了丰富的资源，以及便利的生产条件。许多世纪以来，海洋是世界各国的交通要道，现在每年海洋上的货物运输量都将近 4×10^{9} t。海洋中蕴藏着极其丰富的资源，如自然界已经发现的92种元素中，有80多种在海洋中存在。固体矿产方面，根据现有的资料，许多专家认为世界洋底蕴藏着 $1\times10^{12}\sim3\times10^{12}$ t 锰结核资源量；据不完全统计，富钴结壳仅在西太平洋火山构造隆起带的潜在资源量就在 1×10^{9} t 以上；海底石油资源的总量将近 1.35×10^{11} t，天然气总量为 1.4×10^{14} m^{3}，约占世界油气总资源量的40%。目前，海底天然气开采总量约占全球油气开采量的30%。海洋中还蕴藏着巨大的能量，如海水机械能、海水热能和盐度差能等，可供开发利用的总量在 1.5×10^{11} kW 以上，相当于目前世界发电总量的十几倍。海洋中存活着20多万种生物，据推测，海洋初级生产力每年有

6×10^{11} t，其中可供人类利用的鱼类、虾类、贝类和藻类等，每年有 6×10^{8} t。目前，全世界每年捕捞量为 9×10^{7} t 左右，海产品提供的蛋白质约占人类食用蛋白质总量的 22%。尽管海洋有着如此丰富的资源，但由于开发难度很大，因此长期以来对海洋资源的开发并没有真正引起人们的兴趣。

进入 20 世纪以后人类对自然资源的开发强度逐渐加大。仅对矿产资源进行分析，自 70 年代以来，世界金属的消耗量几乎超过过去 2 000 年间的总消耗量，近几年对能源的开发利用量是过去 100 年间的 3 倍，目前陆上主要矿产资源的可采年限大多在 30～80 年。而剩余石油、天然气和油页岩的开采年限也在 40～100 年，储量较为丰富的煤炭也仅够开采 200 多年。自然资源是人类赖以生存的物质基础，人类社会生产的一切实物或能量都是对自然资源进行开发利用的收益，目前一些资源对人类社会长远发展的支持能力遭到了严重损害，同时，现代社会还面临着环境恶化和人口增长过快等问题。基于以上情形，人们很自然地把希望寄托于海洋，并逐渐认识到海洋是自己的第二生存空间，是人类可持续发展的重要支柱。此外，生产力的发展也为开发海洋奠定了物质基础，科技的进步以及对海洋认识的加深从认识上为深入开发海洋资源准备了条件。以海底石油进入商业开采为标志，海洋资源开发的历史进入了一个新的发展阶段。目前，除了海洋油气资源之外，一些新兴的海洋资源开发领域也已经进入或接近商业生产阶段，海洋资源开发利用的深度和广度都在日益扩展。

1.3.2　海洋资源的研究是自然环境保护的需要

自然环境是各种自然要素相互关联的复杂综合体，这些要素包括地形、地质、气候、海洋水、陆地水、土壤、植物等。从生产的角度讲，不同地区的自然环境是存在差别的。资源丰富、便于运输、气候等自然条件良好的环境可以称为所谓“有利的环境”，处在这种环境中的海洋资源是人类优先开采的对象，处在“不利的环境”中的海洋资源,其开发往往需要更高的成本,这些都影响到资源的价值。

人类在开发海洋资源的生产活动中对环境和资源的作用大致表现在五个方面,即开发、利用、改造、破坏和污染。如何防止生产对环境和资源的不利影响,实现海洋资源开发和环境保护和谐发展,是海洋资源研究中的一个重要课题。

海洋资源是前景极好的资源领域。海洋资源的某些种类现在已经成为人们生产生活的原料或消费品的来源,有些资源种类已被调查、研究所肯定,将是人类未来发展的重要资源。虽然人类有着几千年的海洋开发史,但是许多海洋资源仍然处于没有充分开发的状态,人类对海洋资源的开发利用程度仍然处在发展的起步阶段。例如,海洋矿产资源尤其是深海矿产资源基本上保存完好。无疑,海洋是人类未来发展的重要基地,问题的关键是如何很好地利用这个基地,如何在开发的同时保护好海洋环境。当前,在海洋资源开发事业飞速发展的压力下,海洋资源的开发所存在的一些问题也逐渐凸显出来。这些问题的出现,严重影响了海洋资源对人类未来发展的贡献。如何使海洋资源高效益、有秩序地合理开发,避免或减少人为破坏,维护其对人类的持续支持能力以永续利用,必须通过加强海洋资源的研究,把海洋资源的开发和保护有效结合才能实现。

因此,深入认识海洋资源,加强对海洋资源的管理,采取针对性海洋环境保护措施,是保证海洋资源最大限度服务于人类的重要途径。如我国为了减缓海洋渔业资源的衰退,增加渔业生产力,近年来实行了休渔政策,并取得了良好的效果。

1.3.3 海洋资源的研究是丰富自然科学的需要

海洋资源属于自然资源,海洋资源的研究属于自然科学研究的重要组成部分。海洋中尚有许多不为人知的神秘世界,有待于通过海洋资源资料的逐步积累和研究程度的逐步加深,来发现其中的自然奥秘，丰富自然科学内涵。海洋是地球的重要组成部分，海洋资源的研究成果将推动地球科学的发展，如板块学说的提出与完善，主要依赖于海底调查的成果。海洋中蕴藏着丰富的矿产资源，有的矿产的成因正是海洋资源调查中揭示的，如热液硫化物矿床的证实。海洋中生物资源极其丰富，在滨浅海环境、半深海乃至深海的极端环境均有生物存在，对这些生物资源的研究，将极大地推动生物学、生命科学的发展。有的学者断想，对洋底奇妙世界的探索成果，很有可能改变我们对地球上生命起源和进化的传统观点。

1.4　多样的海岸生态

中国的海洋跨越暖温带、亚热带和热带 3 个气候带。中国入海河流众多，流域范围广阔。多样的自然环境孕育了多种类型的海洋生态系统。中国海洋生物资源种类繁多，约占全球海洋生物物种的 10%。中国海域是全球海洋生物多样性最丰富的 5 个近海海域之一。

1.4.1　1 500 多条河流入海

中国 960 万平方千米的土地上，有着超过 18 000 km^2 的海岸线。大大小小 1 500 多条河流，从海岸线汇入大海，入海河流径流量占中国河川径流总量的 69.8%，其中流域面积广、径流大的河流主要有长江、黄河、珠江、钱塘江等。

全长 6 300 km、流域面积 1.8×10^6 km^2、约占中国土地总面积 1/5 的长江是中国第一大河，也是世界第三大河。它发源于青藏高原唐古拉山脉主峰格拉丹冬雪山的西南侧，干流流经中国 11 个省、市、自治区，在崇明岛以东流入东海。长江年平均入海水量达到 1 万亿立方米，居世界第三位。

黄河是中国第二大河，因为河水黄浊而得名。它发源于巴颜喀拉山北麓约古宗列盆地，流经中国9个省、自治区，在山东省垦利县流入渤海，全长5 464 km，流域面积7.524×10^5 km^2。黄河平均每年挟带10余亿吨泥沙入渤海，造就了近代的黄河三角洲。

珠江是中国第三大河。它发源于云贵高原乌蒙山系马雄山，流经6个省、自治区，从广东省的八大口门流入南海。全长2 320 km，流域总面积4.536×10^5 km^2。

钱塘江是中国浙江省最大的河流。它发源于安徽省休宁县西南，干流流经安徽、浙江两省，经杭州湾入海。全长588 km（以北源新安起算），流域面积5.51×10^4 km^2。

注入中国近海的江河、溪流数量较多，不仅带来大量淡水，而且其陆地流域面积广，所携带和溶解的物质也非常多，它们对中国海的自然环境都产生了重大的影响。

1.4.2　17个重要河口

河口又称为河口湾、三角湾，是河流入海的地点，也是河水和海洋的结合部。河口是一个半封闭的海岸水体，与开阔的海洋自由沟通，同时沿岸有一条或数条大型河流注入其中。当携带有大量泥沙的河流注入海洋时，由于受到潮汐的顶托，大量泥沙在两岸沉淀，便形成了河口湾。在河口内，由于咸的海水被内陆排出的淡水稀释，咸水和淡水在河口处混杂，形成了水产盛产区域。

我国海岸带上重要的入海河口有17个：黄河口、长江口、珠江口、图们江口、鸭绿江口、辽河口、滦河口、海河口、灌河口、钱塘江口、椒江口、瓯江口、闽江口、九龙江口、韩江口、南流江口和北仑河口。

河口生态系统拥有丰富的生物多样性和特殊性，其中的特殊性以水中生物为例，如珠江口是中国重要的湿地之一，也是中国境内白海豚分布最密集和种群最多的区域，有世界仅有的白鲟、中华绒螯蟹等。河口还是许多溯河物种的主要洄游通道或短暂停留地，很多重要经济动物将河口区作为产卵繁育地。

1.4.3　世界最大的芦苇沼泽湿地

从中国东北地区的辽宁省盘锦市乘车往西南方向走近1小时，就到达了横亘海边的护苇大堤。站上护苇大堤，就能看到被称为世界上最大的植被类型——保存完好的芦苇沼泽地辽河三角洲湿地。

滨海盐沼湿地位于海陆相互作用的河口地带，一般生长芦苇等多种盐生草本植物，以及大量的潮间带底栖生物。芦苇群落是中国滨海盐沼湿地分布最广泛的草本盐沼类型。

在渤海湾畔，辽河、大辽河入海的交汇处形成的这片120万亩的芦苇沼泽地——辽河三角洲，是中国北方滨海湿地的重要群落。这片滨海湿地中具有生物多样性的特征，生长着芦苇、红碱蓬、香蒲等植被，这里也是近7 000种野生动物的栖息地，其中鸟类236种，有丹顶鹤、濒危物种黑嘴鸥、大天鹅、东方白鹳等。这里是丹顶鹤繁殖的最南限，是世界上黑嘴鸥最大的繁殖栖息地，也是东亚候鸟迁徙路线的重要停歇和取食场所。

1.4.4　在果实里“怀胎”的红树林生态系统

红树林生态系统是由生长在热带海岸泥滩上的红树科植物和周围环境共同构成的生态功能统一体，它是河口地区典型的生态系统。红树、红茄莓、角果木、秋茄树、木榄、海莲等是红树林生态系统中主要的植物种类。这些植物有呼吸根或者支柱根，在果实里“怀胎”——果实还在树上时，种子就在果实里面萌芽成小苗。成熟后，它们带着小枝叶脱离大树，一个个从树上跳到海滩中，随着海水到处漂流，遇到合适的地方就扎根下来，安家生长。

在我国的浙江、福建、台湾、广东、广西和海南部分沿海滩涂地区都有红树林生态系统的分布。其中，广西红树林资源最为丰富,其红树林面积占中国红树林面积的三分之一。无论是种类还是分布范围,在太平洋西岸,中国的红树林都具有代表性。

红树林对海洋灾害防御的意义重大,具有防风消浪、促淤保滩、固岸护堤、净化海水的作用。同时也是海岸滩涂动物的重要栖息地。

红树林是世界上生物多样性最为丰富的生态系统之一,如中国广西山口红树林区就有111种大型底栖动物、104种鸟类、133种昆虫。

海南东寨港红树林自然保护区是中国首个红树林保护区,面积超过40 km^2。保护海南红树林面积15.782 km^2,红树植物17科33种,其中真红树植物9科22种,半红树植物11种,占中国红树林植物种类的90%。东寨港红树林保护区1992年被列入《关于作为水禽栖息地的国际重要湿地公约》组织中的国际重要湿地名录。

广西山口红树林生态保护区位于广西北海市合浦县沙田半岛东西两侧,地处亚热带,海岸线总长50 km,红树林面积8.06 km^2。保护区内浮游植物96种,底栖硅藻158种,鱼类82种,贝类90种,虾蟹61种,鸟类132种,昆虫258种,还有儒艮等珍稀保护动物,是中国第二个国家级的红树林自然保护区。

广东湛江红树林自然保护区位于中国大陆最南端,呈带状散式分布在广东西南部的雷州半岛沿海滩涂上。红树林面积约90 km^2,是中国沿海红树林面积最大的保护区,红树植物15科24种,鸟类194种,贝类130种,鱼类139种。

1.4.5 珊瑚堆积形成的30 000 km^2的南海岛屿

在广阔的南海上,散布着200多个岛屿、暗礁和暗沙。它们像一颗颗宝石镶嵌在中国的海面上。这些岛屿是由珊瑚虫“建造”的。

从纬度看,中国的海洋中,三分之二的海域地处热带和亚热带，非常适宜珊瑚的生长发育。珊瑚礁主要分布在西沙和南沙群岛及台湾、海南沿海，粗略估算南海诸岛珊瑚礁总面积约 30 000 km^2。

珊瑚虫是热带浅海中的特有动物，它们个子小、数量大、繁殖快。它们附着在岩石上生长，喝的是“水”，分泌出的是石灰质。石灰质形成它们坚硬的骨骼。它们新一代附着在老一代的骨骼之上繁殖生长，生生不息，成长不断。千百年过去，小小的珊瑚虫就以自己的躯体铸成了茫茫大海里的珊瑚礁滩和珊瑚礁滩岛屿。三千万年以来，珊瑚虫在南海繁衍了 100 多种，形成了中国的南海诸岛。

除了红树林和珊瑚礁，中国的海边生态系统还有沿海从南到北都有的海草床资源，其中以广东、广西、海南为多。海南的海草麻分布区集中在海南岛东部从文昌至三亚、西部从澄迈到东方的近海海域；广东的海草床主要分布在雷州半岛的流沙湾、湛江东海岛和阳江海陵岛等附近海域；广西的海草床主要分布于合浦和珍珠港附近海域。

1.5　现代海洋生态的研究进展

1.5.1　人—海、陆—海复合生态系统

人类对海洋的开发不仅仅局限在近海水域和大洋的上层水域。随着技术的进步、资金充裕，对海洋的开发现已向大洋、深海底进军。比如已在墨西哥湾约 5 000 m 水深的海底开采石油，计划在数千米水深海底采矿和开采甲烷水合物等。同时，海洋生态系统与陆地生态系统既紧密相连又相互影响，陆海相互作用在海岸带生态系统的结构与功能方面发挥了巨大作用，国际上日益倡导“从高山到大海”的流域/海域协同管理的理念。因此要保护海洋生态系统，应当加强对海洋生态系统生态承载力和海洋环境容量的研究，加强对人—海、陆—海复合生态系统的自然、经济、社

会之间复合关系的理论研究，找出其相互作用的规律，积极寻求人类如何与海洋生态系统和谐相处的途径。开展本项研究需要多学科合作、宏观构思、全球观测资料和国际学术交流。

1.5.2 人类干扰与自然变动对海洋生态系统影响的判据

随着海洋开发强度和规模的加大，人类对海洋生态系统的干扰不断增强，同时也加大了海洋自然灾害造成的损害。如何区分海洋生态系统受损害的人为因素和海洋自然变化的因素；如何区分损害是来自海洋污染或生态破坏，或两者相叠加；人类的海洋开发活动如何影响全球气候变化，气候变化反过来又如何影响海洋生态系统等问题，对于维护海洋生态系统健康、海洋生态安全都有重要意义。

1.5.3 完善海洋生态环境评价标准和方法

中国已基本上建立了海水、沉积物、生物、海产食品质量和生态补偿等标准，初步建立了海洋生态系统健康的评价标准，探索生态系统服务价值的估算方法。但一些已颁布施行的标准、导则、方法有待修改和完善，如《海水水质标准》存在基准资料大多引用国外生物毒性试验资料，水质分类人为随意性偏大等问题；生态系统健康和生态系统服务价值均存在标准、方法问题；海洋环境影响评价有关对生态影响方面大多表面化等，这些问题的改进需要海洋环境生态学提供有力的支撑。

1.5.4 生态工法

生态工法又称生态工程（ecological engineering），是根据生态学原理和现代技术为人类开发活动与环境相协调，减缓和防止自然生态系统退化，修复或重建受损生态系统的一个重要措施。曾任国际生态工程学学会主席的 William J. Mitsch 将生态工程总结为“使人与自然双双受惠的可持续的生态系统的设计”。

根据中国海洋开发面临的生态问题，应着重在已受损海洋生态系统的修复和生态型海洋工程方面做出成绩。

对已受损生态系统的修复，并非指一定要去复原十年、几十年前的生态系统，而是依生态系统的多样性、固有性、自然性、稀有性等加以判断、设计，让受损生态系统向良好的、理想的生态系统演化。因此，通常不称为生态系统“恢复”，而称为“修复”更确切。近些年，我国沿海已广泛开展受损海洋生态系统修复试验，并取得了较好进展。尤其是在海岛生态修复方面，国家海洋局海岛管理司制定了全国海岛综合调查和生态修复计划，并在财政部和沿海省市的支持下，首批在沿海选定了 20 多个不同类型的海岛开始进行了生态修复试点工作。今后，需要在总结已有经验的基础上，制定和完善全国海岸带和海岛的生态修复规划，依照不同类型和目标进行生态设计，制定有关标准和指南。遵照有关标准和指南，在科学论证的基础上，有计划地开展生态修复工作。

海洋工程的生态设计，指在进行海洋工程建设时，既要尽量减小对生态的损害，同时又尽量营造适宜海洋生物生长的生境，如工程护体表面的基体适于海藻、海草、贝类附着生长。这就要求把循环、自维持以及与自然和谐的生态理念贯穿到工程的设计、建设和运行过程中，实现与周围环境协调，增添美丽的景观。

1.5.5　基于生态系统管理

基于生态系统的海洋管理是当前海洋管理的一个先进的理念，是管理领域的一项改革，涉及体制、机制、观念、改革等一系列复杂的问题。海洋环境生态学应在理论、思路、方法、实例等方面多做工作,起促进作用。管理工作,实际就是对人的管理。从生态系统的角度,人具有两重性,既是生态系统的成员,又处于控制系统的地位。因此,人与海洋生态系统和睦相处是基于生态系统管理的出发点,又是管理的目标。

第2章　丰富宝贵的海洋资源

海洋资源涵盖海洋生物资源、海水及化学资源、海洋石油天然气资源、海洋矿产资源、海洋能资源、港口与航运资源、海岸带与海岛资源、海洋空间资源、滨海旅游资源、海洋生态与环境资源等。

2.1　海底固体矿产资源

海底矿产资源是指目前处于海洋环境下的除海水资源以外的可加以利用的矿物资源。海底矿产资源的种类繁多，并且随着生产力的发展，可利用矿产种类也将产生变化。

对海底矿产资源的分类既可依其存在方式分为未固结矿产和固结矿产，也可依其成因分为由内力作用生成的内生矿产和由外力作用生成的外生矿产两大类。其中，内生成因主要指各种岩浆作用、火山作用、交代作用和变质作用，绝大多数的金属矿床的形成都与此有关；外生成因主要有3个，即机械沉积作用、化学沉积作用和生物化学沉积作用。

2.1.1　海洋砂矿

滨海砂矿是指分布于现今海岸低潮线以上、具有工业价值的各种有用矿物。滨海砂矿的形成需要有较好的物源条件(即成矿母岩)。中国具有工业价值的滨海砂矿中的重要矿物，主要来自沿岸出露的印支—燕山期中酸性岩浆岩，前古生代、早古生代变质岩，以及部分第三纪—第四纪基性喷发岩。这些陆地含矿母岩经风化剥蚀、河流和海水的动力搬运而富集形成砂矿。

世界上有30多个沿海国家早已开发利用滨海砂矿资源，取得了较好的经济效益。泰国、马来西亚和印度尼西亚等国的滨海砂锡矿，曾是这些国家的重要出口物资。

1. 滨海砂矿的成因

滨海砂矿，也称为碎屑沉积矿产、漂砂矿产或砂积矿产。形成滨海砂矿的物质来源，有下列几方面：由河流携带入海的重矿物；近岸的原生矿床或含矿岩浆岩、沉积岩和变质岩，经浪蚀和风化后所分离出的矿物。如超基性岩石中的铂族矿物，花岗岩中的铌铁矿、钽铁矿、锆石、曲晶石、独居石，榴辉岩中的金红石、刚玉等是滨海砂矿的重要物质来源；古老砂矿，经河流或拍岸浪的冲刷、搬运入海而形成。

滨海砂矿的矿体（图2-1），常呈狭窄的长条状，沿着现代海滩，延伸数十千米，有时可达数百千米，但是含矿层厚度，逐渐向海方向减小或尖灭。

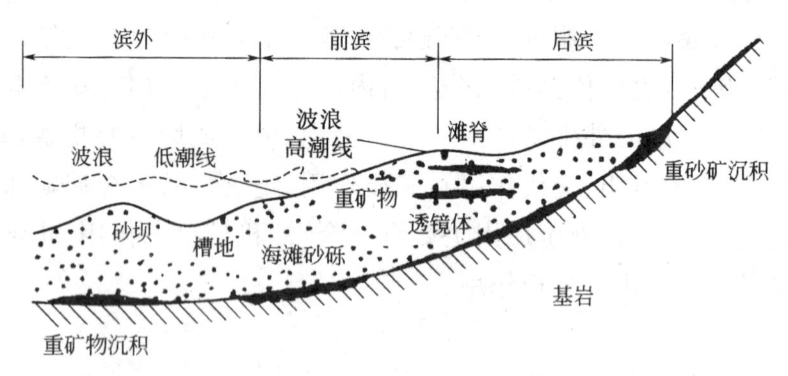

图2-1　滨海横剖面图

影响滨海砂矿床形成的因素如下：

（1）母岩类型

通常岩浆岩的有用矿物丰度高，变质岩次之，沉积岩最差。母岩中有用矿物丰度越高、补给面积越大、母岩剥蚀越深，形成砂矿的可能性越大。

(2)风化作用

海岸带附近的岩石和矿床由于物理和化学风化作用而崩解，然后通过地表水流、海流和海浪的搬运和沉积作用形成滨海砂矿。风化作用方式首先决定于气候条件。在干旱的海岸地区，物理风化作用较强，物源充足，但是地面水活动较弱，因此碎屑物质的分选及搬运较差，不易形成砂矿。在温暖潮湿地区，化学风化作用较强，碎屑物质一般较细小，且地表水活动较强，因此分选性也较好，就容易富集形成砂矿床。其次，一些岸边海浪作用较强，易于促进母岩风化崩解。海水磨蚀作用将岩石冲刷成细小碎屑物，有利于形成砂矿。此外，风化作用的强弱还与地形、地貌和植被有关。

(3)分选作用

风化产物经过河流、冰川、风和浪的搬运作用都可以形成机械沉积物。对于形成滨海砂矿床而言，冰川和风的作用是次要的，主要的是河流、海浪的搬运和沉积作用。

海浪除了直接破坏海岸、使岩石崩解以外，对沉积物的运移也非常重要。曾经有人观测到：在克里米亚沿岸，砾石在 1 级浪时每昼夜沿海岸移动 6 m；在 6 级浪时每昼夜移动 65 m。在开阔大洋的某些沿岸地区，沉积物的移动速度更大，如美国太平洋沿岸，砾石移动速度达到每昼夜 900 m。沉积物在随着水流移动时，轻的物质移动得快和远些，较重的和重的物质移动慢和近，这就产生了分选作用，使大的和重的物质就聚集在海滩，形成滨海砂矿。在水流作用下，不稳定的化学风化产物(如黏土矿物)以及源岩的其他风化产物通过流水作用有选择地从较重的和较稳定的砂矿中分离出来。前者以悬浮体的形式随流水漂走或顺流搬运入海，而后者因为它们的粒径和密度经常被富集在河、海的洼陷中。在砂矿物源靠近海洋的地区，搬运作用通常使砂矿运移到海滩带，也有可能将其搬运到滨外环境。例如，康沃尔锡矿区的细粒锡石曾被有选择地冲蚀出靠近海岸的旧矿坑，而后又被挟带到河流系统中，最后沉积在河口和科尼什半岛周围的海滩上。砂矿一旦进入滨海环境，浅海沉积作用就会控制砂矿的分布。不过，多数有经济价值的重砂矿床不会被搬运到距其源地约 15 km 以外的地方。

(4)地貌条件

地貌条件直接影响到物质的风化、搬运和沉积。在陡峻的岩岸和岬角地区，水的搬运和剥蚀能力加强，切割作用强烈，可供给较多的碎屑物质，颗粒也较粗。在地势平缓滨海平原地区，只能供给少量的细粒碎屑物质。因此，上述两种地貌单元均不利于砂矿形成。形成滨海砂矿最有利的地貌条件是河口和海湾地区。

(5)矿物的性质

这是指矿物的化学稳定性及机械稳定性。如果矿物的化学成分在风化和海蚀过程中容易分解或溶解进入海水中，那么这些矿物就不可能形成砂矿；相反，矿物化学成分稳定性强(抗蚀性强)，则成矿可能性大。矿物机械稳定性强，耐久性强，矿物的相对密度大，则有利于形成砂矿。反之，则不利。

常见的最稳定矿物是板钛矿、镁质石榴子石、铬尖晶石、金红石、电气石、黄玉、尖晶石、锆石、刚玉、金、铂和金刚石等；次稳定的矿物有锡石、锐钛矿、钛铁矿、赤铁矿、榍石、钛磁铁矿、钙钛矿、磁铁矿、独居石、磷钇矿、蓝晶石、十字石及石英等；中等稳定的矿物有钙铁质石榴子石、褐帘石、磷灰石、透辉石、阳起石、透闪石、绿帘石、钨铁锰矿、钙钨矿等。

2. 海洋砂矿的分布

滨海砂矿的地理分布范围较广，并且具有显著的地域性差异。例如，美国西北太平洋沿岸及陆架(40°～50°N)分布着钛铁矿、铬铁矿和锆石等砂矿(彼得森等，1988)；在澳大利亚和新西兰沿岸的金红石、锆石、独居石和钛铁矿等砂矿床，均具有重要开采价值；西南非洲岸外分布着有开采价值的金刚石砂矿床，并伴生金、铂、铬铁矿等有用组分；东南亚南部，印度尼西亚南部、马来西亚等沿海地带，是世界上最重要的砂锡矿床分布区；印度、斯里兰卡等南亚沿岸海滩，是金红石、锆石、独居石、钛铁矿等砂矿床的重要分布区，其伴生有用组分为稀有金属；太平洋沿岸，苏联、加拿大特别是日本列岛岸，其砂矿主要为巨大的磁铁矿砂矿床。

我国滨海砂矿主要分布在胶东、辽东地台隆起区和华南褶皱带两大地质构造单元的滨海地带。国外已在 60 m 水深的浅海开采砂矿，而中国浅海砂矿尚需进一步深入调查和研究。

2.1.2　海底热液矿床

1. *海底热液矿床的成因*

海底热液矿床是一种海洋矿产。海底热液矿床的形成通常是由于海水沿着断裂带下渗，并将周围蒸发岩、玄武岩中的矿物质溶解，形成含金属的热液。这种热液由于受地热的影响而逸出至海底，依环境的不同而形成各种类型的海底热液矿床。所形成的矿床既有含高浓度金属的海底热卤水，也有富含金属的沉积物。另外，热液排出海底前，金属元素可在增生的玄武岩洋壳中沉淀形成浸染状和网脉状金属硫化物、硅酸盐和碳酸盐矿物等。

研究表明（Haymon 和 Kastner，1981），高温热液自喷口涌出，矿物快速结晶，堆积成烟囱状，其内壁（高温）为硫化物颗粒，称“黑烟”；如果喷出的固体相为蛋白石、重晶石，则称“白烟”；若烟囱被硫化物充填，则称死烟囱；烟囱倒塌，形成“雪球”（图 2-2）。根据海底热液烟囱形成方式和形成温度的不同，斯利普（Sleep，1983）将其分为三种类型：高温型的“黑烟囱”（形成温度 350～400℃），中温型的“白烟囱”（100～350℃）及低温型的溢口（＜100℃）。

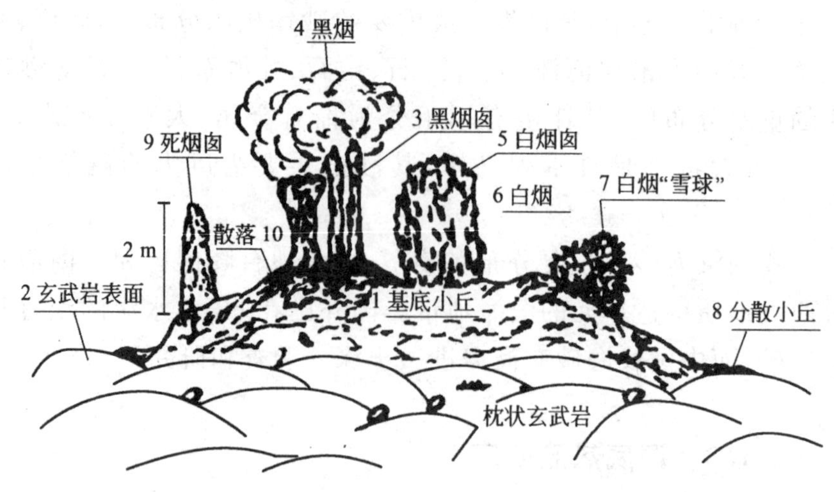

图 2-2　东太平洋 21°N 喷口区硫化物矿床构造及矿物共生模式图

2. 海底热液矿床的分布

海底热液矿床主要分布在东太平洋洋隆区(加拉帕戈斯裂谷、哥斯达黎加裂谷、胡安德富卡海脊)、西太平洋弧后盆地地区(马里亚纳海槽、冲绳海槽)、大西洋中脊、印度洋中脊等海区,以及海底断陷扩张带,多位于海底扩展地带。这些地区由于地壳很薄,张性断裂又很发育,深部地幔物质沿断裂不断上涌至海底,形成较高的地热场。

(1)块状热液硫化物矿床

在海水的化学参与和生物化学作用下,在海底形成一系列高差数十厘米至数十米的丘状堆积物。这些丘状堆积物中的贵重金属通常以硫化物的形式存在,故称之为硫化物矿床。在硫化物矿床附近,由于热流较高,海底温度 200～300℃,形成“热烟囱”,在其附近奇异的软体动物大量繁殖。

据俄罗斯“北方海洋地质生产和科研联合体”的调查资料,东太平洋海隆(21°S～22°S)附近的硫化物矿床的各种金属含量为铜 5%～8%,锌 10%～15%,银 80 g/t,金 0.2 g/t。而大西洋洋中脊的硫化物矿床(20°20′N～24°33′N),已圈出矿区面积约 300 km^2,矿石含有铜 3%～27%,锌 3%～5%,银 80 g/t,金

7～10 g/t。

(2)多金属软泥

同块状热液硫化物矿床一样，多金属软泥为人类提供铁、铜、锌、铅、金和银等有用金属。它是在沉积物中呈泥土状分布的海底自生沉积物，主要分布在海底扩张中心地带以及大洋盆地。

一般认为，海底多金属软泥是由岩浆活动产生的热液流经周围的岩石或沉积孔隙时，与围岩发生化学反应而沉积生成的。

2.1.3　海底多金属结核

多金属结核也称锰结核。多金属结核主要呈黑色和黑褐色，其中含铁量高者常呈淡红褐色，而富锰者则为金属墨色。结核中的矿物质呈非晶质或隐晶质。

1. 多金属结核的成分特征

结核由核心和壳层两大部分物质组成。壳层是主体，它把核心层层包裹起来。结核的核心是很复杂的，可以说，在海洋中几乎所有的质点都可作为核心。

按结核的成因和性质，大致可分为四类：

(1)生物核心

包括鱼类牙齿、生物骨刺、各种浮游生物和底栖生物的化石等。

(2)岩石核心

包括火山岩和沉积岩的岩屑、火山玻璃、黏土、砂粒等。

(3)矿物核心

包括铁锰氧化物(老结核)、钙锰矿、硅铝酸盐矿物(如蒙脱石、沸石、伊利石、石英、长石等)等。

(4)陨石核心

由宇宙空间降落到海洋中的玻璃陨石、铁质陨石和宇宙尘等。

结核是由核心和壳层两大部分物质组成的。壳层是主体，它把核心层包裹起来。

结核的壳层物质是隐晶质，甚至是非晶质，因此用肉眼无法鉴别。通过用上述各种高、精、尖仪器的综合分析，才最终弄清结核壳层的物质构成。结核的壳层主要由锰的氧化物和氢氧化物（简称锰矿物）、铁的氧化物和氢氧化物（简称铁矿物）及硅酸岩矿物（统称脉石矿物）组成。其中锰矿物的种属非常复杂，有 20 余种，至今还未完全研究清楚，中国大多数文献上只确认了其中 3 个种属，即钡镁锰矿（todorokite）、水钠锰矿（birnessite）和水羟锰矿（vernadite）。

钡镁锰矿又称为钙锰矿。俄罗斯学者普遍认为，该矿物主要包括布赛尔矿Ⅰ型、布赛尔矿Ⅱ型、铝土矿、混层矿物（包括黏土矿、布赛尔矿混层、布赛尔矿Ⅰ型与Ⅱ型混层等）和钙锰矿。

2. 多金属结核的形成

结核的形成时期与沉积物的沉积期是相对应的，那么两者在空间上应该是相对应的。有学者认为，结核之所以始终位于沉积物之上，免受沉积物掩埋之“灾”，可能与生物活动、底层流的作用和沉积物的静压作用有关。

（1）生物活动

洋底鱼类在其活动过程中，免不了与结核接触，特别是结核表面往往附着的一些微生物，是鱼类觅食的对象。当浮游生物推撞结核时，结核就会移动或翻动，其结果是周围的沉积物充填了结核原位的孔穴，使结核置于沉积物表面。当一些底栖爬行动物在结核下部觅食微生物或小型生物时，使结核向上翻动或侧向移动。

爬行动物的动作实际上起了一种楔子作用，当它们向沉积物表面觅食时，有可能碰到结核的底部而将结核向上推动。通过上述生物活动的作用可以推想，结核被扰动后被托置于沉积物之上。事实上，按东太平洋海盆沉积物沉积速率约 3 mm/ka 推算，如果一个直径为3 cm的结核被埋，需要一万年时间；假定生物的一次扰动，可使结核上推3 mm，那么只要一千年结核被扰动一次，就完全可以使它始终停留在沉积物表面。

(2)底层流的作用

结核形成过程，始终受着南极底层流的作用。底层流具有周期性的变化，当其径流强或受到湍流作用时，可使结核移动，甚至翻动。通过水动力的筛选，促使结核始终保存在沉积物表面。

(3)沉积物的静压作用

沉积物成岩固结过程，受到静压作用，从而产生一股上顶的力量。同时，由于沉积物间隙逐渐缩小，孔隙水被向上挤压，这种挤压力可能促使结核上浮而保存于沉积物表面。

3. 多金属结核的分布规律

在世界各个大洋洋底都有结核分布，但是主要集中在20°N～60°N之间。通常，结核在洋底呈三种状态产出，即埋藏型、半埋藏型和露出型。其中，以半埋藏型占主导，其次为露出型，埋藏型相对较少。所谓埋藏型，是指结核全部被表层沉积物掩埋，埋深一般不超过20 cm；半埋藏型是指一半埋在沉积物之下，一半与水接触；露出型是指结核置于表层沉积物表面，除底面外全部同海水接触。

上述各类型结核，可经常“三代同堂”，共居一地，但是往往有主次之分，即丘陵区是以菜花状结核为主（以东太平洋海盆的丘陵区最为典型），其他类型的结核相对较少；海山区以碎屑状结核占优势，次为连生体结核；而杨梅状结核（埋藏型）几乎仅出现于深水盆地区。此外，盆地区还有球状、椭球状和盘状结核等。

4. 探测多金属结核的方法

科学家所采用的探测手段大致为下述几种。

(1)地质采样法

地质采样法是指通过各种采样器，把结核直接采上来。地质采样的方法可分为有缆采样和无缆采样两类。其中,有缆采样是通过万米深海绞车和供采样器安全收放的倒L架或A型吊架进行的。钢缆挂着采样器,沉放到海底,插入表层沉积物捕获结核。而后,将结核样品提到船甲板上。

(2)综合地球物理测量法

综合地球物理测量法,包括重力测量、磁力测量、地震测量、测深和多频探测等。前四者是作为间接手段,其所获资料可对结核有关问题进行研究。这里我们仅介绍多频探测。

多频探测是一种快速探测结核丰度和粒度的重要手段。该系统包括MFES-100B多频探测处理系统和声信号调查系统,后者包括3.5 kHz浅地层剖面仪和12 kHz的精密回声探测仪。这两种测深装置将检测的海底反射信号送到多频探测处理系统中,经过计算机处理后自动打印出结核的丰度数值。多频探测也是一种走航式调查方法,能很好地了解结核大面积分布状况。

(3)直观调查法

直观调查是指使用海底照相、海底电视和载人深潜器等调查手段。这里仅介绍海底照相。海底照相有两种方式:一种是单次照相;另一种是连续照相。单次照相是把照相机挂在具有两个浮球的自返抓斗上,每一次触底只能照一张。由于海况和海洋生物的干扰,单次照相的成功率一般为80%左右。连续海底照相多频探测是一种快速探测结核丰度和粒度的重要手段,也是一种走航式调查方法,能很好地了解结核大面积分布状况。照相设备主要由照相系统、闪光系统、电源系统和控制系统四部分组成,装在一个框架内。作业方式有两种:一种是用声脉冲发生器来判断设备状态,通过万米绞车的操纵台进行操作;另一种是随船漂泊,给定时间,自动拍照。中国"海洋四号"调查船通常是采用前一种方式。每次作业,原理上可拍照数十张,但由于多种因素的影响,不可能百分之百成功,成功率达到50%就算不错。单一式照相的清晰度比连续照相的好。

5. 多金属结核的资源量评价和计算

调查和研究结核的目的是圈定出富矿区，为此，必须对矿区结核的赋存情况进行评价。

(1)评价的要素

评价的要素主要有：结核的丰度、品位、含水率和海底地形障碍物。

①结核的丰度。

结核丰度，是指在大洋底 1 m^2 内结核的赋存量，它是评价矿床的重要指标之一。资源评价所采用的丰度是每个测站地质采样求得的丰度，而每个测站结核的丰度又是依据该站各种采样求得的丰度平均值。资源量计算中所采用的矿区平均丰度为：

$$F=\left(\sum F_i\right)/n \quad i=1,2\cdots n$$

式中，F 为结核平均丰度；F_i 为矿区内参与矿区平均丰度计算的各测站地质采样丰度；n 为参与矿区平均丰度计算的测站数。

②结核的品位。

结核的品位是指结核中铜、钴、镍三种元素含量之和(%)。此外，在资源评价中还要涉及锰元素。为了确保评价的可靠性，对有丰度没有品位的测站，其品位采用矿区平均值代替。采不到结核的测站，不参与平均值计算。资源量计算中结核的平均品位为：

$$C=\left(\sum C_i\right)/n \quad i=1,2\cdots n$$

式中，C 为矿区结核的平均品位；C_i 为矿区内参与结核平均品位计算的各测站结核品位值；n 为参与结核平均品位计算的测站数。

③结核的含水率。

结核的含水率愈高，品质愈低；相反，则较好。含水率的测定，通常是在现场进行。当样品采上甲板后，即用海水将其冲洗干净称重，然后将其置于烘箱内，当温度达到 105～110℃时再恒温 6～8 h，后将其置于干燥器内冷却后重新称重，并按下列公式求出各测站的结核含水率：

$$W=(W_t-W_p)/W_t\times 100\%$$

式中，W 为结核含水率(%)；W_t 为烘前湿结核量；W_p 为烘后干结核量。

结核资源量计算中矿区结核平均含水量为：

$$W = (\sum W_i)/n \quad i = 1,2\cdots n$$

式中，W 为矿区结核平均含水率；W_i 为参与矿区结核平均含水率计算的各测站含水率；n 为参与矿区结核平均含水率计算的各测站数。

④海底地形障碍物。

由于结核是分布在海底表层沉积物的表面上，所以海底地形的起伏对采矿有很大的影响。凡是海底地形坡度大于或等于 5°的高地、洼地和土力学性质不佳的地区，均不利于结核的开采和回收。计算矿区面积时，都需将它们作为障碍物加以剔除。障碍物的面积是依据海底地形图上圈出的障碍物的长、短边所围成的多边形面积求得。

(2)矿区的技术指标

上述矿区评价要素的具体确定，也是矿区的技术指标。由于各国所圈定矿区的特征，矿产的采、冶技术水平和劳动力状况有别，所以对矿区的技术指标没有统一的标准。

(3)圈定矿区的原则

中国在东太平洋海盆国际海底结核开辟区，圈定结核矿区的原则有：①矿区内结核的平均丰度大于 5 kg/m^2；②矿区内结核的平均品位大于或等于 1.8%；③结核矿区内地形的坡度小于 5°；④结核矿区内水文气象条件适合开采；⑤结核区内底质的工程地质力学性质适合开采。

(4)资源量的计算方法

在上述的基础上，就可进行结核矿区资源量的计算了。资源量的计算方法有算术平均法、标准差法和克立克法。在不同勘探阶段可适当选择不同的计算方法。在概查和普查阶段，通常用算术平均法即可满足要求。在此仅介绍算术平均法。计算资源的指标包括湿结核量、干结核量、金属(锰、铜、钴、镍)资源量。

湿结核量可利用下式计算：

$$MM = F \times S, F - \left(\sum F_i\right)/n$$

式中，MM 为矿区湿结核量；F 为矿区结核平均丰度；S 为矿区面积；F_i 为矿区内测站结核丰度；n 为矿区内测站数。

干结核计算按下式进行：

$$DM = MM \times (1 - W)$$

式中，DM 为矿区干结核量；MM 为矿区湿结核量；W 为矿区结核平均含水率。

金属资源量计算公式：

$$ME = DM \times C, C = \sum C_i/n \quad i = 1,2\cdots n$$

式中，ME 为矿区某金属资源量；DM 为矿区干结核量；C 为矿区某金属平均含量；C_i 为矿区某测站金属含量；n 为矿区内测站数。

6. 多金属结核资源的利用

哈格里夫斯(Hargreaves)和弗罗姆森(Fromson)在对矿产供应的保证程度的分析中，估算了部分金属的战略重要性。结果表明，在 25 种战略意义最大的矿产中，锰列第二、钴列第三、铜列第四、镍列第十一。由此可见，结核中上述四种主要金属元素的战略地位是十分重要的。

在世界三大洋中都有结核分布，据统计，海底面积约有 15％为结核所覆盖。太平洋、印度洋和大西洋结核覆盖的面积分别为 2.3×10^7 km²、1.5×10^7 km²、8.5×10^6 km²。其中以太平洋分布面积最大；太平洋中又以东太平洋海盆 CC 区(7°N～15°N，西经 114°W～158°W)最富集，分布面积达 6×10^6 km²，总的结核资源量约 1.5×10^{10} t。若按可采率 20％计，则能生产出 2.1×10^9 t 干结核，可供 27 家公司开采 25 年。这笔资源量是十分惊人的。在 2.1×10^9 t 干结核中可获得铜(品位 1％)2.1×10^7 t、镍(品位 1.3％)2.7×10^7 t、钴(品位 0.22％)4.6×10^6 t、锰(品位 25％)5.28×10^8 t。

目前，大洋结核资源量巨大，现在每年结核还以 1×10^7 t 的速度在继续生长着。

开发大洋结核资源，取决于多种因素，诸如国际市场对金属的需求程度、世界经济发展的态势、世界各国（和财团）之间的争夺程度、陆地相应矿床的储量和市场金属价格、有关国际海底环境条例的制定和完善等。

2.1.4 海底富钴结壳

富钴结壳是一种极为有用的矿产资源。从某种意义上说，富钴结壳甚至比金还有价值。富钴结壳的分布地点与多金属结核不同，后者主要形成于四五千米深的深海盆，前者主要生成在水体较浅的海山区，而且这种海山往往是由黑色玄武岩组成的，富钴结壳本身也呈黑色，因此把富钴结壳比喻为“黑金山”。

1. 富钴结壳的分布特点

富钴结壳和多金属结核分布的海域有明显的不同。多金属结核主要分布在水深达 5 000 m 左右的、属国际海域的深海丘陵和深海平原区，而富钴结壳主要生长于水体较浅的、属专属经济区的海山区，其深度一般为 800～2 800 m。

2. 富钴结壳的形态类型

按铁锰壳层与基岩的关系、结壳的基岩性质、结壳的厚薄以及产出形态等不同角度，将富钴结壳分为不同的类型。

（1）按铁锰壳层与基岩之间的关系分类

按铁锰壳层与基岩之间的关系，可将结壳分为三类，即结壳、结核状结壳和钴结核。

①结壳。

结壳是富钴结壳资源的主体类型。洋海盆深水盆地的海山区也偶有分布，但深水区的结壳含钴量较低。富钴结壳的铁锰壳层生长在基岩表面上，主要呈二维方向生长。生长于年龄在 2 500 万年以上海山区的结壳，通常具有两个生长世代，新老壳层间常为磷钙土充填。富钴结壳的壳层厚度变化较大,可从几厘米到 25 cm。而生长于 100 万年以下的海山区的结壳,其赋存量较少,且厚度较薄,结壳仅有一个生长期。年代较老的富钴结壳,钴金属含量较高,如夏威夷和中途岛(轴心线上)、豪兰—贝克群岛、马绍尔群岛等,那里结壳中的钴含量高达 0.9%以上。中太平洋海山的结壳中钴含量平均为 0.81%,麦哲伦海山区和小笠原群岛的约为 0.55%,其他海域含量相对较低,如中国南海和深海盆结壳中钴的含量仅有 0.13%左右。

②结核状结壳。

结核状结壳既像结核(有核心)也像结壳(有结壳层),形态上是结壳和结核之间的过渡产物。深海中的多金属结核,核心很细,壳层较厚;而结核状结壳的核心很大,壳层较薄。还有一个明显的特点是,结核状结壳的核心不像结核那样全被壳层包裹,而是常有部分露出来。结核状结壳的壳层除在顶部生长外,底部、边部都可生长,但壳层发育不完整。结核状结壳主要分布于海山区,与结壳伴生,其金属元素的含量与结壳相似。但在超过 4 800 m 的深水区(如中太平洋海盆 CP 区和东太平洋海盆 CC 区),亦曾采到直径约 50 cm 的结核状结壳。深水区结核状结壳中钴的含量与深水区结壳相似;而在水体较浅海山区的结核状结壳中,钴金属含量较高,与结壳的含量接近。

③钴结核。

金庆焕院士根据麦哲伦海山区的样品,曾将某一类结壳命名为钴结核。钴结核有两种形态:一种为球状;另一种为椭球/橄榄球状。不管其形态如何,它们与深海赋存的多金属结核有明显区别。

a. 呈球状的钴结核为黑色或灰黑色,圆度较好,表面粒状,质硬而致密,密度较大。钴结核直径最大为 4 cm,最小为 1 cm,平均 2 cm。钴结核的核心较小且较新鲜,几乎未见到铁锰质交代作用。壳层极为致密,围绕核心生长,具同心层状构造。

b. 椭球状/橄榄球状结核的特征与球状者相仿,从垂直钴结核的长轴切面看,岩石核心呈扁平状,肉眼可见壳层分为三层:外层较疏松，厚约 1.5 cm；中层致密，厚约 2 cm；内层也较致密，厚 1～2 cm。绕核心呈同心层状构造。椭球状/橄榄球状结核平均直径约 6 cm。其钴和铁的含量高于深海盆的结核，而铜和镍的含量较低。

(2)按结壳的基岩性质分类

按结壳的基岩性质分，富钴结壳可分为两大类：即火山基岩型结壳和沉积基岩型结壳。其中以火山岩为生长基岩的富钴结壳质量较优。

①火山基岩型。

富钴结壳的壳层直接生长在火山基岩表面。基岩包括拉斑玄武岩、碱性玄武岩、火山碎屑岩等。

②沉积基岩型。

富钴结壳的壳层生长在泥灰岩、有孔虫砂、砂岩、硅质岩、粉砂质泥岩、泥质粉砂岩、角砾岩、砂砾岩和磷酸盐岩等的表面。

(3)按铁锰壳层的厚薄分类

按铁锰壳层的厚薄，富钴结壳可分为结膜、结皮和结壳三个类型。

①结膜。

此类型在几乎所有的海山区都有分布。铁锰壳层的厚度为 0.1～0.5 cm，其基岩可以是火山岩，也可以是沉积岩。由于壳层太薄，它仅具有成矿意义，无经济价值。

②结皮。

铁锰壳层厚 0.5～1 cm，分布区与结膜同，经济价值不大。

③结壳。

铁锰壳层厚度大于 1 cm。

3. 富钴结壳的矿物组成、有益成分及内部构造

(1)矿物组成

富钴结壳主要由铁锰矿物组成。通常见到的是水羟锰矿(δ-MO_2)和针铁矿(FeOOH)，有时见少量钙锰矿。这些矿物极其微小，一般为非晶质或隐晶质。它们往往是钴、镍、铜等金属元素

的主要载体。此外，富钴结壳中含有黏土矿物和一些自生矿物，如石英、方解石、蒙脱石和磷灰石等。这些矿物主要分布在壳层之间，有的充填于裂隙内。在两个世代形成的结壳的壳层之间，还常见到碳酸盐和磷酸盐矿物。

(2)有益成分

前已述及富钴结壳的化学组分，在此仅介绍其有益元素品位及其特征。

富钴结壳的品位是评价资源的重要指标，但对其品位标准的确定还未能统一。有的认为：由于富钴结壳中钴金属含量高，且钴的价值又高，故通常将钴的含量作为富钴结壳的品位。俄罗斯的学者认为：除钴外，还应考虑锰和镍元素，即以钴等量，把锰和镍的价格换算成钴等量(钴＝1，锰＝0.046，镍＝0.21)作为富钴结壳的品位；美国学者主张：由于富钴结壳中铂和磷的含量都较高，两个元素的价格变动和其品位的高低，对采矿的内部回收率都有影响，所以进行富钴结壳技术经济评价时，也不能忽视它们。

大洋富钴结壳中的主要金属是指钴、铝、铁、锰、镍、铜、铅和锌等。富钴结壳内钴的平均含量比多金属结核中钴的含量高。各大洋的富钴结壳比较，又以太平洋的含钴最高(0.73%)，大西洋的次之，印度洋的最低。比之其他大洋，太平洋的富钴结壳中铜、镍含量最高。

钴含量的高低对采矿的经济技术评价至关重要，因此人们对钴富集的环境控制因素比较感兴趣，而且至今仍是悬而未决的问题。例如，生长于玄武岩之上的富钴结壳，其含钴量较高，因此有科学家认为：火山活动为钴的富集提供了有利条件。但是当人们分析热液口排出物(含氯化物和氧化物)时，发现其含钴量并不高。有的科学家认为：玄武岩的冷水蚀变提供了钴的来源，可是这种推测不能解释为什么形成于水体较浅海山区富钴结壳中钴的含量比形成于海底较深的玄武岩的要高。

另有一种假说认为：虽然对压力敏感的矿物(水羟锰矿和钙锰矿)会影响钴的增生，但在所有深度上均有水羟锰矿存在，所以钴的含量不应具有明显的差异。还有一些科学家认为:钴元素的高低可能与浮游植物代谢有关。最后,有一些学者认为水中含氧丰富的水域生成的富钴结壳最好(含钴较高)。

总之,富钴结壳中钴的来源和富集的原因还有待进一步探索。

(3)内部构造

宏观上,通常富钴结壳具有三层构造特征:外层往往为褐煤状,中层为多孔状,内层为黑亮、致密层。中层和外层之间,一般无充填物,大致同属一个世代。中层和内层之间经常充填着磷酸盐矿物,两者分别属于不同的生长世代,内层形成年代较早,与下伏基岩直接接触。

内层的铁锰壳层的生长速率较慢,且其含钴量较高;中外层的生长速度较快,其含钴量比内层的低。显然,两者的生成环境是有区别的。

微观上,富钴结壳的内部构造与多金属结核的十分相似。目前有限资料表明:其内部的构造类型有纹层状构造、叠层状构造和柱状构造等。各种类型的构造内的微层,均是由铁锰氧化物微粒呈鳞球状相聚而成。例如,中太平洋海山区的富钴结壳内部的构造微层呈水平状态,微层厚 4～10 pm;西太平洋麦哲伦海山区富钴结壳的微层稍厚。

研究富钴结壳内部构造特征,可以洞察结壳形成过程的海洋环境。

4. 富钴结壳的勘查设备与勘查方法

(1)勘查设备

勘查设备大致可分为调查船、定位设备、地球物理设备、地质采样设备等。

①调查船。

执行富钴结壳勘查的船只,必须是一艘现代化的、具有先进设备的科学调查船。船上从卫星导航到各种调查设备齐全,适合国际无限航区的综合地质地球物理的科学调查。

②定位设备。

在作业过程中，必须采用能满足调查比例尺所需的综合全球卫星导航系统，以确保满足各个不同勘探阶段精度的要求。

③地球物理调查设备。

包括多波束测量系统、深拖系统、深潜器、地震测量仪、磁力仪和测深仪等。

a. 多波束测量系统。这一设备最初是用于军事上的，它能快速、准确地把海底地形测量出来，为潜艇活动提供依据。在富钴结壳的勘查中，多波束测量系统主要用于地形测量，圈出海山范围。目前，中国的“大洋一号”和“海洋四号”科学调查船，均备有新一代多波束测量系统（Seabeam 2112 系统），完全可满足各个勘探阶段地形测量的需要。

b. 深拖系统。包括声学拖体和光学拖体。前者通过旁侧声纳扫描和海底剖面仪，可获得精度较高的局部地形图；后者通过电视摄像和照相，获得直观的结壳赋存图像。

c. 深潜器。美、日、法等国都拥有此种设备。美国伍兹霍尔海洋研究所的阿尔文号深潜器排水量 16 t，可潜深度达 4 000 m，续航 72 h。美国的 Pisces V 号深潜器，重 18.5 t，可深潜至 6 000 m 深度。法国有载人和不载人两种深潜器，均能潜深 6 000 m。深潜器在各类海洋科学调查中，发挥着越来越重要的作用。在富钴结壳的调查中，也将发挥重要的作用。可惜，中国目前还缺乏这种设备。

d. 地震仪。最好采用多道地震仪，用以揭示测区沉积和盖层特征，透声层分布特点及其与地形、构造之间的关系。

e. 磁力仪。用海洋磁力仪测量的对象是测区的地壳性质及其特征。

f. 测深仪。采用 12 kHz 万米测深仪，可随时获得船位、航迹和测线的水深。

④地质采样设备。

主要包括拖网、多管采样器、电视抓斗、带相机的蚌式抓斗、结壳冲击浅钻和温盐深测量仪(CTD)等。

a. 拖网。用于采集富钴结壳和结壳的基岩。

b. 多管采样器和箱式采样器。用于采集调查区的表层沉积物,以了解沉积物的特征和沉积环境。

c. 柱状采样器。用于采集柱状沉积物,据此研究富钴结壳成矿区的地质历史。

d. 电视抓斗。结壳区采样往往比结核区采样困难,风险性较大。采用电视抓斗可以减少采样的盲目性,增加目标的准确性,降低风险,提高采样效率。

e. 带相机的蚌式抓斗。用于采集结核、结核状结壳、钴结核和沉积物等。

f. 冲击浅钻。用于探测埋藏型结壳和钻采生长于坚硬基岩上的结壳。

g. 温盐深测量仪(CTD)。用 CTD 系统分层采水,了解测区水柱水文要素和金属元素含量变化情况,以便为论述成矿环境提供信息。

(2)勘查方法

富钴结壳勘探方法包括间接的调查方法、直观的调查方法、地质采样法和现场观察/测试等,下面主要介绍现场观察/测试。

现场观察测试的意义在于及时了解富钴结壳特征及其形成的地质环境有关的参数,如富钴结壳的赋存特点、形成世代、基岩特征、是否伴有结核状结壳或钴结核分布、结壳及其伴生的铁锰矿物的物质组成、主要有用金属元素含量、结壳的含水率、密度,每个测站的丰度、伴生沉积物特征、古生物赋存特点、垂直水柱水化学变化规律、水下海山环境的变迁等。

富钴结壳是紧紧地附着在基岩之上的。于是,人们设计了一种较为理想的采矿工具——自动推进采矿运载器(图 2-3)。从图 2-3 可看出,该矿机主要由六部分组成:驱动履带、钻头刀具、水力采掘钻头、分离器、扩散器和提升管。采矿机速度为 1 km/h,钻头刀具能破碎富钴结壳,并可避免底层可能的移动。水力抽汲装置、耙状机具或机械耙矿机能回收松散的富钴结壳，并把富钴结壳送入重力分选机，然后提升到海面。经初步选矿和提升到采矿船后，再将矿石以矿浆形式由船输送到岸上的加工场地。

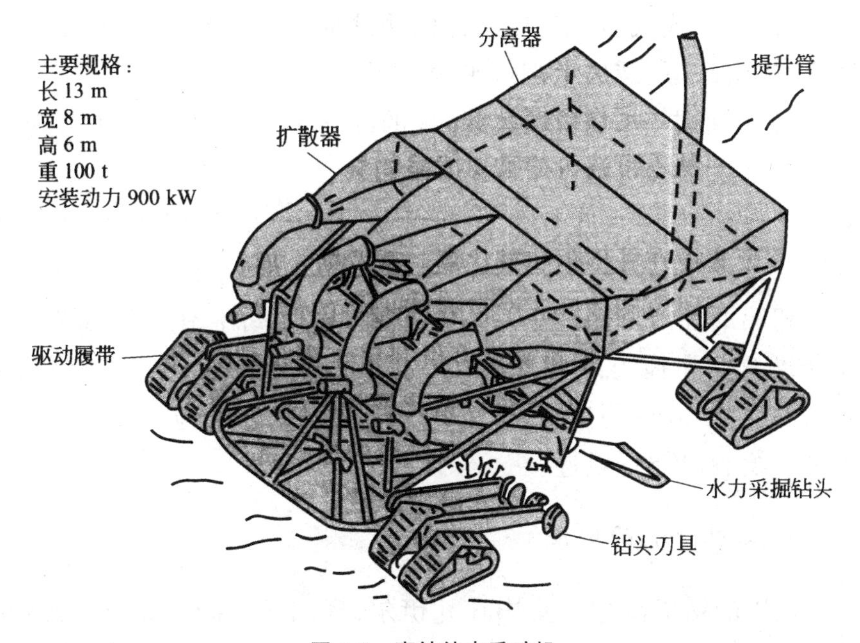

图 2-3 富钴结壳采矿机

根据富钴结壳与多金属结核不同的赋存特征，为了避免盲目性，提高工作效率，降低调查费用，调查程序原则上是：多波束地形测量—综合地球物理测量—直观调查—地质采样—现场观察测试。在工程的布设方面，应采用下列原则。

第一，在搞清靶区海山的面貌这一实施调查计划的前提下，绘制出二维地形图，然后根据地形地貌特征布置测线和测站。

第二，测线的方向既要考虑垂直构造线方向，又要考虑垂直地形等深线方向，特别要优选地形较为复杂的海山，在靶区布设工程前先用多波束测深扫面，以地形、地貌突出部分或具有多个寄生火山地形作为测线穿越的地段，因为这些地段往往对结壳矿的富集最为有利。

第三，沿测线布设的采样测站，站与站之间不宜等距，而是山坡段采样测站之间的距离应小于平顶山上的距离，且在山坡转折地段要有采样测站的控制。

第四,用拖网采集结壳前必须弄清地形地貌的特征,避免施工的盲目性。作业时,船的拖曳方向必须是从下坡往上坡,拖距约 200 m。

第五,箱式或多管表层采样的测站应布设在沉积物相对发育地段,如山脚下、缓坡地带或平顶山上。

第六,根据地球物理测量结果的综合分析和带相机蚌式抓斗采样的结果来确定拖网采样的位置。

第七,如何准确控制网具着底点和拖曳方向,是现场操作的难题。其困难之处并非是定位问题,而是诸如航向、航速、风浪、海流和船的性能等因素影响所致。这些因素综合作用的结果,往往导致测点和拖曳地段的偏离。实践证明,为了纠正或减少偏向,宜开动多波束测量系统,在该点局部大比例尺地形图上,随作业过程绘制出航行轨迹。

5. 富钴结壳的价值

世界的钴资源主要集中在扎伊尔、赞比亚、俄罗斯、加拿大、古巴、澳大利亚、新喀里多尼亚、阿尔巴尼亚八个国家和地区。全世界陆地钴的储量有限,仅有 3.31×10^6 t,其可供开采年限也只有 30 余年。

富钴结壳的评价指标是丰度(kg/m²)、覆盖率(%)和壳层的厚度(cm)等。富钴结壳的丰度和覆盖率的含义与多金属结核同。通常认为:有经济价值的富钴结壳矿床,其丰度要求达到 30 kg/m² 以上,覆盖率大于 50%,结壳厚度大于 4 cm。另外,要求海山的地形坡度小于 10°和海洋气象条件良好。美国科学家提出,未来采矿对结壳的基本要求是:富钴结壳的壳层平均连续厚度为 5 cm,结壳覆盖率大于 60%,地形坡度小于 10°,满足这些条件才能使用挖掘型采矿机。根据整个中太平洋结壳资料的统计分析,富钴结壳中钴的含量 1.25%的结壳品级,出现的概率为 15%。若钴的品位以 1.25%定为富钴结壳开采位置的指标,并且其他条件保持不变,一个或更多有潜力的矿场可以支持每年开采 1×10^6 t 这种品位的钴矿,可约有 26 年盈利。总之,通过综合经济分析,结壳是值得勘探和开采的，是有利可图的。

2.1.5 海底磷矿

磷块岩又称为钙磷土，是一种复杂的钙质磷酸盐岩，由碳酸盐—氟磷灰石组成。磷块岩通常含有 3.5%～4%的氟和少量铀(0.005%～0.05%)、钒(0.01%～0.03%)以及稀土元素。五氧化二磷的含量变化较大，由百分之几至百分之二十几，很少超过 30%。

在海底矿产资源中，磷块岩占有相当重要的位置。它们产于太平洋、大西洋、印度洋的陆架区、大陆坡的上部，以及深海区的海山上。

关于磷块岩的成因，目前存在两种假说。一种假说认为：上升流的含磷海水进入陆架、上部陆坡及海底平顶山区，导致这一海区的浮游生物大量繁殖，其遗体(包括残骸、粪石、骨骼和介壳)与陆源碎屑一起沉至海底，在其成岩过程中进一步富集磷。另一种假说认为磷块岩是由沉积物中的细菌缓慢吸收海水中磷形成的。

2.2 海洋生物资源

地球上的生命起源于海洋，在占地球表面 71%的广袤海洋中，蕴藏着众多的海洋生物资源。据估计，全球海洋每年的净初级生产量约为 $5\times10^{15}\sim6\times10^{15}$ t，按营养阶层转换后，能供人类食用的鱼、虾、贝、藻的重量可达 6×10^{4} t。海洋生物还能为畜牧养殖业、工业和医药产业提供大量宝贵的原材料。海洋生物遗传基因资源是能够产生生理活性物质的生物资源。此外，海洋生物还具有重要的生态价值。海洋生物资源为人类文明的发展做出了巨大贡献。

海洋生物资源不同于其他海洋资源的显著特征之一是，它既是可再生或可更新的，又是可耗竭的。海洋生物资源的再生在生态学上称为生物生产，生物生产过程远比海洋能等亚恒定性可再生资源复杂。

2.2.1 海洋渔业

1. 拖网

用拖网进行捕捞的渔船统称拖网渔船(图 2-4)。拖网的种类很多,按不同划分方式,拖网渔船可分为大、中、小型拖网渔船;一艘船拖一顶网的单拖或两艘船拖一顶网的双拖渔船;拖网加工船和拖网冷冻船;底拖网渔船和中层拖网渔船;近海拖网渔船和远洋拖网渔船;舷拖渔船和尾拖渔船等。最常见的是底拖网。

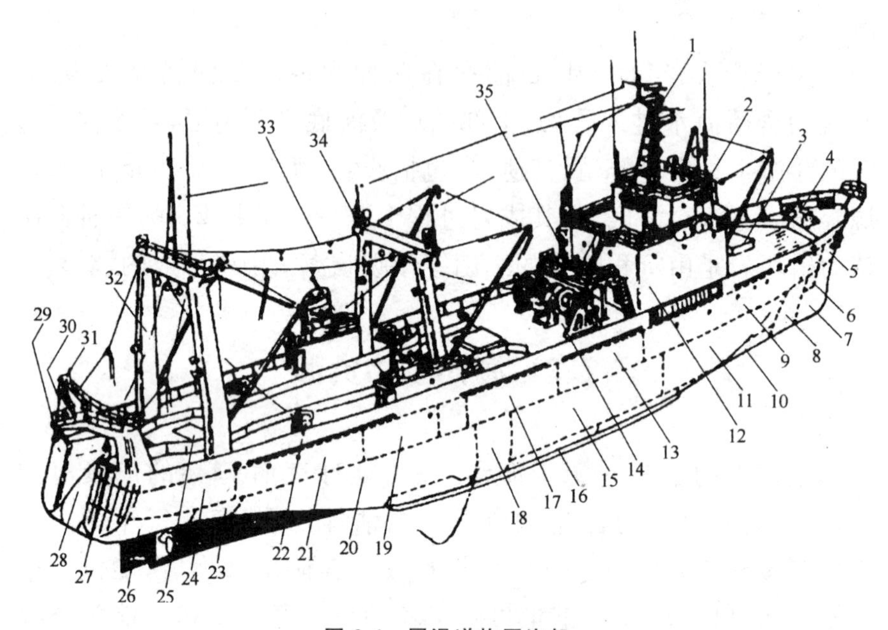

图 2-4 尾滑道拖网渔船

1—雷达灯桅;2—驾驶室;3—1 号舱口;4—锚机;5—仓库;6—锚链舱;7—船首舱;8—燃油舱;9—生活区;10—燃油用双层底;11—第 1 鱼舱;12—高级船员居住区;13—速冻室;14—拖网绞机;15—第 2 鱼舱;16—燃油用双层底;17—鱼品加工准备室;18—燃油舱;19—机舱出入口;20—机舱;21—工厂;22—渔捞用绞车兼绞盘;23—淡水舱;24—网具库;25—鱼舱口;26—船尾燃油舱;27—拖网用桅顶滑车;28—尾滑道;29—引纲滑车;30—网板吊架;31—探照灯;32—第 3 号门字桅;33—渔具交换用杂用拉纲索;34—第 2 号门字桅;35—拖网绞车操作台

渔网在海底被拖曳，要地势平坦，鱼群密集。中层拖网也称变水层拖网，是指拖网曳行时，网具不在海底而处于海水中层。双拖作业时，两艘之间的距离为 400～600 m，放出曳纲的长度为 4～5 倍水深，靠两船之间的距离、曳纲拉力、浮子升力和沉子重力以使网具张开。单拖则主要靠网板、浮子、沉子张开网具，放出曳纲长度为水深的 3～4 倍(图 2-5)。

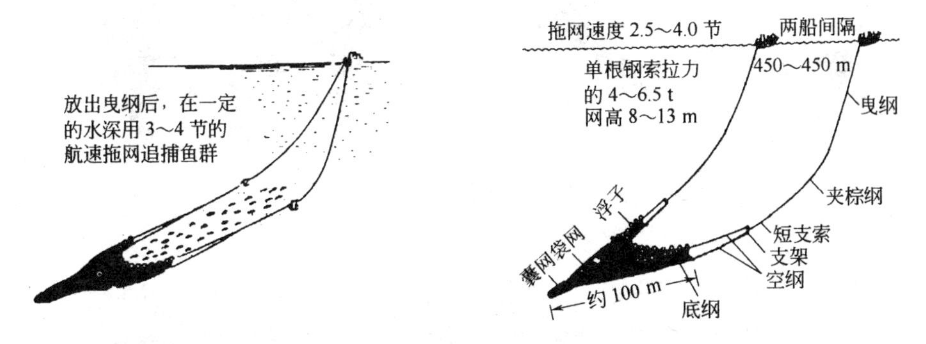

图 2-5　单拖(左)和双拖(右)作业状态示意图

使用拖网可以捕捞很多鱼种，如鳕类、鲽类、鲷类及黄鱼、带鱼等。

目前拖网渔船的发展方向主要有两个：①发展深水拖网船队，捕捞、利用大洋生物资源；②发展(水体)表层拖网，捕捞上层鱼类，以及发展变深度拖网技术，以开拓新的渔业资源。

2. 围网

利用一长带形(或称巾形)的网衣，靠渔船的运动使其在水中垂直展开，呈圆形围壁，包围鱼群，再迫使鱼群进入网具的取鱼部，以达捕捞的目的(图 2-6)。围网捕捞的对象主要是中、上层集群性鱼类，如鲐鱼、竹荚鱼、沙丁鱼和鲣鱼等。

3. 延绳钓

延绳钓鱼法是以放钓单位(筐或箩)衡量渔具规模。按大小船的规模不同，一般每天要放 400～480 个单位，干线总长 150～

180 km。过去每个单位间的干绳都为组合式，每天早上放绳时连成一体。起绳时再盘绕成网，用传送带送到尾部时再放网用，放绳时一般为全速航行(图 2-7)。

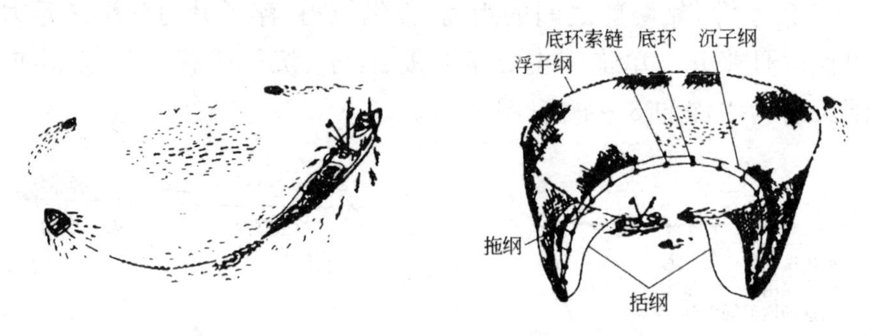

图 2-6　围网作业示意图

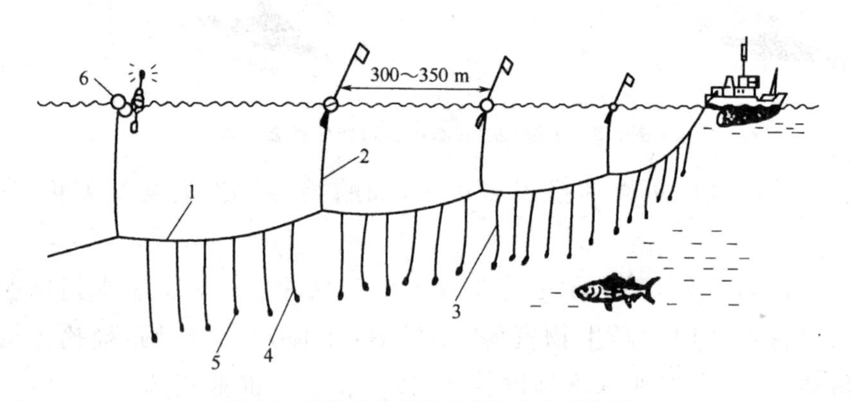

图 2-7　延绳钓渔船及延绳钓作业示意图

1—干绳；2—浮绳(25 m)；3—支绳(20～30 m)；4—系钩钢丝；5—钓钩和饵料；6—浮子

目前世界金枪鱼延绳钓渔船的数量很大，主要拥有国和地区为日本、韩国以及中国台湾地区，共有 2 500 余艘。金枪鱼延绳钓渔船捕捞作业时，不是用网具，也不是用竿，而从尾部投放出干绳。连同干绳投放的有浮绳及支绳，浮绳一端联结干绳，另一端联结浮子(浮子一般用塑料制作，呈球形)，这样，浮子联结浮绳再带着干绳，就可使干绳悬浮于海水中。干绳下方是钓钩。钓钩通过支绳一端联结于干绳，另一端联结钓线，钓线再联结钓钩。钓钩上有鱼饵，鱼饵一般采用沙丁鱼、乌贼鱼等小型鱼类。挂饵时，饵头向下倾斜成自然游动状，这样，金枪鱼易于上钩。除此之外，为了提高上钩率，干绳、浮绳以及支绳必须用白色透明材料制成，因为金枪鱼在鱼类中是较为机敏的，若金枪鱼发现有绳子悬浮在海水中，就不会咬饵上钩。

干绳总长度 150～180 km，最大布放深度 200 m，每间隔约 50 m 安装一把钓钩，因此在干绳上有 3 000～3 500 把钓钩。作业期间，每天投放一次，投绳作业需 5～6 h。投绳前，在钩上挂饵，投绳时，船向前航行，航速 9～11 km，绳由尾部投出。起绳作业大约需 8～14 h，起绳时航速为 3～6 节，上钩率一般为 1%～2%，即有 30～70 尾金枪鱼上钩。金枪鱼属大型鱼类，其质量每尾 35～130 kg，个别大的长达 3 m，约 350 kg。一般来说，金枪鱼延绳钓渔船每天能捕捞几吨金枪鱼。

金枪鱼延绳钓渔船从早到晚连续作业，一般黎明放钓，放钓后 3～5 h 起钓，船员每天要工作 10 多个小时。

4. 竿钓

1978 年以来，已有 48 个国家开展捕捞鲣鱼渔业。日本从 1700 年起，开始了鲣鱼竿钓的实践，至今拥有的鲣鱼竿钓渔船数量还很大。日本鲣鱼竿钓渔船，过去由船员用一支长 4.5～6 m 的竹竿钓鱼，现在发展了自动钓鱼机，海船安装自动钓鱼机 4～12 组，可仿效钓鱼人的各种动作。由于鲣鱼竿钓作业是在舷墙上方进行的，因此在整个船舷外侧置有带喷水设备的钓鱼台。钓鱼台在船头呈长弓形，上甲板比较陡峭，可使捕获的鱼能自动滑集到中部，捕获方便。

2.2.2　海洋养殖业

海水养殖是指在海水或半咸水水体内，对野生或驯化的海洋动植物进行养殖，包括它们的蓄养、繁殖、育苗和养成等方面。海水养殖已经成为海洋渔业中的重要组成部分。几乎所有国家，包括小岛国和许多尚有海洋渔业资源未加利用的国家，以及内陆或野生鱼类资源有限的国家都越来越重视海洋水产养殖的发展。

海水养殖在我国有着悠久的历史，作业方式和养殖对象都非常多样化。近年来，海水养殖的主要作业方式有以下几种。

（1）池塘养殖

池塘多分布在垦区内，或者在海边围堤而成，设有闸门和进出海水的沟渠，以便趁涨潮时进水，退潮时放水，以此来更新池塘内水体。养殖对象常见的有鱼类、蟹类，有时兼养贝类，或者虾蟹混养、不同鱼种混养。目前沿海许多地区池塘养殖普遍采用混养形式，多的一年养殖 2～3 季。养殖对虾主要采用配饵，养殖蟹类主要投喂杂鱼、贝类。

（2）滩涂养殖

生产方式多样，常见的有人工附着基养殖、埋栖性养殖，有些地区在潮间带采用半浮筏养殖紫菜。

①人工附着基养殖：较为典型的是牡蛎的养殖。以闽南沿海为例，常把条石垒成桥形或搭成锥形，当地称为株式养殖。株式养蛎的做法是，4～5 块条石顶端互靠一起，底部展开，组成锥形蛎株，有的在两株顶端之间架设一块条石，养殖面积按照 250 株/亩计算。桥基由 9～10 块条石组成，底部是 4 块柱石，其上四周平放 4 块条石，再在中间放上 1～2 块条石，以坪为单位，养殖面积按照 125 坪/亩计算。这些养殖生产苗种常依靠牡蛎幼体自然附着。

②滩涂埋栖性贝类养殖：主要养殖对象为贝类，常见品种有菲律宾蛤仔（花蛤）、缢蛏和凸壳肌蛤等。许多地区养殖花蛤的外地也进行围网，主要是为了防止蟹类等敌害的侵入和显示个人所有权，少量花蛤养殖采用沙袋或石块筑岸蓄水，池中蓄水水位约为 50 cm。

③滩涂紫菜养殖：主要采用潮间带半浮筏式及支柱式养殖。

（3）筏式养殖

采用浮筏或浮在海面的绳索把养殖对象挂在水中养殖的方

式。主要养殖对象有海带，贝类如扇贝、僧帽牡蛎、翡翠贻贝等。僧帽牡蛎采用延绳吊养的形式，养殖设备由浮绠、横缆、浮子和桩组成。浮绠为直径 2 cm 的聚乙烯绳，绳子每根长 50～100 m 不等，其上的浮子采用不规整的泡沫塑料，每个泡沫塑料用尼龙网包被，浮子每隔 3 m 1 个。浮绠间距约 2.5 m，蛎壳串在浮绠间平挂，串间间距 30 cm。蛎壳串 24 壳/串，通常 2 串连为 1 大串挂养。吊蛎串距水面仅 10～20 cm。蛎苗大多已经附着在附着基上，然后移入海中养殖。

吊养翡翠贻贝设施与吊蛎相似，但附着基常采用废旧轮胎条，两端挂在同一根浮绠上，呈弧形，挂养深度较僧帽牡蛎深，翡翠贻贝苗来源于本海区自然附苗。

(4)网箱养殖

养殖品种大多为鱼类，也有少数养殖龙虾等。

一般用铁丝或尼龙网制成的网箱，放于淡水或海水中养殖鱼类，是目前较先进的一种养殖方式。海水网箱养殖的主要对象有：鲑鳟类、鲷、石斑鱼、鲕、尖吻鲈等。

网箱有浮式、沉式和升降式。现在我国沿海常见的网箱多为浮式，规格在 3 m×3 m×4 m 左右。在几种养殖生产方式中，网箱养殖最容易受到恶劣气候的影响，所以进行网箱养殖地点应选择风浪小、不易遭受台风袭击的海区。要求海区水质良好，有足够的水深，海流畅通，以避免落下的残饵在网箱下方堆积。

在养殖过程中，随着养殖对象的生长需要不断更换不同网目的网片，以保证网箱内水流畅通又不致使养殖对象逃逸为度。

(5)围栏养殖

筑岸围栏养殖通常选择在潮间带，多用石块砌岸，形成深 0.5～1 m 的池子，然后在池岸上用聚乙烯网把整个池子围起来，围网高 3～4 m，每池设置闸门 1～2 个，有些池底均铺沙改造底质。

围栏内退潮时可保证足够的水深，以此可以把围栏养殖看成是一种依靠海区的潮汐涨落自动换水的特殊的池塘养殖的变种。

从养殖种类来看，主要有虾、蟹类，也有贝类，目前少见在围栏内养鱼。

2.3 海水及水化学资源

海水及水化学资源是指现代或未来的技术条件能够开发利用的海水和海水中所含的化学元素。海水总体积大约 1.37×10^9 km^3，其中含有 80 多种元素，各种盐类约有 5×10^{16} t，其中氯化钠 4×10^{16} t，镁 1.8×10^{15} t，溴 9.5×10^{13} t，钾 5×10^{14} t，碘 8.2×10^{10} t，铷 1.64×10^{11} t，锂 2.38×10^{11} t，银 5×10^7 t，金 5×10^6 t，放射性元素铀 4.5×10^9 t。海水中还含有 2×10^{14} t 重水，氘和氚是核聚变的原料。

海水资源包括两大类：即海洋中的海水资源和海水中溶解的各种化学元素资源。此外，还有一种特殊的、渗漏于地下储藏并经过浓缩的地下卤水资源。

2.3.1 海洋水资源与环境

1. 海水水资源利用的意义

随着社会经济的高速发展和人口的急剧增加，世界各类用水量的增加超过了地球的供应能力，致使许多地区出现了用水危机，成为仅次于气候变暖的世界第二大环境问题。

地球上水危机的出现，引起了全球的关注，有关专家在国际会议上不断发出警告，但全世界用水量的增加却随人类社会的发展保持上升趋势，水危机不断加重。

实现水资源的可持续利用，是保障人类社会持续发展、维持人类健康的生存环境的前提。在地球上淡水资源供应基本保持不变的前提下，面对淡水越来越多的需求量，如何提高水资源利用效率，如何通过多种途径获得淡水资源或取代部分淡水利用，是一个必须面对的问题。对此，人们提出了例如雨水的高效应用、污水处理再回用、直接利用海水和从海水中获取淡水等。

海洋是一个巨大的水源库，海水取之不尽，用之不竭。所以，海洋水资源综合利用是解决目前世界水源不足的重要途径，海水淡化是解决世界特别是沿海地区淡水不足的重要途径。

2. 海水直接利用

就目前的技术水平来看，海水直接利用有三个主要领域：工业用水、大生活用水、灌溉用水。

海水直接作为用工业用水，尤其是工业冷却水利用，其社会效益和经济效益已为人们普遍认识，沿海国家越来越重视海水直接利用。目前，许多沿海国家的工业用水中的40％～50％是海水，主要用作工业冷却水。其使用的规模和用途还在不断扩大。

生活中的洗刷、卫生、消防和游泳池用水等，可称为大生活用水，可直接利用海水。目前，海水取水、输送、防腐、防生物附着等技术已经成熟，技术已不是海水直接利用的重要限制性因素，但是适合大生活海水直接利用的城市管道改造是一项大工程，直接影响大生活海水直接利用的推广和发展，必须依靠国家政策的倾斜推进该项事业。

海水灌溉技术的开发可以解决沿海地区淡水紧缺，又可充分利用沿海地区大量盐碱地。

3. 海水淡化利用

海水淡化又称海水脱盐，即将海水脱去盐分，变为符合生产生活使用标准的淡水。从海水中取出淡水，或除去其中溶存的盐类，都可以达到海水淡化的目的。

依照原理的不同，可以将现有的海水淡化方法区分为相变化法、膜分离法和化学平衡法。

①相变化法，是从海水中分离出淡水的方法，常用的有蒸发法、蒸馏法和冷冻法。

②膜分离法，是从海水中分离出盐类的方法，常用的有反渗透法、电渗析法。

③化学平衡法，是从海水中分离出淡水的方法，常用的有离子交换法、水合物法和溶剂萃取法。

建海水淡化工厂要注意海洋生态保护。

2.3.2 海洋水化学资源与环境

海水中的化学资源丰富多样，海水中含有 80 多种元素，各种盐类约有 5×10^{16} t，海水中的化学元素资源人类既可以以盐类矿产加以开发利用，也可以专门提取其中的有用化学元素。

1. 海盐资源

海盐资源利用有悠久的历史，利用的方式从古代的熬盐到现代的晒盐，以及电渗析法和冷冻法等。浅池蒸发法制盐需要在海边建设大量蒸发池和结晶池，相当于滩涂围垦造成的生态影响。电渗析法和冷冻法制盐所造成的生态影响类似于海水淡化。

2. 海水中的化学元素资源

海水化学元素资源是指海水中含有的大量化学元素，其中以卤族元素含量最为丰富。目前，已被广泛利用的海水化学元素资源主要有卤族元素溴、碘，碱金属元素钾、镁，放射性元素铀和重水。各种海水化学资源在生产过程中，经常使用酸碱等大量化工产品，产生大量的废水、废气，会对环境造成影响。

(1)溴(Bromium，Br)

溴元素在海水中的浓度较高，可列第 9 位，平均浓度大约为 0.067 g/kg。海水中溴的总含量为 9.5×10^{13} t，地球上 99%以上的溴溶于海水中，故而把溴称为“海洋元素”。

溴是一种赤褐色的液体，具有刺激性的臭味。溴被广泛用于医药、农业、工业和国防等方面。目前世界溴的年生产水平为 $3\times10^5\sim4\times10^5$ t，海水提溴占 1/3 左右。我国溴的产量较低。目前，世界上的溴主要是从海水中直接提取的，基本上均采用吹出法。吹出法就是用氯气氧化海水中的溴离子（Br^-）使其变成单质溴（Br_2），然后通入空气和水蒸气，将溴吹出来加以吸收。其生产过程包括氯化、吹出、吸收等步骤。

(2)碘(Iodine，元素符号为 I)

在所有的天然存在的卤素中，碘最为稀缺。虽然在大气圈、水圈和岩石圈中，均发现有碘的存在和分布，但其丰度却很低，属于痕量级元素。碘是工业、农业和医药保健等方面的重要原料。在人工降雨的火箭添加剂中，也是不可缺少的要素。近些年来，由于碘作为食品添加剂、消毒剂、合成试剂和催化剂、X 射线透视响应剂，在感光材料等的制备以及在尖端技术等方面的广泛用途，其需用量日益增加。目前，世界上除了日本、智利等国外，大多数国家所生产的碘均不能满足本国的需要。

(3)钾(Potassium，元素符号为 K)

钾在地壳中的丰度为 2.47%，属于分布很广的元素。在海洋水体中，钾平均含量约 0.39 g/kg，仅次于钠、镁、钙，居金属元素的第 4 位。钾是动、植物生命过程中不可缺少的元素，能够维持细胞内的渗透压和调节酸碱平衡，参与细胞内糖和蛋白质代谢，维持神经肌肉的兴奋性，参与静息电位的形成，在生命活动过程中起着重要作用。钾肥能增强植物的抗旱、抗寒、抗倒伏、抗病虫害等能力，并能提高产量，对农业生产具有十分重要的意义。

钾在工业、医药方面也有广泛的用途。钾可用于制造钾玻璃，亦称为硬玻璃，其特点是一般没有颜色，比钠玻璃难于熔化，不易受化学药品的腐蚀，常用于制造化学仪器和装饰品等。钾亦可以制造软皂，用于医药等方面的洗涤剂或消毒剂，也用于汽车和飞机的清洁剂。此外，钾铝矾(即明矾)可以用作净水剂和媒染剂，钾铬矾又可以用作鞣剂。

世界上钾盐的主要来源是古海洋遗留下的可溶性钾矿，目前已经探明的可溶性钾矿储量分布很不均匀，其中加拿大、俄罗斯两国几乎占世界钾盐储量的90%，德国和美国储量也较丰富。中国是钾资源缺乏的国家。钾在海水中的含量丰富，在海洋水体中钾的总蕴藏量达 5.5×10^{14} t以上，远远超过钾矿物的储量。因此，许多国家都致力于从海水中提取钾。从海水中提取钾实际上是从海水中提取氯化钾。采用的方法有蒸发结晶法、化学沉淀法和溶剂萃取法。

(4)镁(Magnesium，元素符号为Mg)

镁是10种常用有色金属之一，其蕴藏量丰富，地壳中的含量为2.1%～2.7%，在所有元素中排第8位，是仅次于铝、铁、钙居第4位的金属元素。

镁也是动、植物生命过程中不可缺少的元素，镁可以活化各种磷酸变位酶和磷酸激酶，在光合作用和呼吸过程中具有重要意义。

镁在国防、工业上用途广泛，镁合金可用来制造飞机、快艇，可以制成照明弹、镁光灯，还可以用作火箭的燃料。日常用的压力锅及某些铝制品中也含有镁。镁还是冶炼某些珍贵的稀有金属(如铁)的还原材料。镁的化合物中需要量最大的是氧化镁，含氧化镁80%～88%的镁砖就是碱性耐火材料。

镁在海水中的含量很高，其浓度为0.129%，仅次于氯和钠，居第三位。世界上镁的来源主要就是海水镁资源，海水中含镁总量达 1.8×10^{15} t。

(5)铀(Uranium，元素符号为U)

铀元素在自然界的分布相当广泛，地壳中铀的平均含量约为 2.5×10^{-4} g/L，陆地上铀的富矿很少，富矿只有沥青铀矿和钒钾铀矿等几种，目前已探明的具有开采价值的铀工业储量仅 2×10^{6} t左右，加上已知的低品位铀矿和其副产铀矿资源总量不超过 4×10^{6} t。

海水中铀总量巨大，海水中含铀的平均浓度仅3.3 μg/L，一般多稳定在2.7～3.4 μg/L的范围内，在海洋溶存的金属元素中,其丰度占第 15 位,其总储量高达 4.5×10^{9} t,相当于陆地总含量的 1 000 倍。因此,海水被称为“核燃料仓库”,从海水中提取铀将成为世人关注的目标。海洋中铀的来源可归结为降雨、河川流入、尘埃,以及大洋底部的岩石风化等几个方面。随着原子能事业的迅速发展,对核燃料——铀的需求与日俱增。陆地铀资源远远不能满足要求,从海水中提取铀是解决资源与需求矛盾的重要途径,特别是对一些贫铀及能源贫乏的沿海国家和地区,具有重要意义。从海水中提取铀的方法有吸附法、溶剂萃取法、起泡分离法和生物富集法等。

(6)锂(Lithium,Li)

锂在地壳中含量约有 0.006 5%,其丰度居第 17 位。已知含锂的矿物有 150 多种,其中主要有锂辉石、锂云母、透锂长石等。我国的锂矿资源较为丰富。海水中锂的含量 15～20 mg/L,总储量达 2.6×10^{11} t。

锂是理想的电池原料,锂被誉为能源金属,同位素锂-6 与氘反应合成氦,同时每摩尔锂-6 放出 22.4 MeV 的能量,是用于制造氢弹的重要原料。锂在材料、化工、玻璃、电子、陶瓷等领域亦有广泛应用。世界对锂的需求量年增长 7%～11%。美国每年从海水中生产锂 1.4×10^{4} t,我国目前用卤水生产锂占其总产量的 30%～40%。

(7)重水

普通的氢原子量为 1,它有两种稳定性的同位素:一种为氘(^{2}H 或 D);另一种为氚(^{3}H 或 T)。氘原子核有一个质子和一个中子,原子质量比氢大 1 倍,原子量为 2,故称重氢。自然界中,只有天然氢的 0.014 7%。重氢和氧的化合物就是重水(D_2O)。海水中含有 2×10^{14} t 的重水。由于重水和半重水的蒸气压比水低,赤道地区的表层水中有富集重水的倾向。重水可作为一种巨大的能源,可用作原子能反应堆的减速剂和传热介质,也是制造氢弹的原料(重氢的核聚变反应可以释放出巨大的能量)。现在较大规模地生产重水的方法,有蒸馏法、电解法、化学交换法和吸附法等。

2.4 海洋油气资源

2.4.1 石油、天然气的用途

石油和天然气是宝贵的燃料和化工原料。人类对石油和天然气的开采和利用已经有很久的历史。早期对石油的利用只是从中提炼煤油、润滑油等一般产品,许多重要的成分被弃之不用。随着科学技术的发展,对石油和天然气的加工逐步深入,才使各种成分得到综合利用。目前石油制成品主要的有三大类,即燃料、工业油脂以及有机化工原料。

1. 燃料

汽油、柴油和煤油等现代化工业的动力燃料,是目前从石油中提炼的最大宗的产品。相等重量的石油的发热量相当于煤的2倍,因此石油制成的燃料应用广泛,消耗量也很大。绝大部分现代化的交通工具,甚至一些探索太空的火箭都使用石油制成的燃料。在电力行业,石油也是最重要的燃料。

2. 工业油脂

如从石油中提炼出的润滑油,是各种机械、某些仪表运转必不可少的润滑剂。在一些现代科学技术领域中所需要的耐高温、高压、高真空以及耐低温、耐辐射等特殊性能的润滑剂和密封材料也大多从石油中提炼。

3. 化工材料

石油化工产品品种非常多。综合利用石油和天然气,可以得到许多重要的有机化工原料，其中有所谓“三烯”，即乙烯、丁二烯和丙烯，“三苯”即苯、甲苯和二甲苯，以及乙炔等。用这些原料可以制成合成纤维、合成橡胶、塑料、合成氨、染料、炸药、石蜡等多种产品。在生活中，传统的动植物纤维在相当的程度上被石油合成纤维所取代，人们日常生活中常用的化妆品中也少不了从石油中提取的成分。现在，从石油、天然气中取得的产品总计可达几千种，而且这些制品的种类还在增多。

2.4.2　海洋油气资源的分布

世界上绝大部分石油和天然气是有机物质在适当环境下生成的。油气资源是储存在油气藏中的。油气藏的形成通常要经过油气的形成、油气的运移、油气的聚集等过程。只有聚集在油气藏中的油气才是可能被发现并利用的油气资源。

新发现的海洋油气田，其主要产油气层为新生界第三系，其次为中生界白垩—侏罗系，产层深度多为 2 500～4 000 m。

具有巨大油气资源潜力的南中国海和中国东海经勘探表明，在已圈定的几百个局部构造中已发现近 40 个油气田，找到了油气富集带，其中莺歌海的崖 13—1 和东方 1—1 气田，气源主要来自崖城组含煤层系。渤海渤中海域和辽东湾发现了一批大油田，如绥中 36—1、秦皇岛 32—6、南堡 35—2、渤中 34—2/4 和蓬莱 19—3 油田等。

南美的阿根廷近海，是世界上最大的大陆架区（约 1×10^6 km^2），已发现几个油气田，专家们认为：巨大的马尔维纳斯群岛盆地将是最具远景的勘探区。

2.4.3　海底天然气水合物

海底气体水合物主要产于新生代地层中，其中又以新第三系的上新统为主。矿层厚度数十厘米、数米至上百米，分布面积可达数万平方千米。水合物储集层为粉砂质泥岩、泥质粉砂岩、粉砂岩、砂岩及砂砾岩，储集层中的水合物含量可达95%。水合物广泛分布于边缘海和内陆海的陆坡、岛坡、水下高原，尤其是那些与泥火山、热水活动、盐(泥)底辟及大型构造断裂有关的海盆中。具有这类条件的海域约占海洋总面积的1/10，相当于$4\times10^{7}\ km^{2}$。据估算，仅在水深200～3 000 m之间海底区域，海底天然气水合物中甲烷资源量就超过$2.1\times10^{16}\ m^{3}$，相当于全世界已知煤、石油和天然气等化石燃料总资源量的2倍(金庆焕，2001)。

2.4.4 海洋油气资源的开发利用

1. 海洋油气资源的勘探方法

常用的海洋油气勘探的方法可划分为地球物理方法、地球化学方法和钻探法。

(1)地球物理方法

地球物理方法常用的有电法、磁法、重力法和地震法。电法又可分为自然电位法、大地电阻率法和激发极化法；磁法，即用磁法进行海底勘探，主要是利用磁力仪测量由底岩石和沉积物磁化强度的变化而引起的局部异常地磁场。目前在海上测量磁力异常通常使用船和飞机装载专门仪器进行测量；重力法就是利用地下岩石各处重力大小不同的原理来进行勘探，能间接或直接地帮助我们在海上找寻油田所在；地震法是利用人工地震的方法来对海底石油、天然气藏进行勘探，它是地球物理勘探中经常使用的一种方法，也是目前国内外寻找储油构造主要的和精度较高的一种方法。

(2)地球化学方法

地球化学方法用于油气藏的方法就是在海底底土进行系统采样，采用地球化学分析方法对样品的含烃种类和数量进行分析，确定含烃类高异常区，进而预测油气藏的发育部位。

(3)直接钻探法

埋藏在海底的油、气，只有通过油井才能最终落实，也只有通过钻井才能开采出来。由于油、气可以流动，所以油井直径不必太大，一般直径为十几厘米到几十厘米。

2. 海洋油气资源的开采

海上油气开采主要包括采油(气)、油气处理、油气储存。

(1)海上采油(气)

在钻井结束后，在井口中下入套管，做好采油(气)的准备工作。采油(气)就是把原油或天然气从储油层中沿油井提升出井口。一般有下列几种采油(气)方法。

①自喷采油，即依靠储油层的天然能量将原油(天然气)从储油层驱入井底，沿油井自行喷出井口，但当天然能量不足时，这种方法就不能继续使用。

②人工采油，包括杆式泵抽油、气举采油等。杆式泵抽油是人工采油最常用的方法，适用于单井或分散的多井区域，但适用深度有限；气举采油，即先把天然气在井外进行压缩，然后注入井底附近油管内的静止原油中。

③气泡法，原油中的气泡体积扩大、原油密度减小，使液柱质量减小，自然的地层压力即可把混有气泡的原油压出井口来，然后把气体从原油中分离出来，并使其进行再循环。注入油管的气体量由气举阀来控制。

(2)油气处理

在油气采集场所，从总管汇送出的流体是原油、天然气和污水的混合体，在送往加工处所之前，必须分离处理。一般从油井流出来的混合流体，先经过分离器，将原油部分再经过脱水器进入缓冲器减压，再进入贮油罐，达到外运标准后再经海底油管或运油船外运，油气处理流程见图 2-8。

经分离器得到的天然气，经涤气器加以净化，再经缓冲器减压，大部分天然气可经海底输气管线或运天然气船外运，小部分不符合外运标准的废气则点火烧掉。经分离得到的污水，经过污水处理系统，使其达到符合排放标准后，就地排放于海中。

有的处理系统有1个小分支，这是因为从沉降罐和电脱水器中排出的污水中还含有一小部分原油。这一部分污水要先进入污水处理设备，经处理后，含在污水中的原油被分离出来，再经污油泵加压，把它打回沉降罐，经净化后的废水才能弃于海中。这样一来，既回收了污水中所含的原油，也防止了海水污染。

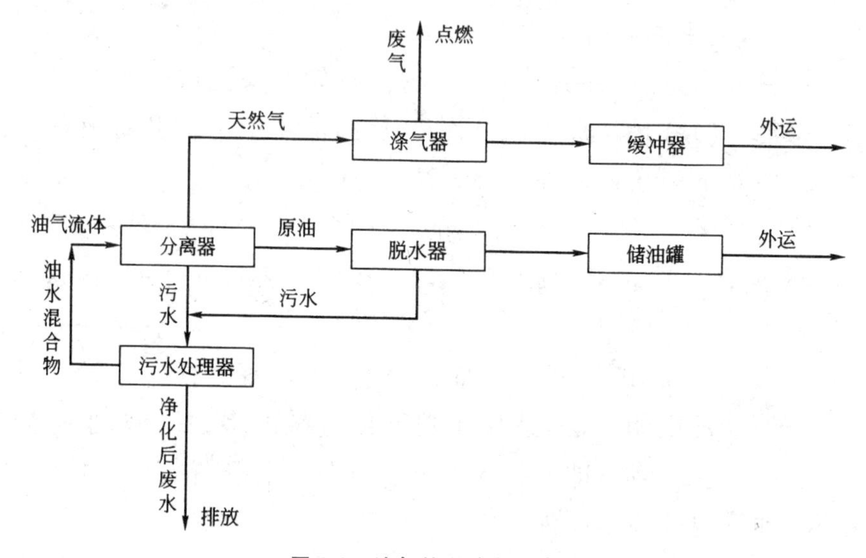

图 2-8 油气处理流程示意图

海洋石油天然气的集输系统按照作业在海上进行还是在陆地进行，可分为全陆式集输系统、半海半陆集输系统和全海式集输系统。

(3)海洋石油(天然气)的存储

在海上油田的油气集输过程中，贮油(气)罐起着很重要的作用。贮量的大小首先和油田产量有关，同时又受到距岸远近、油轮大小等运输条件的影响。

3. 海上石油平台

海上石油平台是进行海上钻井与采油作业的一种海洋工程结构，是从事石油钻探和生产作业的场所。平台与海底井口之间，都有立管相连，借以从事钻探和生产。海上钻井、采油装置的发展过程见图 2-9。

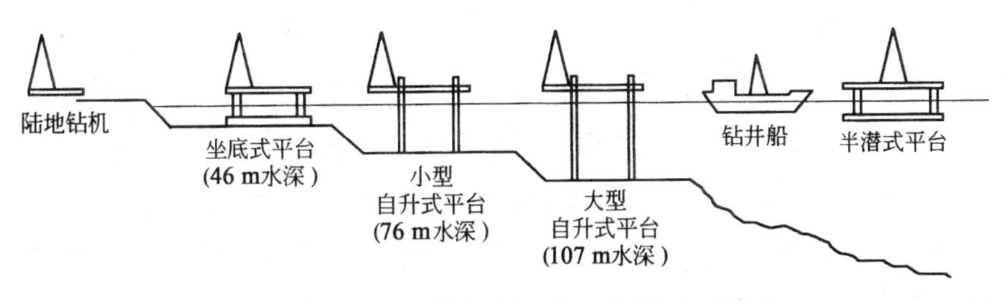

图 2-9　海上钻井、采油装置的发展过程

国际石油工业界普遍认为，目前钻井设备的技术水平完全能够在近 2 000 m 水深的海域钻井，如将现用装备略加改进，钻井水深能超过 2 500 m。按照结构和工作方式，海洋石油钻井、生产平台可分为固定式与移动式两大类。

(1)固定平台

固定平台主要有栈桥式、重力式和桩式 3 种类型。

①栈桥式。通过栈桥把平台与海岸连接起来，是由陆地向海滩延伸的一种固定式平台，适用于海湾浅滩，风浪平静的区域，是早期由海岸向海滩发展，进行石油钻采时所采用的一种平台。

②重力式，为钢筋混凝土结构，作为采油、贮藏和处理用的大型多用途平台，它由底部的大贮油罐、单根或多根立柱、平台上甲板和组装模块等部分组成，便于在海上吊运安装。

③桩式，是普通钢质导管架型固定平台。根据钻井海域的海洋自然条件，设计出导管架的结构和打入海底桩柱的间距、数量和深度，用工程船按照设计的要求将空心桩柱打入海底，再按层次用工程船将导管架分批运往井位，插入桩柱并逐次安装，然后在导管架上铺设平台甲板。桩式平台能承受风浪、海流等外力作用，依结构不同可分为群桩式、桩基式(导管架式)和腿柱式几种形式，适用于不同的作业环境。

(2)移动平台

可细分为坐底式、自升式、半潜式平台、钻井船、牵索塔式、张力腿式。

①坐底式，是早期出现在浅水区域作业的一种移动式钻井平台，坐底式的工作水深为10～25 m，由于坐底式的工作水深不能调节，已日渐趋于淘汰。

②自升式，是能自行升降的钻井平台，有独立腿式和沉垫式两类。钻井时，自升式平台的桩腿着底，支承于海底，平台沿桩腿上升，脱离水面，有一定高度，以避免波浪对平台的冲击。移位时，平台下降浮于水面，桩腿或桩脚和沉垫从海底升起，并将桩腿的大部分升出水面，以减小移位时的水阻力，拖至新的井位。

③半潜式平台，又称立柱稳定式钻井平台，由平台本体、立柱和下体或浮箱组成，是大部分浮体没于水面下的一种小水线面的移动式石油工作平台。半潜式平台本体与下体之间连接的立柱，具有小水线面的剖面，由于水线面较小，所以对波浪的扰动响应也较小。

④钻井船，设有钻井设备，能在水面上钻井和移位的船，也属于移动式（船式）钻井装置。

⑤牵索塔式，这类平台的特别之处在于牵索塔。牵索塔的概念在于底基结构的水深限度比其他型平台小（除张力腿平台外），多数在300 m以上，至少可达600 m。在平台上可进行通常的钻井与生产作业。

⑥张力腿式，是利用绷紧状态下的锚索产生的拉力与平台的剩余浮力相平衡的钻井平台或生产平台。张力腿平台可认为是一个刚性的半潜式平台与一个弹性的锚泊系统的结合，因此可看作是半潜式平台的派生结构。

2.5 海洋能源

2.5.1 潮汐能

海水的自然涨落有着十分固定的周期。海水这种周期性的自然涨落现象，就是潮汐。潮汐是月亮、太阳的引力对地球海洋水体的作用造成的。潮汐的周期由月球围绕地球的公转和其自转的规律决定，一般接近 12.5 h，也就是一日二潮(半日潮)。潮汐发电的高峰和低谷和人们习惯的太阳日不相一致，每天向后顺延。另外，在一个月内通常出现两次天文大潮。多数情况下，潮涨潮落的更迭有非常精确的时间性。由于起作用的因子很多，所以潮汐的高度因地区不同而有所差异。在潮汐中蕴藏着极大的动能——潮汐能，据估计，海洋潮汐能的储量至少为 1×10^{9} kW，每年可以提供上万亿度的电能。潮汐能绝大部分集中在沿海，便于开发利用。

1. 单库单向型(单效应型)

筑大坝，构成一个水库。涨潮时，开闸向水库充水，平潮时关闸，等候潮水退下去；落潮后，水库内外有了一定水位差时，就启动水轮机—发电机组发电。其发电特点由充水—等候—发电三个过程组成一个循环，仅在落潮时发电。如果有条件，在平潮关闸后用水泵向水库供水，因为这时水库内外的水位差很小，抽水消耗不了多少电能，却可增加水库的蓄水量，增大水轮机的工作水头，多发电。这种开发方式的特点是只在潮水的一个流动方向上发电(一般是退潮发电)，因此发电间歇的时间长。不过，这种方式不论是水工建筑物还是水轮发电机组都比较简单，形成的工作水头也比较高，因此投资较少。一般只要有电力系统配合，均有条件采取这种方式开发潮汐能(图 2-10)。

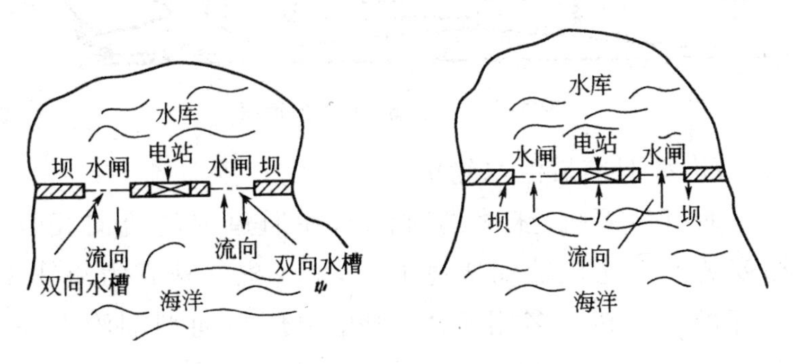

图 2-10　单库单向型(右)及单库双向型潮汐电站平面示意图

2. 单库双向型(双效应型)

在涨潮和落潮时都能发电。单库双向发电(图 2-10)的优点是:发电时间比单向发电延长 30%～40%,发电量比单向发电增加 15%～30%。相应地,投资也要增加,工作水头有所降低。因此,实际应用时究竟采用单向发电还是双向发电,要根据实际情况进行技术经济分析,研究确定。

采用这种方式时,水工建筑物比较杂。实现单库双向发电的另一种办法是采用双向水轮发电机组,该发电机组或水流通道具有一定的复杂性。

(1)整流式水流通道

利用横置的 H 形水道和 4 道闸门的开闭使通过水轮机组的水流保持一定的方向。其原理如图 2-11 所示。这种方式允许使用普通的水轮机,但水坝的构造复杂,施工难度大,仅在小型的潮汐电站应用。

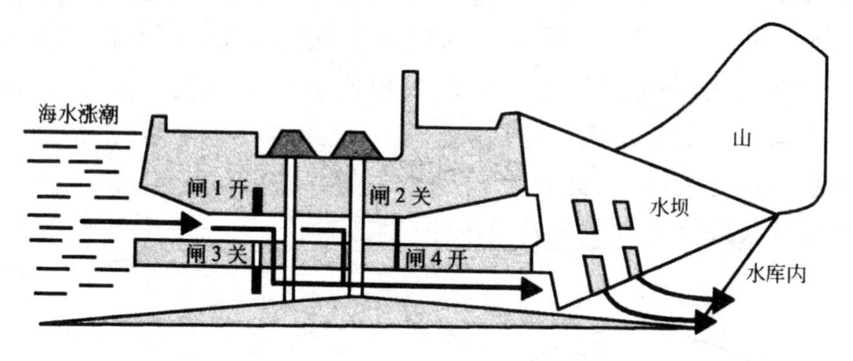

图 2-11　小型潮汐电站断面图

(2)灯泡型双向贯流水轮机

水流通道为横向,涨落潮时海水在通道内的流向相反。在通道内安装的水轮机轴和通道平行,水轮机的外壳为流线型,涨落潮时都可以运转。多用于大、中型单库双向型潮汐电站。见图 2-12。

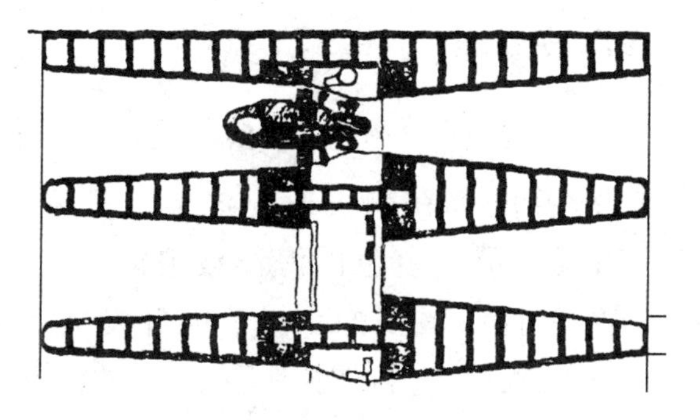

图 2-12　双向贯流水轮机组和水道的俯视图

3. 双库型潮汐发电站

构筑两个水库，高水库和低水库各一个，机组安装在两水库间的坝段内。利用涨潮与落潮时，海水在两水库间的水位差，使机组连续运转发电。这种发电方式具有连续发电的特点，但是，由于修建两个水库，工程投资将成倍增加，工作水头降低，发电量减小，不一定经济。因此，这种方式还只是理论上的探讨，未见实际应用。

4. 发电槽装置

其示意图见图 2-13。涨潮时，海水从一端流入槽内，冲击槽内挡板，使板向另一端移动，产生位移动能，经机构传动，把位移动能转换为旋转动能，驱动发电机而发电。落潮时的工作过程类似涨潮时但方向相反，如此往复运动，实现发电作业。需要解决的关键问题是：在机构传动中，要使旋转方向始终保持同一方向，不因流向的往返而改变。

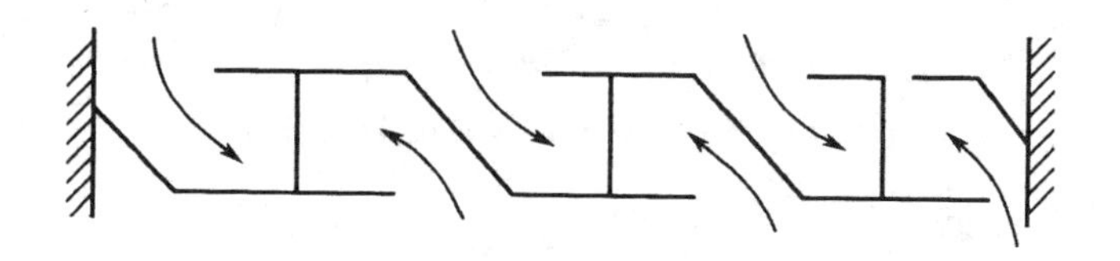

图 2-13　发电槽装置原理示意图

2.5.2 海洋波浪能

波浪能是一种密度低、不稳定、无污染、可再生、储量大、分布广、利用难的能源，各国都在积极研究波浪能开发和利用装置。目前，世界各地出现了形形色色的海洋波浪能利用装置，其种类是各种海洋能开发装置中最多的。波浪能开发装置主要是波浪能发电装置。波浪能发电装置的原理是：通过波浪能吸收装置吸收波浪能；通过波浪能转换装置将波浪能吸收装置吸收的波浪能放大并转换成机械能；通过原动机/发电机系统将波浪能转换装置转换得到的机械能转化成电能，并输出电能，即波浪能→机械能→电能。

波浪的运动形式是比较复杂的，主要有以下三种：海水表面的垂直方向的振荡运动；水体中水质点的圆周运动或椭圆形轨迹的运动；在浅水区域波浪水质点的往复运动。根据波浪能发电装置利用的波浪动能、发电装置的构造和工作过程，把波浪能发电装置分为五种类型。

1. 利用波浪水质点垂直运动的发电装置

(1)浮体垂直摆荡式或称漂浮式

利用可以漂浮在海面上的浮体，在和海面垂直的平面内由波浪推动着振荡或摆动，由此获得机械能（图 2-14）。

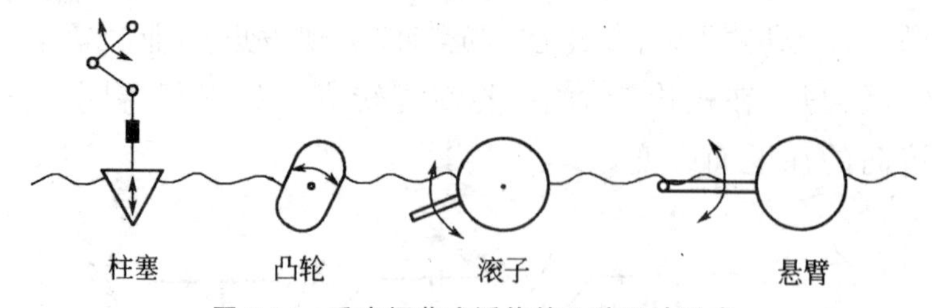

图 2-14 垂直振荡式浮体的几种设计形式

(2)气柱振荡式

这种波浪能开发装置既有浅海固定、浅海锚泊的，也有海岸式的，其共同的特点是具有一个下端开口的空腔，其下半部分为海水，上半部分为空气。其中的水柱可以和具有某种频率的波浪激发产生共振，推动空气柱做功。当海浪起伏时，空腔内的水位随着波浪升降，压出或吸入空气，形成一股高速气流，气流使空气涡轮机旋转，带动发电机而发电，见图 2-15。

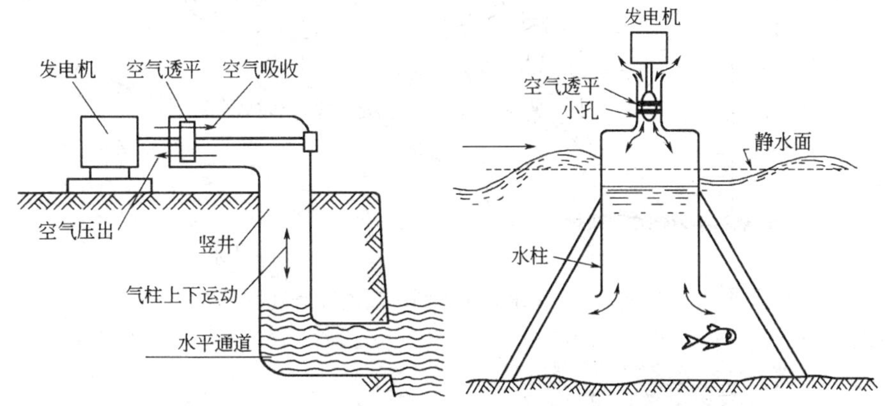

图 2-15　岸式(左)和离岸固定式(右)气柱振荡波浪能发电装置结构示意图

2. 利用流体静压力的变动的发电装置

(1)整流式

利用两组阀门的开闭使流经这种装置的水流单向流过水轮机做功发电。波浪产生的压力迫使引向水池的门打开，贮水池充水，当内部流体静压力超过了波浪产生的力，门就关闭。收集在贮水池内的水通过水轮机流入集水池。集水池充水，直至波浪产生的作用力在排出门上的压力变得小于集水池内流体静压力时排出门打开，集水池内部分水排出。当外部自由表面开始上升时，排出门再次关闭。这种循环重复不已。

(2)压力—柔性膜式

安装在水下，利用波浪带来的静水压力和水质点运动的压力变化推拉柔性膜，由膜带动介质运动把能量传递给发电机。通常也可以分为两种亚型：开式系统和闭式系统。

3. 利用水质点的椭圆形运动的发电装置

波浪传递到浅水中时，波浪水质点作椭圆形轨迹运动(图 2-16)。

水轮式发电装置是利用这种波浪水质点运动特征推动水轮转动做功、发电(图 2-17)。

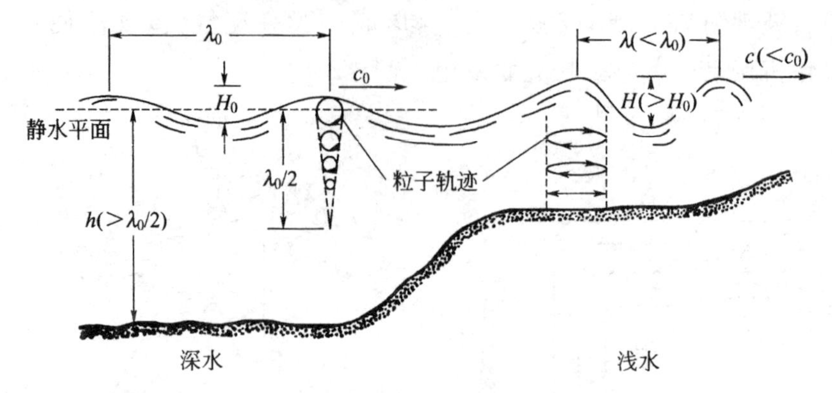

图 2-16　浅水和深水的水质点运动轨迹

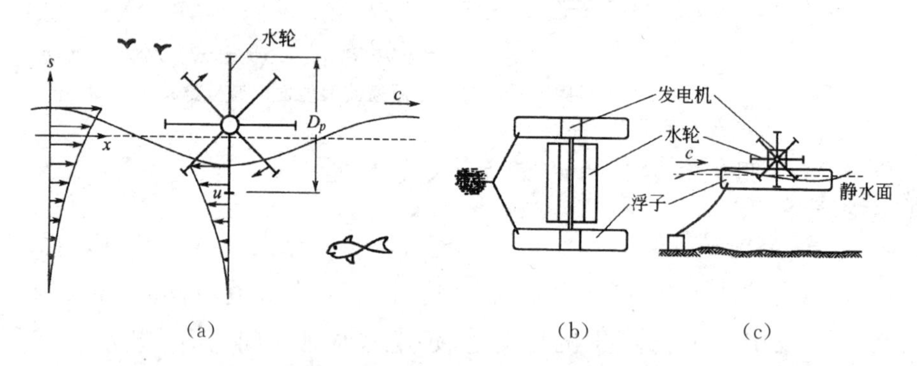

图 2-17　水轮波浪能转换装置原理图(a)、俯视图(b)及侧视图(c)

4. 利用波浪水质点水平运动的发电装置

利用波浪水质点水平运动的发电装置也称水平往复式发电装置。波浪在传递到坡度很小的浅水区后,海水表面的水质点会以比波浪更快的速度接近海岸。这种转变在“破浪区”出现,水平往复式发电装置通常设在破浪区,即利用这种海水的水平运动做功、发电(见图 2-18)。

5. 聚集波浪能的设施及发电装置

由于波浪能的能量密度较低,让波浪能转换装置占用大面积的海岸水域毕竟存在一定困难,因此工程师们设计了一些使波浪能量集中起来，提高能量密度的方案。

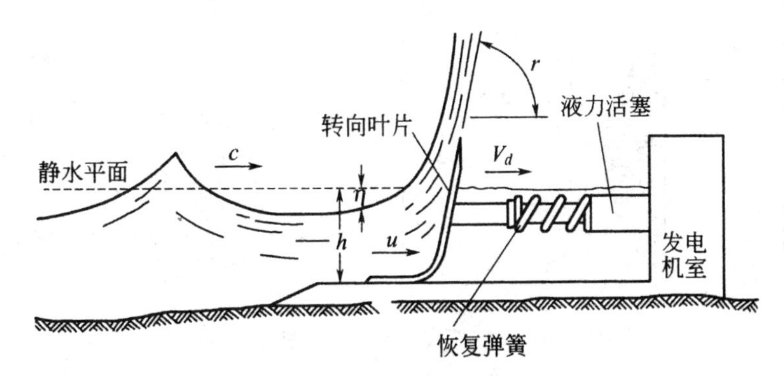

图 2-18　水平往复式波浪能开发装置

(1)人工岛式

1946 年，R. S. 阿瑟提出了所谓“坝礁”的方案。这种坝礁是一个略呈半球形的人工岛，受岛的曲面外形影响，流经这个岛的波浪传递方向不断改变，最后能量集中到人工岛的顶部，海水通过设在人工岛顶部的导向叶片流入岛内推动水轮机做功(见图 2-19)。

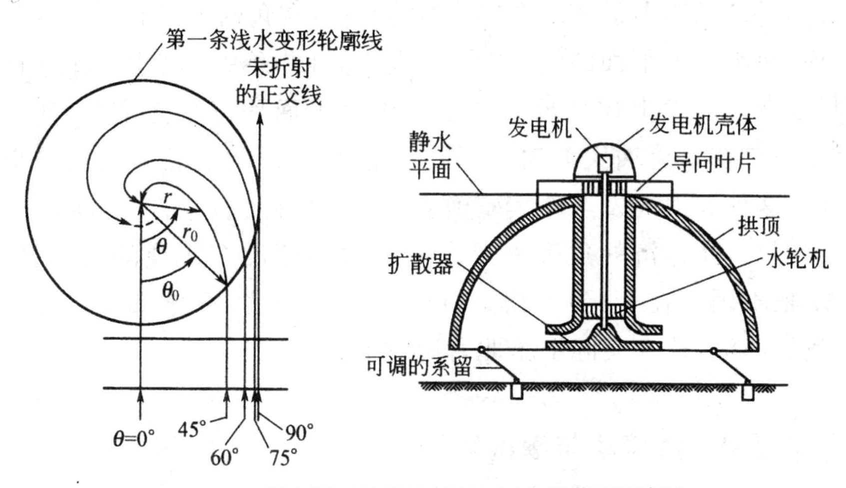

图 2-19　“坝礁”对波浪的折射(左)和横截面示意图

(2)透镜式

在水面下设置一个曲面形状的障碍物，当波浪流经这个障碍物时，由于波的折射作用汇聚到一个焦点上，在焦点上设置波浪能转换装置即可获得很高的能量密度(图 2-20)。

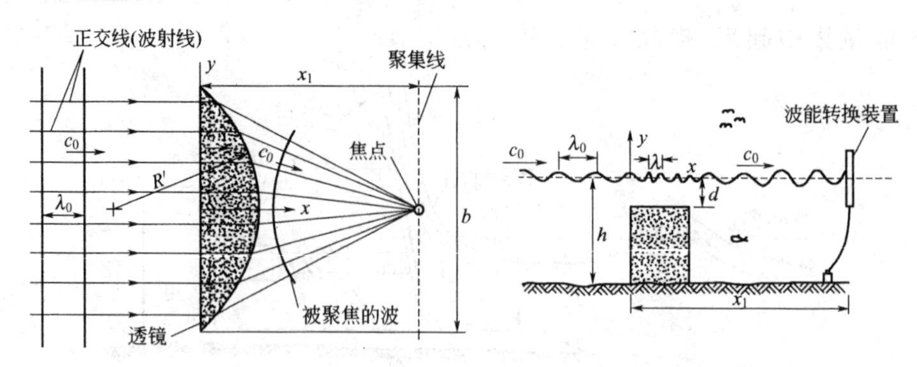

图 2-20 “透镜”式波浪能集中装置示意图

(3)喇叭形聚波式波浪能发电装置

用喇叭形的引水道,把波浪引入岸边的共振室,以产生“共振”的方法,使波高增大到 15～30 m,再使这种高水头的水流冲击水轮机转动,带动发电机而发电,这个设想处在研究、试验阶段。

在阿尔及尔沿岸曾成功地建造一座波浪能发电站的实验装置,其中包括有一条水坝、一个储水池、一部水轮机组和一座电厂。波浪“溅出”,进入一个“V”形的开口,在角落的最狭窄处超过水坝,使水进入下面的储水池。凡是“滚来”的浪峰高出于水坝的坝高,都会产生上述现象。储水池中水平面比海平面高,利用这个压力差在水流回大海时穿过一台设在中间的涡轮机从而获取电能,这种波浪能发电的实验确实提供了实际应用的可能性。

但是,从经济的角度来考虑这种类型还没有实现的可能性。一个根本困难在于:为了使这种装置操作经济,全年都要有几乎一致的高波,这在实际上是非常困难的。

2.5.3 海流能与潮流能

海洋中的海流和潮流所储存的动能称为海流能和潮流能,海流的流速一般是 0.5～1 n mile/h,高的可达 3～4 n mile/h,海流蕴蓄的动能估计在 5×10^9 kW 左右。由于海流流量极大,又没有枯水期,因此利用障碍体等装置把海流能提取出来,进而转换为电能的方式称作海流能、潮流能发电。

海流的能量密度较低，目前还没有非常理想的方案出现。

1. 伞式发电装置

又称“WLVEC”装置，是由美国的 H. E. 沙伊茨提出的方案。在这个方案中，用来收集海流动能的，是一把一把的“雨伞”，这些“雨伞”串在一条长带子上，这条带子绕在一艘海流能发电船的转轮上。顺着海流流向一侧的伞，在海流冲击下，全部张开，以充分吸收海流的动能。而另一侧逆海流流向的伞，在海流作用下，全部收拢，以减小水阻力。这样，阻力伞在张开和收拢时几何形状的变化造成了回转轴两侧伞带的阻力差，这个阻力差形成了带动轮轴转动的力矩。伞带在海流中绕着转轮不停地转动着，从而带动发电机发电，方案的示意图见图 2-21。

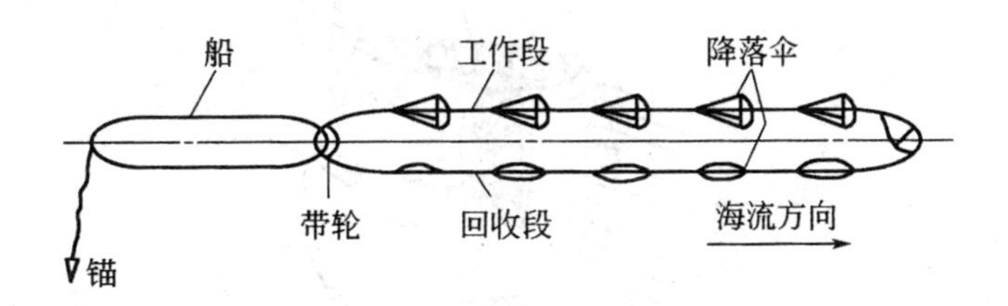

图 2-21　伞式海流发电装置

2. 海流发电驳船

潮流发电驳船是在用锚固定的船型浮体的两侧各安装几台螺旋桨水轮机，水轮机与舱内的发电机相连。美国把经过改装的驳船，停泊在加利福尼亚海流中，该海流的流速为 22 000 m/d。在驳船两侧分别装 1～3 个反应轮，海流使轮转动，转速为 1 r/min。通过增速齿轮，使转速提高到 1 000 r/min，便可带动装在船上的发电机而发电。当大风暴来临前，该船可驶到附近海港避风。该船的发电量为 5×10^4 kW，见图 2-22。

3. 科里奥利斯式海流发电装置

该装置是采用科里奥利斯型螺旋桨的发电装置，类似导管推进器装置。其示意图见图 2-23。据计算，直径为 50 m 的螺旋桨，可利用通过海水能量的 15%，在潮流流速为 6 n mile/h，一台发电机发出的电量约为 4 kW。

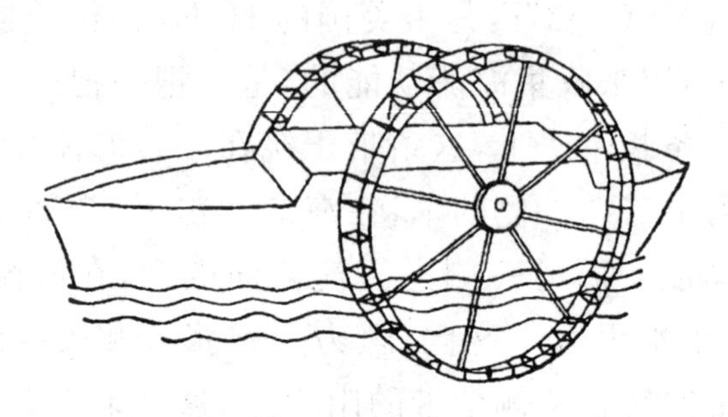

图 2-22　海流发电驳船示意图

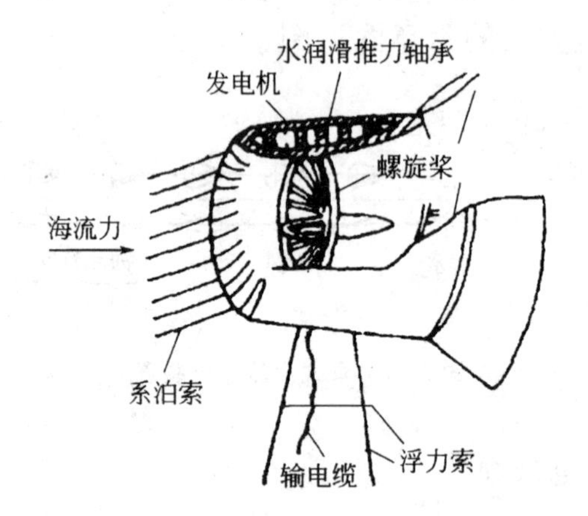

图 2-23　科里奥利斯螺旋桨立体剖视简图

4. 超导体海流发电装置

该装置采用装有 31 000 高斯超导体的、直径为 30 m 的圆板型发电元件，放在黑潮暖流中。当平均流速为 1.5 m/s 时，发电量为 1 500 kW。如采用 33 个上述的元件，配置成直径为 300 m、长 1 km 的辐射状巨大的圆形发电机，则发电量可达 45 000 kW。

5."花环式"潮流能发电方案

因为海流发电机的一串转子看起来像个花环(图 2-24)，因此得名。这种电站也可以在河流里用，所不同的是在海上需要有密封的浮筒以承受转子的张力，用钢索和锚以维持浮筒的深度和彼此间的距离。

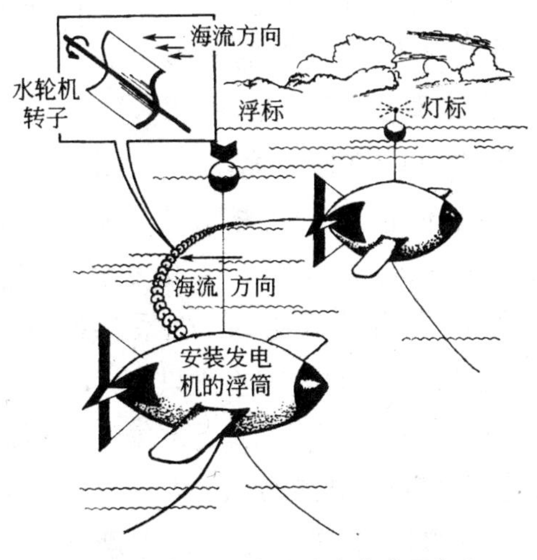

图 2-24　花环式海流能发电装置想象

2.5.4　海洋温差能

在海水中，以表、深层的温、冷海水的温度差形式所储存的热能称作温差能，它是海洋热能中最大的部分。使海水温度增高的原因很多，包括地球内部的地热、海水中放射物质的发热、太阳以外的天体的辐射热以及太阳辐射热等。这些热辐射只需 1 分钟左右就把 1 cm 厚的海水升温 1℃。因此，太阳辐射热是海水温度增高的主要原因，据估算，每秒钟到达海面的太阳辐射热能量为 5.51×10^{13} kW，这等于 2×10^{7} t 优质煤燃烧时放出的全部热量，也相当于 21 世纪初时世界能量消耗总量的 1 000 倍。如果人们利用横跨赤道南北纬 20°以内海域的海洋表层海水的温度降低 1℃的温差能，就能得到 6×10^{10} kW 的电力。

应用热力学原理，以表、深层的温、冷海水为热源、冷源，将温差能转换成电能的方式称为温差发电。海水温差发电又称海洋热能转换技术。在热带海域设置电站，利用海水温差发电较为方便。

1. 克劳德实验装置

法国科学家克劳德于 1926 年 11 月 15 日和鲍切特合作,在实验室内做了一个海水温差发电的模拟实验,并获得成功。

克劳德试验的装置如图 2-25 所示:左、右各一只容积各为 25 L 的烧杯,左边的一只装着小冰块,右边的一只装着 28℃的海水,用管道将两只烧杯连成一个密闭的系统,外接一台真空泵。系统内装有喷嘴、汽轮机、发电机。发电机的引出线上接了 3 只小灯泡。试验开始首先启动真空泵,给系统抽真空,使系统内的压力逐步降低。当系统内的压力降到只有 0.38 Pa 时,右面烧杯内的温水开始沸腾,大量蒸汽产生。蒸汽从喷嘴高速喷出,冲动汽轮机旋转,汽轮机带动发电机旋转发电,小灯泡亮。汽轮机排出的废气,进入左面的烧杯,遇冷凝结,重新变为水,这样就使汽轮机的两侧始终保持一定的压差,蒸汽就能不断地从喷嘴喷出冲动汽轮机旋转,发电得以连续进行。从这里可以看出,热功转换时,必须同时具有“热源”,和“冷源”才行。克劳德的这个试验装置持续运转了 8 min,直到右边烧杯内的水温降到 18℃时停止。发电机的转速是 5 000 r/min。

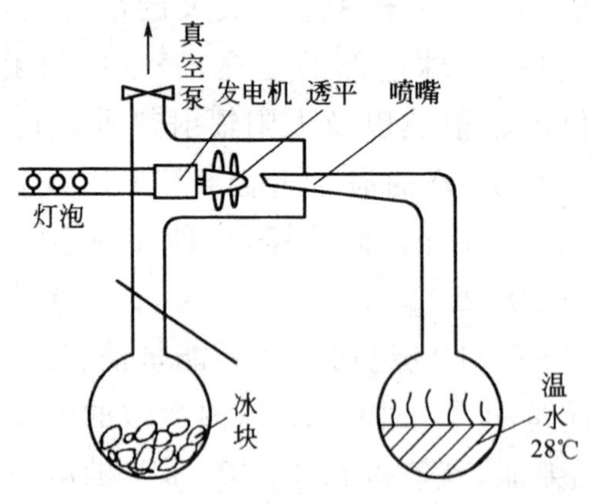

图 2-25　克劳德实验装置示意图

2. 开式循环系统

克劳德在完成了实验室的实验以后,即着手实施开式循环海水温差电站的建设。开式循环海水温差电站的工作原理和前述的实验装置相同。冷海水是作强迫循环用的。其原理如图 2-26 所示。此工作方式为开式循环发电，也称为克劳德循环发电。

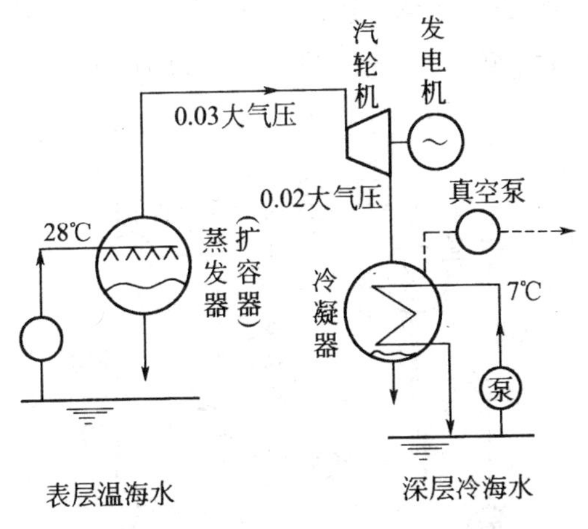

图 2-26　开式循环海水温差发电原理

3. 闭式循环系统

该系统是美国安德森父子于 1964 年提出的。其建议主要有两点：一点把整个发电装置安装在一个大型浮体中，以缩短取冷海水的水管长度；另一点是不再直接以海水为工作介质，而采用某些低沸点物质为工作介质，从而大大提高蒸气的工作压力。在标准大气压力下，水的沸点是 100℃，氨(NH_3)的沸点是－33.5℃，丙烷(C_3H_8)的沸点是－42.09℃，氟利昂-22($CClF_2$)的沸点是－40.8℃。如果设想以表层温海水来给这些低沸点物质加温，它们不仅会剧烈地沸腾，而且产生的蒸气具有很高的压力。例如，以 28℃的温海水给氨加热，可以得到压力为 93.16 Pa 的氨蒸气；给氟利昂-22 加热，可以得到 107.87 Pa 压力的氟利昂-22 蒸气。在同样的海水温度条件下，可获得比以水直接作为工作介质时压力高出 200 多倍的蒸气。

在上述这样的海水温差发电系统中，假设工作介质为氨，氨从温海水接受热量，化为蒸气，推动汽轮机旋转，把从海水接受的热转换为功。在这里工作介质氨只是起到传递能量的作用因此又被称为“中间介质”，而这种采用了中间介质的方法则被称为“中间介质法”。采用中间介质以后，工作介质(如氨)是循环使用的。工作介质在通过蒸发器、汽轮机、冷凝器和工质泵时是完全与外界隔绝的，组成一个完全封闭的循环系统。因此，这种发电方式也被称为闭式循环发电。图 2-27 为典型的闭式循环海水温差发电原理图。

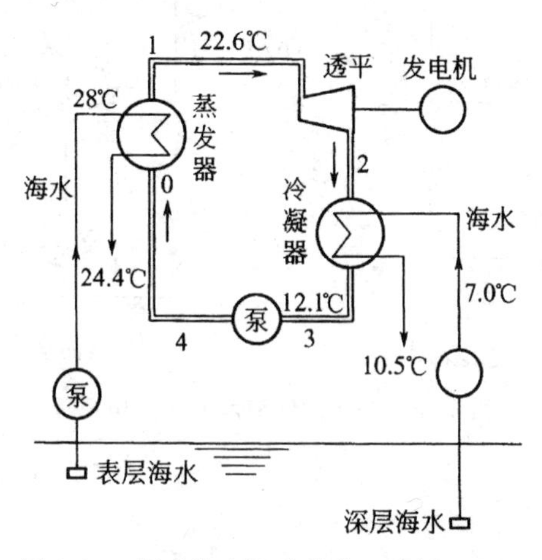

图 2-27　闭式海水温差发电工作循环原理

其工作过程如下：

①加热(4—0)：表层温海水在水泵作用下不断地流过蒸发器，通过蒸发器内的传热管将一部分热量传递给氨水，海水温度降低，氨的温度升高。海水温度从 28℃降低到 2.6℃。

②蒸发(0—1)：氨气的压力约为 93.16 Pa。

③膨胀、做功(1—2)：氨气的温度和压力降低。

④冷却(2—3)：汽轮机排出的氨气进入冷凝器，它所剩余的一部分热量传给冷海水，为冷海水所冷却，氨重新变为液态氨。冷海水的温度由 7℃升高到 10.5℃。

⑤升压(3—4)：利用氨泵将冷凝器中的液氨重新压进蒸发器，以达到工作介质循环使用的目的。

在一个闭式循环海水温差发电装置中，为实现热能向机械能和电能的转换，必须具有一些主要设备：温海水与冷海水的循环系统(温水取水泵、取水管，冷水取水泵、取水管等)、热交换器(蒸发器与冷凝器)、汽轮发电机组和工质循环系统(工质泵、管道等)。除了这些主要设备,还需要大量辅助与控制设备,如各种泵、阀门、管道、过滤器、冷却器、起重设备、维修保养设备、贮存设备以及电气控制、电气保护系统和输配电系统。对于离岸式的海水温差发电装置,还需有一个大型浮体,包括浮体的锚泊系统、定位系统、浮力控制系统、防波设施等。如采用船体,则可分普通船型、半潜式和潜水式三种。该系统由于工作介质的压力比开式循环水的压力高得多,故汽轮机与管道等的尺寸可相应地缩小,在系统中也需保持真空,这就避免了开式循环发电存在的主要弱点。

2.5.5 海水盐度差能

1. 盐度差能

两种浓度不同的溶液间渗透产生的势能就是盐度差能,海水和淡水之间的盐度差能属于其中的一种。盐度差能是通过半透膜以渗透压的形式表现出来。实验表明,当海水的含盐浓度为35%时,通过半透膜在海水和淡水之间可以形成2.51 MPa的压力,相当256 m水头。盐度差能除了渗透压的表现形态外,还有稀释热、吸收热、浓淡电位差以及机械化学能等表现形态。将海水和淡水间产生的盐度差能转换成电能的方式,称为盐度差发电。

海洋每年蒸发的水分,数量是很大的,约计有4×10^{13} m^3。这么多的水重返海洋时,按渗透压平均为24个大气压计,所具的浓差能差不多有2.6×10^{10} kW。海洋蒸发的水分,约有1/10是经由江河返回海洋的,因此地球上江河入海口的浓度差能的蕴藏量,为2.6×10^{9} kW。与其他类型的海洋能相比,浓度差是一种高度集中的高能量。这是盐度差能的重要特点,也是开发利用盐度差能的有利条件。和其他类型的海洋能一样,盐度差能的储量也很大,可再生,不污染环境。因此,近年来人们注意到开发、利用盐度差能的问题,并积极开展起有关的实验研究。

2. 盐度差能开发原理

开发盐度差能的方法大致有两个,即盐度差发电与盐度差电池。

海洋中各处的盐度是不同的,随温度与深度而变,它的范围可从海洋表层的海水(20℃)的36‰下降到深海600 m处(5℃)的35‰。在港湾河口处,由于河水进入海洋与海水相混,盐度变化最为明显。当江河的淡水与海洋的海水汇合时,由于两者所含盐分不同,在其接触面上会产生十分巨大的能量。

盐度差发电也可称为渗透压发电。所需的水头,不像水电站通过采用拦河大坝,堵塞水流通路而造成,而是通过在海水与河水之间设置的半透膜产生的渗透压形成的。其原理如图2-28所示。

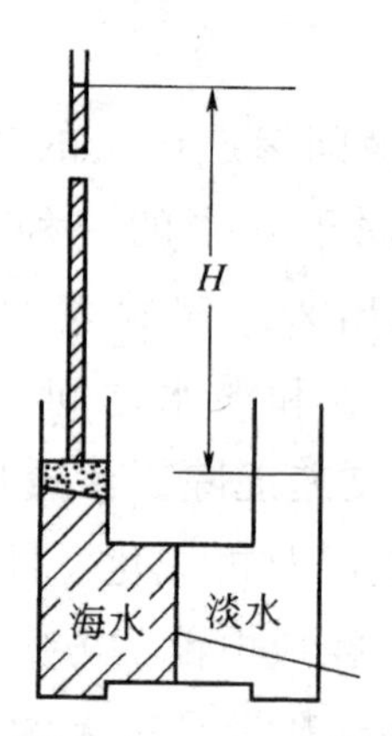

图2-28　半透膜和渗透压(左为海水,右为淡水)

下面介绍几个盐度差发电的方案。

(1)水压塔式盐水发电系统

设想图2-28所示的装置中,玻璃管有足够的长度,由于渗透压的缘故,海水可以沿玻璃管上升到250 m的高空。如果让上升到250 m高空的海水从高处跌落回地面,那么水流的能量便足以驱动水轮机旋转,带动发电机发电。这就是盐水发电的基本设想。

在江河的入海口，淡水和海水都十分充足，只要有适当的建筑物，面积足够大的半透膜和水轮发电机设备，实现盐度差能的有效利用——盐水发电是完全可能的。图 2-29 是连续运转的盐度差能发电系统。该系统主要由水压塔、半透膜、水轮机、发电机、海水泵等组成。这种发电系统的工作过程是这样的：先在水压塔内充入海水，为保证水压塔内的海水保持一定的含盐浓度，在淡水通过半透膜不断向水压塔内渗透的同时，还用水泵不断向水压塔内打入海水。否则，水压塔内的水很快被稀释。因此，保持连续发电的关键是不断地用水泵向水压塔内补充海水。据计算，在连续发电的过程中，使渗透压保持 10～11 个大气压是适宜的，也就是说，水压塔的高度可以为 100～110 m。除掉泵的动力消耗、清洗半透膜等的动力消耗，大概发电系统的总效率可达 20%左右，也就是，每导入 1 m^3/s 的淡水流量，可获得 500 kW 的发电功率。

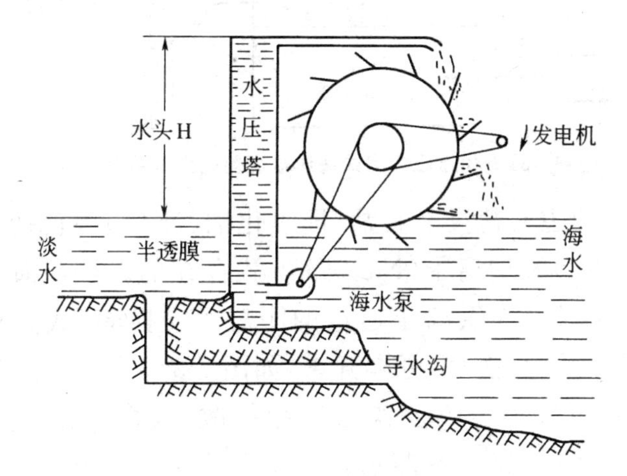

图 2-29　水压塔式盐度差能发电装置

(2)压力室式盐水发电系统

为了实现盐水发电的目标，也可以不采取修建水压塔把水引入高空的办法，而采用压力室代替上述水压塔。该装置也用海水泵把海水泵入压力室，示意图见图 2-30。若按渗透压为 12 个大气压计算，则每 1 kW 功率所需的淡水流量约为 0.000 8 m^3/s，或 72 m^3/d，按现在生产的半透膜的渗透率计算，为保证 1 W 的发电量,约需 6 000 m^2 的半透膜。参照目前半透膜的价格,发电投资太高。这是目前盐水发电遇到的主要困难。

(3)浓差电池

浓差电池,也叫反向电渗析电池。从电化学可知,若让两个不同的电解质溶液互相接触,由于两相中离子的浓度不同,这些离子将通过接触面发生扩散。由于各种离子的移动速度并不相同,所以在接触面上发生电荷分离时,两相间产生了电位差。此电位差,使移动速度快的离子减小速度,使移动速度慢的离子加快速度,最后使通过接触面的正负电荷的移动速度相等,这时,两相间电位差的增大达到稳定状态。这个电位差称为液间电位。由于液间电位的存在,使盐度差能转换为电能。

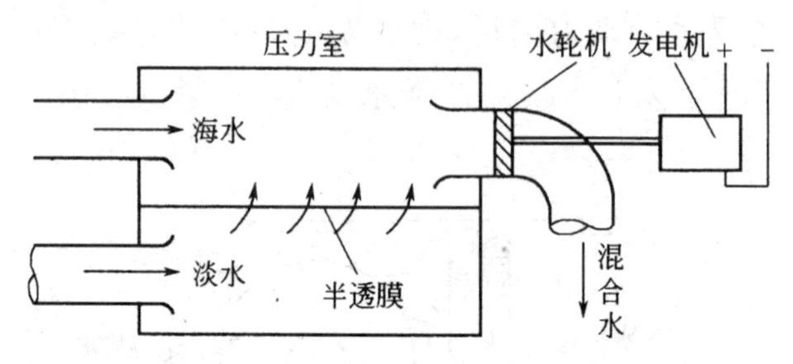

图 2-30 压力室式海洋盐度差能发电装置

海水中的主要盐类是食盐,即氯化钠(NaCl)。食盐在海水中以氯离子(Cl^-)和钠离子(Na^+)的形式存在的。若在海水与淡水之间,用一层只允许氯离子通过的阴离子交换膜(或只允许钠离子通过的阳离子交换膜)分隔开来,如图 2-31 所示。这时,海水中的氯离子便通过半透膜向淡水一侧扩散,因氯离子是带负电荷的,所以大量的氯离子不断通过半透膜向一个方向流动,就形成电流。如果在海水与淡水中分别插入电极,接通导线,两个电极间的电位差就可在电压表上看出来。这个装置就是盐度差能电池的原理。

按此原理,可在海水通道两侧,分别设置阴离子交换膜与阳离子交换膜,这样,氯离子通过阴离子交换膜向一个方向流动,钠离子通过阳离子交换膜向另一个方向流动,使电位差成倍增加,这时，如果在海水和淡水中分别插入电极，并用导线接通，就会在电压表上看到两个电极间大约有 0.1 V 的电势。将这种装置看成是一个电池，即浓差电池。为了从这种电池取出电流，必须增大淡水的导电率，也就是减小淡水的电阻，为此还须在淡水中加入一些海水，使之含有一定的盐分，导电率就大大增加了。当淡水的含盐浓度调节到 2 300 ppm 时，从该种电池引出的电力最大，这时两极板间的电压约 0.035 V，把许多个这样的电池串联起来，就能得到较高的电压，发出较大的功率。据试验，用盐度差能电池，欲获得 1 kW 的功率约需 5 000 m^2 的半透膜。

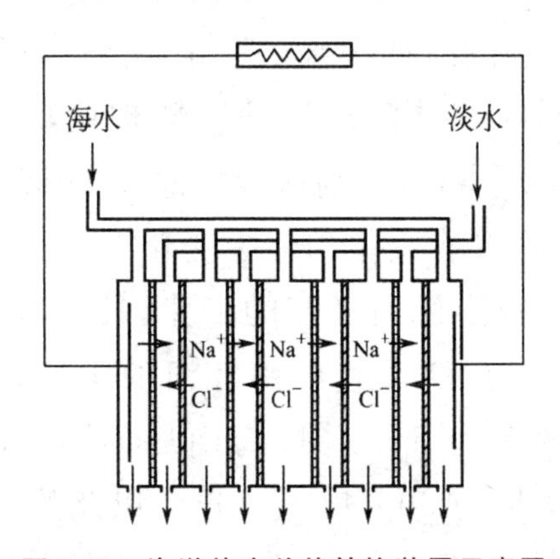

图 2-31　海洋盐度差能转换装置示意图

综上所述，盐度差能是一种颇为奇特的能量。储量大、可再生、高密度、不污染环境是其重要特点，但是在实用化方面还需做很多工作。例如，目前常用的 3 种半透膜，即不对称纤维素膜、不对称芳香族聚酰胺膜与离子交换膜，不论在质量上、性能上、成本上都还不能满足开发盐度差能的需要。对半透膜这一关键材料，尚需做大量的研究。

3. 我国的盐度差能资源

我国疆域辽阔，江河众多，江河入海径流量巨大，在沿岸各河口附近蕴藏着丰富的盐差能资源。据有关文献记载，全部江河的多年平均入海水量为 $1.7\times10^{12}\sim1.8\times10^{12}$ m^3，各主要江河的年入海水量为 $1.5\times10^{12}\sim1.6\times10^{12}$ m^3。我国沿岸盐差能资源蕴

藏量为每年 3.94×10^{15} kJ,理论功率为 1.25×10^{8} kW。我国沿岸盐差能资源具有以下特点。

(1)资源分布不均

我国盐差能资源主要分布在长江口及其以南的大江河口沿岸,理论总功率达 1.16×10^{8} kW,占全国盐差能资源总功率的92.5%。就海区而言,东海沿岸的盐差能资源最多,为 8.62×10^{7} kW,占全国总量的69%;南海沿岸次之;黄海沿岸最少。

(2)沿海大城市附近资源丰富

我国的盐差能资源主要分布在经济发达、电能消耗大、能源紧缺的沿海大城市附近,如上海、广州、福州、杭州等。特别是上海和广州附近的长江和珠江河口盐差能理论功率分别为 7.39×10^{7} kW 和 2.52×10^{7} kW,分别占全国总量的59.2%和20.2%。

(3)具有明显的季节变化和年际变化

盐差能的变化决定江河径流的变化,长江以北江河的汛期为6～9月或7～10月;长江及其以南江河的汛期,在福建中部以北多为4～7月,以南多为5～9月,海南岛的则更晚。汛期的入海水量均占全年总水量的60%以上。长江以北的江河最大、最小入海水量之比一般在5～8,注入渤海的江河的最大、最小入海水量之比更大,如黄河、海河、滦河等可达10倍甚至几十倍。长江及其以南的江河该比值相对较小,最大入海水量一般为最小入海水量的3～4倍,最大为5～6倍。这些因素都制约盐差能的时间变化。山东半岛以北的江河冬季均有1～3个月的冰封期,对盐度差能资源开发不利。

2.6 海洋空间资源

随着海岸环境保护、观光旅游、水产养殖等综合需要,人们关于海岸与港口开发的观念将发生重大的转变。现代海洋空间利用除传统的港口和海洋运输外,正在向海上人造城市、发电站、海洋公园、海上机场、海底隧道和海底仓储的方向发展。人们现已在建造或设计海上生产、工作、生活用的各种大型人工岛、超大型浮式海洋结构和海底工程，估计到 21 世纪中期，可能出现能容纳 10 万人的海上人造城市。

1. 海洋人工岛

这是向海洋索取空间的最具体的一项措施。在人工岛上，可以利用海中的广阔空间地建造一系列的建筑，如科技城、能源基地、旅游基地，以及文化和福利等配套设施。

2. 海上牧场

海上牧场是利用水温的差异形成一道无形的水下栅栏。将作为渔场利用价值低的混砂质海底的沿海海域，从沿岸到离岸 7 km 的范围内，作为海洋牧场。

3. 海底隧道

海底隧道是在宽为 20 km 左右、最大水深为 150 m 的海峡，在沿海底设置的台基上，用混凝土制成的椭圆形管道（长径 20 m，短径 13 m）铺设而成的。

海底隧道作为交通枢纽，对渔业及对航行船舶的安全是有利的。

4. 海洋能源基地

开发远离陆地的岛屿。利用风力、波浪、海洋温差、阳光及海流等自然能源发电来提供所需的电力。

5. 海洋娱乐场

发展旅游业的一大前景就是开发海洋娱乐场。通常是在距离大城市不远的海洋孤岛的海面（离岸约 1 km，水深为 100 m）上，建造能自动调整平衡、防止摇晃的三个浮游系式的人工岛。

在其中的一个岛上，设置有连接大城市的高速艇与直升机的始发、到达等设施与本岛连接的海底隧道的出入口；第二个人工岛中间部分设计成圆筒形，在其中设置旅馆、国际活动中心、购物中心、影剧院和音乐厅等；第三个岛上设置水族馆、海洋娱乐场、温水游泳池、海洋公园和老人活动中心等。

6. 海底粮食储备基地

为了更好地储存大米、小麦等粮食，可在水温低、温度变化小、水深在50～100 m的海底建造粮食储备基地。在"贮罐"的上部设计有方便用船舶搬运粮食的设备。

2.7 海洋旅游资源

海洋旅游资源是人类海洋旅游活动的对象。凡是人类海洋旅游活动所指向的目的物或者吸引物，都可以称为海洋旅游资源。海洋空间内容丰富，按照人类海洋旅游活动所依托海洋空间环境的差异，海洋旅游活动可分为海岸带旅游、海岛旅游、远海旅游、深海旅游、海洋专题旅游五类活动形式。随着人类文明和科技的进一步发展，随着向海洋进军的深入，海洋旅游资源的范围和内容亦将进一步丰富和发展。

1. 海岸带旅游

海岸带旅游是现今海洋旅游的主要形式。海洋和海岸带旅游业已成为世界旅游业发展最快的领域之一。

2. 海岛旅游

海岛旅游因给游客的感觉更为神秘而独具吸引力。随着海岸带地域系统的拥挤化程度的提高和环境质量的下降，海岛旅游的地位将愈来愈突出。

3. 远海和深海旅游

远海旅游活动空间主要在海面以上，包括海面以上大气层；深海旅游活动空间则主要在海面以下，一般深度要在海平面 100 m 以下。受人类科技水平和经济活动的限制，远海旅游和深海旅游的发展一直比较缓慢。

4. 海洋专题旅游

海洋专题旅游跨越整个海洋空间，以海洋文化为纽带，将分散在不同海岸带、海岛、海域的资源有机联系在一起，整合为特点鲜明、文化独特、吸引力超群的旅游产品。

充分认识海洋旅游的重大意义，发展海洋经济，发挥资源优势，拓展发展空间。充分利用海洋资源，加快发展海洋经济，已成为当今世界沿海国家和地区的战略重点。海洋旅游是海洋经济的重要组成部分，海洋旅游与海洋石油、海洋工程并列称为海洋经济的三大新兴产业。我国海洋资源十分丰富，港口条件得天独厚，开发海洋旅游有广阔的空间、优越的环境及丰厚的文化等优势。

第3章　海洋资源的保护利用

海洋是大自然赋予人类赖以生存和发展的资源宝库,人类理应加以充分地开发和利用。当前,影响海洋资源与环境可持续发展的主要问题是海洋污染和海洋资源的不合理开发。人类掠夺性的捕捞方式使得海洋生物资源日益枯竭,有的已经濒临灭绝。因此,对海洋的开发和利用必须走可持续发展之路。

3.1　海洋资源的过度索取

原始的资源种群自身有一种维持平衡的调节能力。这些资源种群如果被适当地开发利用可以再生。如果捕捞量超过种群本身的自然增长能力,必然会导致资源枯竭,影响人们生活水平和经济的发展。

过度捕捞是指对资源种群的捕捞死亡率超过其自然生长率,从而降低种群产生最大持续产量长期能力的行为或现象。按照性质不同,对过度捕捞进行划分,可以分为生物学过度捕捞和经济学过度捕捞。经济学过度捕捞主要考虑捕捞成本,而生物学过度捕捞通常可以分为三类:生长型过度捕捞、补充型过度捕捞和生态系统过度捕捞。其中,生长型过度捕捞和补充型过度捕捞是指开发利用的资源种群因盲目加大捕捞力量和缩小网目孔径而导致的过度捕捞,主要表现为渔业对象产量和单位捕捞力量渔获量的下降,而这与生态系统过度捕捞有着非常密切的关系。

1. 生长型过度捕捞

生长型过度捕捞是指鱼类尚未长到合理大小就被捕捞,从而限制了鱼群产生单位补充最大产量的能力,最终导致总产量下降的现象。解决生长型过度捕捞的关键是降低捕捞死亡率和提高初捕年龄。

2. 补充型过度捕捞

补充型过度捕捞是指由于对亲体的捕捞压力过大,导致资源种群的繁殖能力下降,从而造成补充量不足的现象。要想使已捕捞过度的资源种群恢复到可持续水平,则需要合理增加产卵群体的生物量。

3. 生态系统过度捕捞

①生态系统过度捕捞是指过度捕捞改变了生态系统的平衡,大型捕食者的数量减小,小型饵料鱼的数量增加,最终使生态系统中的物种向小型化发展,降低了平均营养等级的现象。

渔业优先捕捞的对象是那些个体大、经济价值高、位于食物网上层的肉食性鱼类,如果它们因为被过度捕捞而导致数量不断减少,人们就会把捕捞对象逐渐转向个体相对较小、营养级较低的物种。如果这些物种也出现了短缺的现象,则价值更低、个体更小、营养级更低的物种就会成为渔业的对象。于是就出现了沿食物网向下捕捞的现象。另外兼捕和渔具、渔法也严重损害生存环境和生态系统,以上这些问题必须引起我们的重视。

高强度捕捞必然会造成大多数高等级鱼类的数量急剧下降,最终出现渔业资源减少的局面。同时,过度捕捞还体现在过度捕捞渔业对象逐渐转向营养级次较低的、个体较小的种类。由于这些小型中上层种类处于较低的营养级次,生物量明显高于以底层鱼类为主的群落,所以近海渔获物的平均营养级降低了,而生态系统也遭到了严重的破坏。

目前,海洋生态系统接近顶级的种类减少了,群落结构产生了变化,同时也引起浮游生物群落和底栖生物群落种类组成和数量比例的改变,群落的营养结构也发生了相应的变化。另外,由于中上层鱼类和小型种类成为新的捕捞对象，而且它们的资源量变化比较大，所以一旦环境发生了变化，它们也会做出相应的改变。所以，之后的渔业产量能否增加还有待观察。

②人类过度利用海洋生物资源还带来了一些珍贵物种的灭绝。人类为了获取利润，大量捕杀海洋哺乳动物，最终导致这些物种的数量不断减少。世界上体形最大的动物是鲸，鲸皮、鲸骨和鲸脂都是稀有物品，所以价格昂贵。人类为了取得经济收入，所以大量捕杀鲸。为了避免鲸类的灭绝，在很多年前，国际捕鲸委员会就提出控制或暂停捕鲸活动，然而，很多国家并没有遵守，而是以各种借口对鲸进行残害。其他一些海洋哺乳动物也属濒危物种，如海豹、海狮、海象、海獭和海牛……总之，这些物种都面临着严重的生存困境。

③渔业捕捞就是利用一定的渔具获取某种渔业对象的过程。其实，所有的渔具都只能捕捞有限的鱼类。兼捕是渔业捕捞的伴生物，它指在对渔业对象的捕捞过程中捕获、抛弃或伤害其他海洋生物资源的行为或现象。只要有捕捞存在，就会有兼捕问题存在，只是其程度不同而已。由于兼捕现象与渔业捕捞共同存在，所以随着过度捕捞问题的常态化，兼捕问题也越来越严重，因此，兼捕问题是过度捕捞问题的一种延伸，它使得过度捕捞对生态系统的影响更加严重。

一般情况下，容易受到兼捕的海洋生物是因繁殖或摄食活动而与渔捞对象同时出现在同一区域的种类，以及一些固着、附着生活或行动缓慢的底栖生物。同时，很多兼捕的海洋生物牺牲品是因为受船舶抛弃物所吸引而造成的。

因为外海渔业捕捞的成本非常高，同时渔船上保存渔获物的仓库容量也是非常有限的，所以那些经济价值低的兼捕物通常被渔民抛弃，然而这些兼捕丢弃物可能会导致取食者的摄食行为的改变，如果严重的话还会破坏生态环境，影响其他生物的生存。

另外，法律上禁止捕捞的物种和个体大小未达法律允许捕捞标准的幼鱼也被囊括在被丢弃的兼捕物中。因为这些渔具的伤害，所以在它们被抛弃之前已经死亡或者是濒临死亡。即使是被放还到海洋中也难以继续生存。例如，捕虾作业网具的网孔较小以至于在捕虾时会将许多底层鱼类的成鱼和大量幼鱼一并捕获，最终导致这些生物的死亡，其中对幼鱼的兼捕往往严重影响资源种群的补充量，使过度捕捞的现象更加严重。

海洋生物还会受被渔民丢弃在海洋中的网具的危害，带来连带性死亡，这也属于兼捕，往往威胁着海洋生物的多样性。

从全球渔业的情况来看，兼捕能够造成严重的海洋渔业资源损失。通过相关资料可以得知，兼捕量通常占渔获物总量的25％～40％，这个数字是非常惊人的。

④海底的沉积物并不是单一的，它是各种非生物成分、生物成分以及生物活动相结合的产物。很多海底结构是人类无法直接用肉眼观察到的，然而海底是各种海洋生物生存的基础，对它们的生长起着非常重要的作用。

在商业中，很多渔民用底拖网进行作业，这对海洋环境造成了严重的威胁。相关资料显示：一个宽 20 m 的捕虾拖网每小时拖 5 000 m，10 h 内就可扫遍 1 km^2 海床，很多捕虾作业每年可横扫同一海床好几遍。可见，海洋生境的破坏情况是非常严重的。一旦底栖环境遭到破坏，其自然恢复过程是非常缓慢的，所以我们应当认识到这种危害。拖网不仅直接影响与其接触的目标和非目标生物，还会干扰海床，卷起沉积物，造成海床自然条件变化，最终使底栖生物的生存环境遭到严重的破坏。另外，底拖网也干扰了海底生物地球化学过程，如碳固定、营养物质循环、碎屑分解作用和营养物质重新释放回到水层……从某个方面来说，过度捕捞底层渔业资源已导致传统捕捞区域和捕捞对象的资源严重衰退。面对这种情况，很多渔民把底拖作业带入新海区。随着拖网船只、船舶马力增加和作业区的增大，拖网作业会严重影响生态环境，其破坏程度进一步增加，其破坏范围也会越来越大。

另外，为了获取更多的利润，捕捞更多的鱼类，很多渔民采用“炸鱼”或“毒鱼”等野蛮作业方式捕鱼，这是违法的，同时也造成了非常严重的后果。如果人们误食了这些毒鱼,必然会感觉身体不适,影响生命安全。

3.2 海洋资源保护的具体行动

3.2.1 禁止海滩、海底采沙

海岛是海洋生态系统中一个非常重要的组成部分。海岛不仅有丰富的生物资源,而且适合发展旅游业,设置港口,不仅可以走出去,还可以引进来,为我国国民经济的发展提供了便利。我国海岛众多,可是在很多岛上并没有人居住,但有很大的开发利用价值。随着海岛经济的迅速发展,在开发和利用海岛的活动中出现了很多问题,严重威胁着海岛的开发和利用。所以应保护海岛,坚决与破坏海岛的行为做斗争。

海砂资源是无穷无尽的,但是如果对其进行不合理的开发和利用,必然会带来一系列的问题。如果浅海附近的厚层沙滩被挖掉,处于动力平衡状态下的水下岸坡就会运动、塌陷,最终引起海岸的侵蚀,进而造成海滩逐渐消失,礁石出现。如果不确定采砂的范围,就会破坏岸堤等重大海岸工程。海岸被侵蚀强烈的地方不仅受到风暴潮和巨浪的威胁,而且也会出现严重的土地流失现象。另外,过度开采海砂还破坏了临海设施,损坏海滩泳场、部分港口及其他海岸工程设施。与此同时,伴随设施破坏而来的是环境污染,它威胁着海底生物的生存和生长,必须引起人们的重视。

3.2.2 保护海岸线、岛礁资源

我国沿海岛礁资源丰富,海洋生物种类繁多,风景优美,为我国带来可观的经济效益和生态效益。但是,一些人只顾眼前利

益，对岛礁的鱼、贝、藻毫无节制地“痛下杀手”；有些人在利益的驱动下，不顾生命危险登礁攀岩掏鸟蛋、采牡蛎和藤壶出售给餐饮店；还有些人破坏和开采岛、礁、滩、沙、石等具有稀缺性和不可再生性的资源。这既破坏了岛礁的渔业资源，危及岛上珍稀动物特别是鸟类的生存，还严重损害了海岛的生态平衡和自然风光。

目前，有些沿海城市的政府部门已经开始采取措施保护岛礁，通过电视、座谈会等形式，开展宣传教育活动，增强广大人民群众保护岛礁资源的自觉性。但是，这些措施需要人们的积极配合。如果人们想在若干年后还能享受到经济价值巨大的海洋渔业资源，并在游艇上惬意地观赏岛礁区内生态类型各异的岛礁，就要从此刻开始行动！人们只有从内心意识到岛礁与人类共生共息的关系，才能真正地去善待岛礁资源。

3.2.3　不投喂、不盗取海洋野生动物

海鸥等海洋动物有着特殊的食物结构和食物链，在海边给各种鱼儿投喂面包，在海边抛撒食物给海鸥食用，很容易让海洋动物对人类投喂食物产生依赖，丧失独立生存的能力。此外，国内外也经常有海洋动物误食食物包装袋致残、致死的报道。从海洋生态的角度来讲，这种给海洋动物投喂人工食品的行为也不可取。在自然界中，所有的生命都遵从着自己的规律——食物链，它们互相制约，此消彼长。如果真的关心、爱护海洋动物，除特殊情况之外，请不要随意向它们投喂人工食品。

海龟具有顽强的生命力，但是上岸的海龟几乎没有丝毫的防卫能力，特别是刚出生的小海龟，一只同样大小的螃蟹就可将它吃掉。海龟在下蛋期间，需要安静及黑暗的环境。雄海龟的孵化时间为 2 个月左右，雌海龟大约需要 45 天。然而，一只雌海龟从出生到成熟能下蛋的成长时间需要 30 年。海龟的繁殖期是漫长的。因此，一定要维护海龟的生存、繁殖环境，不盗蛋，不食蛋，爱护幼体，让它们在人类的呵护下永远繁衍下去。

3.2.4 保护鲨鱼，远离杀戮

鱼翅就是鲨鱼鳍中的细丝状软骨。鲨鱼属软骨鱼类，鳍骨形似粉丝，但咬起来比粉丝更脆，口感要好一些，但从现代营养学的角度看，鱼翅并不含任何人体缺乏或高价值的营养。

一条鲨鱼被割掉了鳍之后又被扔回海底，那么这位“海上霸王”只能活活等死。按照野生动物救援组织提供的数据，以年2.5亿消费人数，每人消费2个鱼翅计算，1年就有1亿多只鲨鱼供人类这样食用。

没有交易，就没有掠杀，保护鲨鱼，从不吃鱼翅开始。

3.2.5 不购买海洋生物标本和工艺品

在沿海的旅游景点，海洋生物标本或工艺品随处可见。某些沿海的贝壳工艺品厂公开出售玳瑁饰品、珊瑚饰品和海鱼标本饰品。其中，鹦鹉螺、红珊瑚是国家一级保护动物，玳瑁、虎斑宝贝、唐冠螺和大珠母贝是国家二级保护动物。这些海洋生物标本的制作者和商家，为了短期利益，不惜冒使某些海洋生物灭绝的危险作业，无视珍稀海洋物种的逐年递减。

购买、使用鹦鹉螺和珊瑚盆景装点家居以及用玳瑁饰品辟邪的行为，不仅对这些海洋珍稀生物的生存构成了威胁，而且破坏了海洋物种的多样性和海洋生态的平衡。所以，不鼓励制作、购买海洋生物标本及工艺品，尤其要禁止和举报买卖海洋珍稀和濒危物种标本或工艺品的行为，以保护海洋生物的多样性。

3.2.6 拒绝野生海洋动物皮毛制品

以海獭为例，它们只生存在北太平洋的寒冷海域，身上长有动物界最紧密的毛发。早在260年前，人们就发现海獭的皮毛是御寒的珍品，据说当时有一个俄国人一次就捕获上万头海獭，取皮去肉，高价出售，牟取暴利。另外，海豹、海象等海洋动物也经常被作为掠夺毛皮的对象，遭到人类捕杀。

每一件野生海洋动物皮毛制成的衣服后面都有着淋漓的鲜血和赤裸裸的掠杀，拒绝野生海洋动物皮毛制品，就是从源头上制止了杀戮。

3.2.7　不食海豹油

物质生活极大丰富的现代人由于营养过多、活动过少，经常被心脑血管病、高血压等“富贵病”困扰。长期以来，科学家们发现生活在北极附近的因纽特人却很少患有这些疾病。经过研究，他们发现因纽特人主要吃海豹油、海豹肉及鱼类等，由于这些食品中含有一种叫 ω-3 不饱和脂肪酸的神奇物质，它不仅可以让人们远离那些“富贵病”，还能滋养身体、延缓衰老，因此，“海豹油”就作为新的健康法宝在世界各地流行起来。

海豹油正是通过屠杀海豹，从其身体里提炼出来的。近年来，由于市场对海豹油的需求量逐年增加，导致海豹数量急剧下降，特别是因为美国、英国、挪威、加拿大等国每年派众多装备精良的捕海豹船在海上大肆掠捕，许多海豹就这样被剥夺了生命。

3.3　海洋保护区建设与管理

3.3.1　海洋自然保护区及其界定

海洋自然保护区(marine reserve)是指实施全面保护和管理的海洋保护区，自然保护区内禁止任何获取资源(包括生物资源、化石资源或矿物)和破坏生境的活动。

建立海洋自然保护区是保护海洋生物多样性的一项重要措施。我国的海洋自然保护区通常包括核心区(或称绝对保护区)、缓冲区和实验区三部分。核心区保护基本处于自然状态的生态系统以及珍稀、濒危动植物的集中分布地,严禁一切干扰,禁止船舶、单位和个人进入,但经国家主管部门批准,可以进入从事科学研究活动,是人们获得自然本底信息的重要场所。核心区的面积必须满足保护的要求。缓冲区是指环绕核心区的周围地区,允许进入从事非破坏性的科研活动和标本采集。缓冲区外围的一定区域划为实验区,可以进入从事科学实验、教学实习、参观考察、旅游以及驯化、繁殖珍稀、濒危野生动植物等活动。如有需要并经批准,可在自然保护区外再划出一定面积作为外围保护带。

3.3.2 海洋自然保护区的溢出效应

海洋自然保护区为生物资源的恢复提供了良好的生境条件,随着保护区内受保护物种个体数量增加,密度增大,保护区内空间不足的问题将会逐渐呈现,这时,部分个体将离开保护区寻求新的生存和发展空间,使保护区外的生物资源增加,这种效应称为溢出效应(spillover effect)(图 3-1)。

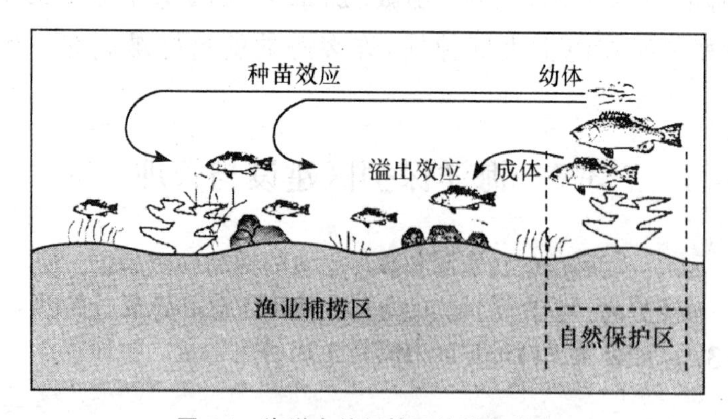

图 3-1 海洋自然保护区的溢出效应

溢出效应是大自然对人类保护野生生物资源的一种回报,如果把自然保护区建设比喻为“储蓄”,则资源的溢出就是“利息”,

是可以年复一年收获的自然回报。

以上溢出效应主要是以资源生物的成体溢出为特征的。自然保护区生物溢出的另一种形式是植物的种子以及动物的卵和幼体的溢出，这种溢出效应也相应被称为种苗效应（seeding effect）。

3.3.3　海洋自然保护区网络

海洋自然保护区网络是在景观生态学和生态系统管理理论指导下新近发展起来的海洋自然保护区建设的新思路和新方法，目前主要用于物种和渔业资源的保护。

由于自然保护区的面积需要达到一定规模才能取得理想的保护成效，如果面积太小则保护区中受保护的物种无法自我维持；而面积太大则会使渔业资源的生产力被过多地保留在保护区之内，难以发挥保护区资源溢出效应，影响渔业生产和渔获量的提高。此外，对洄游性鱼类或大范围迁徙的海洋物种（如鲸、海龟）而言，其生活史过程需要经历不同类型的生境和面积广阔的海区，如果将其洄游或迁徙所经历的整个海区都建设成自然保护区，那人类的很多海洋活动（包括渔业生产）将无法进行，因此，只能在一些对其生活史起关键作用的海区或生境（如产卵场）建立自然保护区。海洋自然保护区网络正是在探索解决以上两方面问题的实践中发展起来的一种折中方法。

目前已在建设的海洋自然保护区网络是由一系列面积相对较小（往往小于海洋生态系统保护区）、彼此接近的自然保护区所组成的。由于单个保护区的面积较小，虽然成体和种苗容易溢出，却难以自我维持足够的种苗生产。由于相邻保护区彼此接近，因此保护区间可以相互提供种苗，满足彼此的需要。只要网络中保护区的数量足够多，自然保护区网络就可以全面提高该区域的卵、幼体和成体的产量，不但满足物种保护的要求，而且也满足了渔业生产的需要。可见，海洋自然保护区网络是实现海洋生物多样性保护和生物资源可持续利用的重要手段。

3.3.4 国内外海洋自然保护区

1. 国外海洋自然保护区

目前国外对海洋类型的海洋自然保护区名称也多样化，如国家公园，海洋公园，海洋保护区，海滨、海岸、沿海、河口或沼泽保护区，自然保护区，海洋自然保护区，禁猎区，生物保护区，生物站，野生生物保护区，研究区，保留地，娱乐区等等。不论其名称如何，这些海洋保护区主要分布在河口、珊瑚礁、岛屿、开阔海域、海草床、沿岸地区、历史上有重要意义的船只失事区等。

(1)总体特征

在国外众多的海洋自然保护区中，归纳起来有如下五个特征：

①珊瑚礁和红树林自然保护区的建设是一个重点，因为珊瑚礁、红树林、盐沼和上升流生态系统是世界四大海洋保护生态系统。

②注重于拯救珍稀或濒危海洋生物。

③利用辽阔的海湾滩涂、丰富的海洋生物资源而建立自然保护区。

④建设和发展中注重法制建设，颁布了有关自然保护区的法律和法规。

⑤以自然保护区作为研究基地，积极开展国际合作与交流等。

(2)区划管理

区划是为了保证海洋自然保护区计划的实施、促进发展、达到保护目的的重要管理手段之一。区划是根据包括环境在内的资源分类方法，按照保护的目的与需要、允许利用的程度和保护区内设施容纳能力，对保护区加以划分区域，实施有效管理。

澳大利亚大堡礁海洋公园采用类似陆地生物圈规划的区划方法，把海洋公园划分成七个区域，即“一般利用”A区和B区、国家海洋公园的A区和B区、缓冲区、科学研究区、保护区。其中“一般利用”区内不允许进行采矿，一些活动如采集贝壳、珊瑚、观赏鱼、用杆和线钓金枪鱼、传统狩猎和科学研究等需经特别许可，其他活动可在一般利用区内进行；国家海洋公园的A、B和缓冲区管理较严格些，有些活动得到特许可以进行；少数活动如划船、潜水等允许进行，其他活动均不得进行，而“保护区”即核心区内除经特许可开展科学研究外，一切活动均予禁止；科学研究区与“保护区”类似，仅传统的狩猎或捕鱼经特别许可可以进行，其他活动一律不允许进行。其区划的目的是促进人类对海洋公园的享受和利用，保护海洋公园的生态系统。

(3)科学研究管理

海洋自然保护区的科学研究活动及其成果，是保护区对资源与环境保护和管理的基础，而提供开展自然保护科研场所是保护区建区内容之一。海洋自然保护区是开展海洋资源科学、环境科学、生物科学及海洋学其他方面研究的重要基地。国外一些海洋自然保护区的管理部门愿意与科研机构和高校合作，开展珍稀、濒危物种研究和资源开发利用，以及做出人类活动对海洋资源、海洋环境、生态系统的影响评价和社会影响评价等，目的在于更多地了解海洋环境和资源状况，向有关部门通报信息，提高公众保护自然的自觉性，进而提高保护区的保护和管理水平。对科研的管理，保护区管理当局负责管理和协调委托的科研课题，与高校、研究所或私人顾问签订合同，评价科研许可证的申请、公众环境报告、环境影响报告书，制定环境监测规划，建立海洋自然保护数据库，提供科研基地，组织、协调和管理区内的科研活动。

国外海洋自然保护区的建设，越来越重视对关于保护内容和管理的一些问题开展科学研究活动。美国已制定一项大规模的研究计划，准备开展长期研究活动，针对一些已划定的海洋公园或保护区面临“涉禽种群减少、生物物种减少、水产资源衰退、水质下降”的问题开展研究,以确定水管理和水环境对河口生态的影响,考虑采取何种措施扭转港湾、河口和红树林区涉禽与鱼类种群数量下降的趋势。国会还要求有关单位进行更多的环境研究,更广泛的咨询,更密切注视经济影响的研究。

加拿大的海洋公园建设也提出对自然现象、公众需求、旅游利用和影响的研究,提出在公园内增加研究设施,开展对海洋过程了解和海洋区域欣赏等方面的研究。此外,环境部还鼓励根据加拿大社会的最佳利益(经济、环境、社会)促进和发展渔业资源管理和利用的研究,以及提高海洋公园管理水平的研究。

澳大利亚大堡礁海洋公园科研处曾提出过九个重点科研课题,列入年度研究计划,这些课题包括:棘海星截顶、拖网影响、礁下捕鱼的影响、礁底生物监测、水质评价、人类资源利用的监测、社会影响评价、管理水平的提高及海洋学研究项目等。

(4)宣传教育

海洋自然保护区建成后,在管理措施上有一个重要方面就是向公众宣传建设保护区的意义,增强公众海洋自然保护的意识;加强海洋自然保护知识的普及并在学校设置海洋自然保护教育课程,促使公众自觉参与保护区的保护工作。国外一些管理较好的海洋自然保护区,其宣传教育比较成功,也收到较好的效果。

澳大利亚大堡礁海洋公园管理局内设有教育情报处,旨在提高公众对大堡礁海洋公园的了解、欣赏和支持,还通过资料宣传海洋自然保护,向公众提供教育和情报资料服务。

加拿大环境部为保护海洋公园的资源,制定宣传计划,提供各种情报资料、信息和海洋公园的发展计划,宣传和介绍海洋公园区域的历史和考古资源、资源的开发利用与管理等。他们认为开展这样的宣传活动,可以使游览者有机会认识海洋公园,进一步了解和欣赏海洋公园的自然和文化价值,认识人类对海洋环境的依赖和相互关系。还向教育机构、社会团体提供资料,宣传海洋公园发展规划等,并组织这些机构、团体甚至个人进园开展宣传活动。这样做可以调动和发挥公众、机构与团体参与海洋自然资源保护的积极性。

2. 我国的海洋自然保护区

我国海洋自然保护区的保护对象主要有以下几种。

①“原始”海洋区域。指受人类活动影响较小,或者基本没有受到干扰的“原始”海洋环境和资源区域。包括那些尚未被开发的滩涂、沼泽湿地等海岸地段及无人居住而又有独特风貌的海岛等。它们可以为海洋研究提供“天然本底”。

②珍稀、濒危海洋物种。海洋中珍贵、稀有、濒危或易危的物种,如鲍鱼、石斑鱼、红珊瑚以及一些遗存下来的古老物种,如文昌鱼、舌形贝等。

③典型海洋生态系统。红树林、珊瑚礁、河口、海湾、沼泽湿地等海洋生态系统,具有很高的生态和经济价值,为多种海洋生物提供栖息地,拥有丰富的遗传资源和很高的生产力。红树林、珊瑚礁还在保护海岸、净化环境等方面发挥重要作用。但这些生态系统又是相对脆弱的,必须进行保护。

④有代表性的海洋自然景观和自然历史遗迹。大自然的鬼斧神工塑造了千姿百态的海岸地貌和沉积单元,人类活动更留下了灿烂的历史遗迹。保护其中有代表性的、具有观赏或研究价值的景观、剖面、遗迹、遗物等,也是海洋自然保护区的主要任务之一。

⑤综合、整体的海洋区域。比如南沙群岛、舟山群岛中的某些岛屿及周围海域,其中的保护对象并不是单一的,而是整个生态环境。

3.3.5　海洋自然保护区的管理

我国海洋自然保护区的管理内容包括两大部分:一部分是保护区内部的行政管理,其目的是保证保护区的整体工作能正常运行；另一部分是业务管理，其目的是使保护区内的主要保护对象能够得到有效的保护，业务管理包括法制管理、保护管理、科学研究和经营管理等。下面着重介绍保护区的管理目标、保护区的监视和执法、保护区的科研与监测以及保护区的国际合作四个方面的内容。

1. 保护区的管理目标

海洋自然保护区管理的基本目标和要求，归纳起来有以下几个方面。

①一区一法，即建立一个自然保护区，也要由批准建立保护区的人民政府或同级人民代表大会颁布一项专门的法规，纳入自然保护区法规体系，以使保护区管理工作走上法制轨道。

②一区一处，即经批准建立的自然保护区，按级别设置精干的保护区管理处或相应的管理机构(局、站)，统一管理本保护区的自然保护工作和有关科研、实验和生产经营活动。

③一区三带，即在自然保护区内，一般划分核心区(或带，下同)、缓冲区、实验区(或称经营区)。对核心区的管理和保护要严格。

④一区四界，即明确自然保护区的范围，划定四周边界。

⑤一区数项(项指科研项目)，即一个自然保护区建区之前的考察、评价、规划、论证到建区以后的管理、保护以至专业经营活动，都要以科研、实验为基础。如果离开科研、实验项目的支持，自然保护区的价值就无从谈起。

⑥一区一园(园指国家公园)，即园址应选在除核心区以外的缓冲区、实验区。在方法上不搞闭区锁园，但要支持定点定线，严格管理。

⑦一区一馆(馆指博物馆或电化教育馆)，即专业博物馆以本保护区的主要保护对象为主线，布置系列展品和图片，开展专业性宣传教育和科普活动。

⑧一区一库，即以物种保护为宗旨的保护区，都是天然种质

库，立足于这个资源条件，有计划地把基因库建立起来。

⑨一区一品，即以保护区的优势资源为基础，以科研、实验工作为先导，逐步发展有特色，有销路的产品系列，这是增强自然保护区经济活动的必由之路。

⑩一区一业，即形成一定规模的相对独立的产业，如蛇岛自然保护区在开发蛇毒蛇药的基础上建立蛇岛医院。

以上十条中的前五条是对自然保护区的基本要求，而后五条为各保护区可根据自己的情况确定的管理目标。

2. 监视和执法

自然保护区的监视和执法管理包括以下几方面内容。

(1)制定并实施监视计划

监视行动必须有计划地进行，海洋自然保护区每年都应当根据自然保护的法规、保护区的管理条件和监视执法工作的要求，制定出具体的监视计划，并指定船只或其他交通工具和专职工作人员，对上级已经批准的计划认真实施。然而，监视计划不是固定不变的，当保护区的自然环境或开发活动出现变化时，或违法事件的发生频率有明显变化，或上述变化与敏感资源发生冲突时，应及时调整监视计划。

(2)监视执法人员的培训

在保护区内参加监视和执法的人员应当接受适当的训练。训练内容包括对每项法规及管理条例的正式解释、事务的管理、联络、法律的执行等。监视执法人员的训练工作应由较高层管理机构的主管部门负责，并纳入整个管理规划。

(3)情况报告和趋势分析

对保护区不同部分的监视、执法活动等进行统计和总结，以形成文字报告。监视报告的格式及监视执法的可靠方法由保护区上一级机构统一决定，或由保护区与上级机构共同决定。对违反保护区有关法规和管理条例的事件，应以文字记录在案，并按保护区和上级机构的主管部门的决定予以处理。保护区的监视执法活动应形成月报告、季度报告和年度报告,编集成册以便于评价违法趋势和整个监视及实施计划的有效性。

3. 科研与监测

在保护区内,一个经过充分设计的科研规划可以改善人们对资源情况的了解和指出易受干扰的敏感物种。科研成果有利于改进和更新管理条件,并能及时地增强资源的管理能力,还可以帮助保护区管理人员发现资源变化在该系统中的重要意义。同时,科研活动及其结果也是保护区宣传教育源源不断的资料来源。保护区的监测工作,既服务于科学研究,为科研提供可靠的实测资料,又服务于保护管理,为保护管理及时提供保护区内有关情况的变化。保护区的科研项目和宣传教育方式主要有以下几种。

(1)专题科学研究

一般都集中在:①资源的特性及分布;②资源的变化(包括丰度、分布、物种组成的变化);③自然变化及人类活动干扰对资源的影响;④资源变化的因果关系、趋势;⑤保护区内资源的演化历史。

(2)基线研究

基线研究目的是对自然保护区内资源有基本了解,其研究内容包括:①物种丰度、分布和迁移;②生境特征及其与种群的关系。

(3)资源开发利用的研究

对资源的开发利用必须在不破坏保护区内的自然环境和主要保护对象的前提下进行,其研究工作可围绕保护区内资源可开发项目、开发方式及可行性、生物驯化及生产意义等方面进行。

(4)监测研究

监测研究是海洋资源管理能否成功的基础。如通过定期记录生物丰度或群落物种的多样性,可能发现生态上的变化。一个良好的监测数据库,有助于发现正常的或天然周期和趋势,以及异常的变化及这些变化与干扰因素的关系。

(5)宣传教育

海洋自然保护区的建设是全民的事业，只有通过公共宣传和科普教育活动，引起全社会对海洋自然保护工作的重视，才能使公众了解并自觉遵守国家海洋自然保护管理的各项法规。通常海洋自然保护区的宣传教育有以下几种方式：①出版关于海洋自然保护区的书籍、资料；②举办报告会和讨论会；③充分利用当地的新闻媒介，如电台、电视、报刊等报道有关保护区的消息；④在自然保护区中为中、小学生开办野外自然课，编印有关材料，讲解海洋自然保护区的知识等；⑤有选择地开辟大中专教学基地和科研基地；⑥开辟旅游景点，对旅游者进行普及性的海洋自然保护的宣传，印制各种具有知识性、趣味性的宣传材料或旅游指南，制作旅游纪念品等；⑦举办标本、图片展览，有条件的地方还可开展电视、电影教育活动；⑧与国际自然保护组织及同类保护区之间建立联系。

4. 国际合作

自然保护行为本身就具有世界意义，在地域上往往超越国界。对于海洋自然保护来说更为明显。由于水体的连通，某些生态环境变化，物种分布及迁移等，本来就不存在国界。例如，辽东湾的斑海豹，在每年秋季水温开始下降后，由日本海进入中国海区，12月至翌年5月在辽东湾繁殖后代，5月以后离开辽东湾。因此，海洋自然保护需要国际间密切合作，这样才能实现自然保护的目标。

为了适应这一形势，一些国际自然保护组织相继成立，如国际自然和自然资源保护联盟(IUCN)，世界野生动植物自然基金会(WWF)，《国际重要湿地公约》(Ramsar Convention)秘书处、国际“人与生物圈”计划(MAB)执行处、《濒危野生动植物种国际贸易公约》(CITES)秘书处、国际水禽研究局(IWRB)、国际鹤类基金会(ICF)、亚洲湿地局(AWB)等，而国际合作的形式有以下几种。

(1)联合保护

有些洄游性海洋动物,其洄游路线可能贯穿两个以上沿海国家的海域,在国际间都确认该类动物为保护对象时,有关国家自行联合或通过国际有关组织协调,使该类动物得到联合保护。这样,每年参与保护的国家,其所建的保护区都是联合保护的一部分,那么,在管理方法、保护技术条件及有关的科学研究等方面,彼此可以交流。

(2)国际赞助

所谓国际赞助,是指国际有关组织对一个保护区(或某类保护对象)提供经费、技术条件和保护设施等。其中技术条件包括提供技术资料、派遣专家指导或与保护区共同进行科学研究等。如世界野生生物自然基金会为热带雨林保护、濒危动植物保护提供资金、设施及派出专家等。我国的大熊猫繁殖区保护及雪豹保护也得到国际赞助。

由国际自然保护组织负责,对参与自然保护的人员进行各种形式的培训。人员培训也是国际合作的内容之一,是推动国际自然保护的有效措施之一。

3.4 海洋资源的高效与可持续利用

3.4.1 高效利用海洋资源

海洋和海岸带综合管理是一个复杂的难题,涉及制度设计、发展战略和运作体制的调整。在具体措施上,沿海国纷纷科技兴海,提高用海水平,争取以较低的海洋资源代价得到高效利用,主要表现在:通过国家立法、规划、投资和行政措施,强化政府对海洋开发的干预;采取正当的养护措施,权衡海洋生物资源的增殖量与捕捞量的关系，创设新型渔业管理制度；科学、合理地利用滩涂和浅海的可养殖海域，发展高效、低污染的规模化养殖模式，推广无公害养殖；环境保护应由以污染防治为主，转变为预防、监测和治理全过程管理，资源与环境综合管理。

3.4.2　海洋资源的可持续利用

为了保证海洋资源的可持续利用，应依法强化海域使用、海岛保护，加强矿产资源、港口、海上交通、海洋渔业等管理，加大海洋开发利用的执法监察力度，规范海洋开发秩序，使海洋开发利用的规模、强度与海洋资源、环境承载能力相适应，实现和谐发展。关于这一点，国家制定了相关的政策和法律、法规，其主要包括以下几个方面：

1. 海域使用管理

制订海域使用总体规划和海岸保护与利用规划，实行海洋功能区划动态管理和规划定期评估制度。根据海洋经济发展规划和国家产业政策，国家应适时、适度调控海域使用方向和规模，强化海域使用审批管理，建立健全用海预审制度。建立责任追究制度，对非法占用海域的开发行为进行严惩。

2. 海岛开发保护

开展海岛资源调查和评价，需要对居民海岛和重要无居民岛礁环境资源现状和潜力了解得非常清楚。开发利用新能源，支持海水淡化与综合利用。制定并颁布海岛保护目录，建立无居民海岛有偿使用制度，选划建立海岛特别保护区，开展重点海岛整治和修复。

3. 油气矿产资源管理

加强海洋油气、矿产资源调查、评价与勘探，强化海洋油气、矿产资源开发管理，把加强海上探矿权和采矿权的管理作为重点。对于海滨砂矿的开采及开采规模进行控制，严肃查处各类违规开采行为，坚决制止非法采矿。

4. 港口资源配置

根据沿海地区经济发展布局态势和沿海岸线资源状况，优化岸线资源配置，完善港口设施布局，统筹协调各类港口的集装与运输。开展港口岸线资源有偿使用和资产化管理研究，实现最优配置。

5. 海洋渔业资源养护

依法加强海洋渔业管理，巩固和完善伏季休渔制度，保护近海渔业资源，合理设置人工鱼礁，加强渔业种苗管理，继续开展人工放流。重点加强海洋水产品质量安全和海水养殖基地管理，完善海洋水产品质量检测、检疫和防疫体系。

第 4 章　海洋环境与海洋生态系统

环境保护之所以在环境与发展中处于特别重要的地位，是由保护的属性、任务和使命决定的。对环境的一切对策、措施，不论是政治的、经济的、法律的、科学技术的，还是全球的、国家的、地区的，都必须通过一定的组织、方式方法、社会资源调配等来实现，而这一系列工作，都是环境保护的基本行为。如世界环境与发展委员会在制定“全球的变革日程”的文件中就认为：在持续发展的未来时日里，海洋的生态平衡和持续不衰的生产力将取决于海洋环境保护的进展，为此我们需要对今天的机构和政策进行彻底的变革。在这一思想下，他们提出海洋环境保护应实施的三条措施：“①海洋内在的统一性，要求一个有效的全球保护体制；②许多区域海洋的公共资源的特征，要求成立区域保护组织；③陆地活动对海洋构成的重大威胁，要求各国采取以国际合作为基础的有效的国家行动。”虽然世界环境与发展委员会论述的是公共环境领域中的保护问题，但对于全球范围或国家范围的环境，特别是海洋环境，在保护的决定性这一点上是没有差别的。

近年来，有关生态系统功能及其评估方法的研究，极大地促进了环境科学和环境保护事业的发展。其成果不仅提醒人们，自然生态系统的生态功能是人类赖以生存和发展的基础，是人类的自然资本，而且明确表明生态功能是可以用价值评估方法加以货币化的，进而提出了在开发利用自然资源时，必须加入生态成本核算，不能只顾眼前的、局部的和单纯的经济利益而忽视对生态功能的损害。保护生态环境的最终目的应该是:保护各类重要生态系统及其持续发挥的重要生态功能,为人类社会经济的可持续发展提供良好的海洋环境和丰富多样的海洋资源。

4.1 海洋环境

我国海域辽阔,岸线漫长,岛屿众多,江河湖泊纵横交错,形成众多渔业生产的场所,海洋生态环境良好。但由于近年来我国工农业迅速发展,污水处理设施滞后,导致水域污染,同时无序无度开发造成生态环境破坏,致使我国海洋环境质量逐年退化。我国海洋环境状况总体表现为:近岸海区环境质量逐年下降,近海污染范围有所扩大;外海水质基本良好,重金属污染得到较好控制;油污染向南部海区转移,营养盐和有机物污染有逐渐上升趋势;突发性污损事件频率加大,慢性危害日益显著;海洋自然景观和生态破坏加剧等。

4.1.1 海洋环境的类型

海洋环境根据划分的依据不同,类型不同,具体如图 4-1 所示。图 4-1 所示的海洋环境类型的划分,其目的是为了实现海洋研究工作的统一,实际上它们之间的界限并非十分清晰。

大陆架的环境适合多种鱼类生长,是近岸主要的渔业区域。深度超过 4 000 m 时,属于深海平原区域。大陆架、大陆坡、大陆基的具体范围如图 4-2 所示。

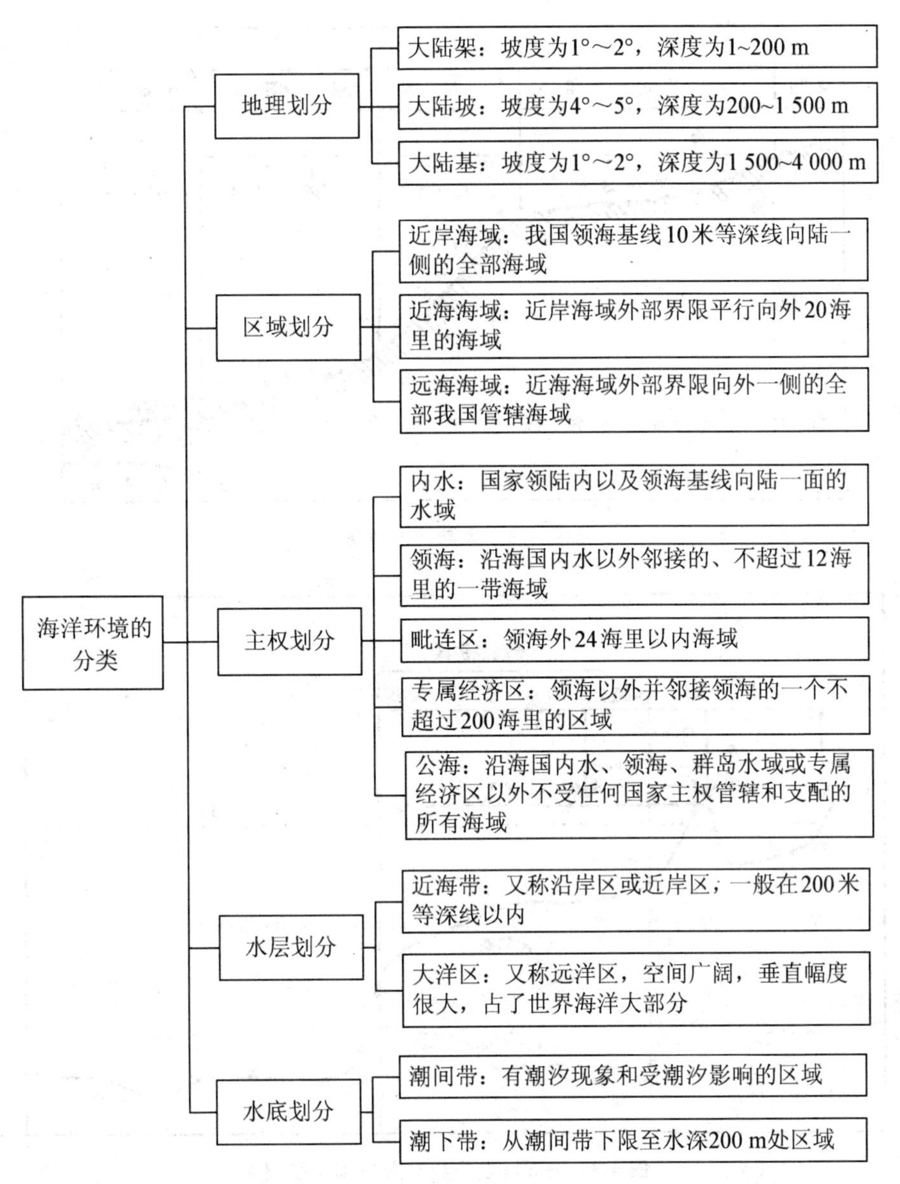

图 4-1　海洋环境的划分

依据海洋环境的主权划分，任何国家都可在公海内行动，各国在公海内享有平等的权利，不受约束。内水、领海、毗连区、专属经济区以及公海的距离范围如图 4-3 所示。

随着社会生产力的发展，人类对海洋的开发利用大多经历了由近岸、近海到远海，由内海、边缘海到大洋的发展过程。

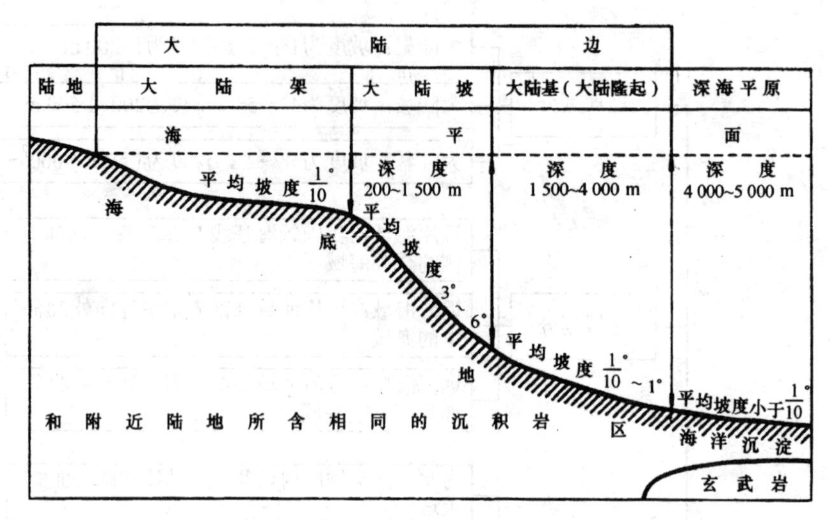

图 4-2 大陆架示意图

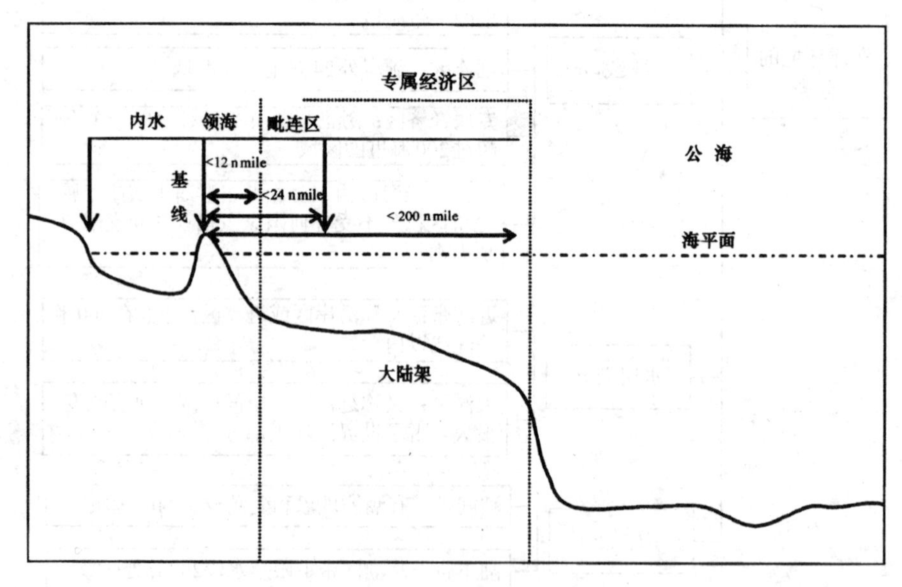

图 4-3 海洋环境主权划分范围示意图

我国海洋资源的开发利用至今主要集中于近岸海域，如养殖、滨海旅游、港口建设、挖砂、填海造地等，对近海和远海海域的利用大多为非专项的捕捞、航运等。由于对海洋的开发增大了深度、广度，在近海、远海的建设项目，如海上工程、油气勘探开采、水产牧放增殖等，已有增多趋势。

近海带的水平距离因海底倾斜缓急程度的不同而具有明显差异。如中国海的渤海、黄海和东海海域的大部分浅海区一般都在 200 m 等深线以内，所以面积相当广阔。美国的东北部海域，海底坡度很小，大陆架很宽，因此，浅海区的范围则比较大。有些海域，如日本的东海岸和南美西海岸离岸不远水深就超过 200 m，甚至达到数千米，这种情况浅海区的范围就相当小。

近海带海水的盐度变化幅度较大，一般低于大洋，有时可能很低（如波罗的海和亚速海）。环境的理化因素具有季节性和突然性的变化。由于受大陆径流的影响，海水中的营养元素和有机物质很丰富。环境的这些特点使得近海带的生物种类十分丰富，浮游植物（主要是硅藻）的生产量很大。生活在近海带的生物有许多是属于广温性和广盐性的种类。与大洋区水域比较，近海带是底层鱼类的主要栖息索饵场所和一些经济鱼类的重要产卵场，所以不少浅海海域是许多重要经济鱼类的渔场。

大洋区海水所含的大陆性的碎屑很少或完全没有，因而透明度大，并呈现深蓝色。海水的化学成分比较稳定，盐度普遍较高，营养成分较沿岸浅海为低，因此生物种类较少，种群密度较低。大洋的理化性质在空间和时间上的变化不大，在深海水层的下部环境条件终年相对稳定，只有少量深海动物生活其中。

大洋区可以分为上层、中层、深层、深渊层和超深渊层。上层的上限是水表面，下限是在 200 m 左右的深度。上层亦称有光带，即太阳辐射透入该水层的光能量可以满足浮游植物进行光合作用的需求。中层的下限是在 1 000 m 左右的深度。中层水域仍有光线透入，但数量相对较少，满足不了浮游植物进行光合作用的需求。深层的下限是在 4 000 m 左右，以下为深渊层，深渊层的下限为 6 000 m，深渊层以下为超深渊层。深层和深渊层统称无光带，或称黑暗带。由于各种环境因子的干扰，大洋区上层的下限，即有光带下限的深度在不同海域是不尽一致的。如图 4-4 所示。

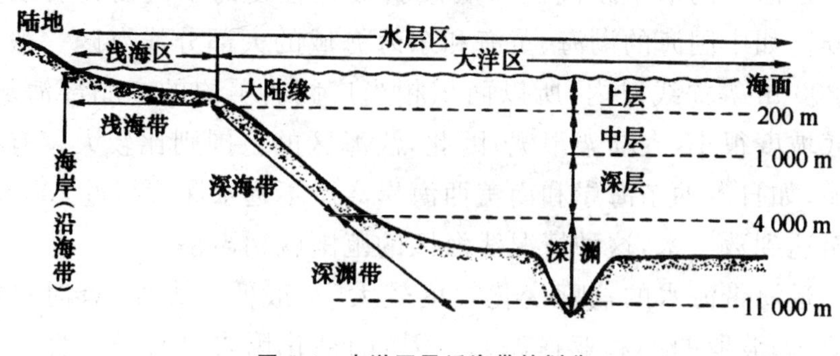

图 4-4 大洋区及近海带的划分

4.1.2 海洋环境要素

1. 影响海洋气候形成的主要因素

气候是指某一地区多年大气运动变化状态的综合情况。某地或寒或暖,或湿或干,或常年如一,或四季分明,这些特征在一个较长的时间跨度内保持稳定,就可认为是该地的气候特征。气候深刻地影响着地球上的物质运动和转化,稳定的气候是生物存在和发展的先决条件,而气候的变化,则往往决定各种生物的命运。

大千世界纷繁复杂,地球气候多种多样。造成气候差异的原因很多,影响气候的因素可分为四大类。

(1)太阳辐射

太阳辐射是大气运动的动力之源,能量通过辐射传递到地球表面,引起大气的变化。纬度位置是地球表面接收太阳辐射能量大小的最重要因素,纬度越高的地方,获得的热量越少,气温越低。

太阳辐射对海面的加热是通过发生在海—气界面上的辐射交换过程来完成的,它包括太阳短波辐射交换和海面与大气的长波辐射交换,而海面的净辐射收支主要取决于太阳总辐射。

(2)大气环流

大气环流形成的原因主要是大气运动——大气在接收能量过程中“受热不均”,导致空气从一地流向另一地。

(3)下垫面

下垫面主要是低层空气运动的边界面,海洋与陆地之间的气温、水分和环流有很大区别。大气中的臭氧层能够大幅度削弱太阳短波辐射,保护地球上的生物免受紫外线的辐射伤害。与此同时,臭氧层吸收太阳辐射也加热了大气。大气的中长波辐射能够被地面反射,地面温度越低,反射辐射越弱。因此,海、陆之间存在着较大的热力差异。

海、陆下垫面对气候形成的影响还表现在动力性质的差异。陆上,由于地形的起伏,粗糙度较大,摩擦力大,容易使风力减弱;海上则不同,海面比较光滑,粗糙度小,风在海面上运行时消耗于摩擦的能量也少,风速不易衰减。

(4)人类活动

人类活动对气候影响很大。人类向大气中排放大量二氧化碳,破坏臭氧层,导致全球气候变暖。海洋中的浮游生物和陆地的森林是吸收大气中二氧化碳的有效手段。人类砍伐树木、污染水源等活动都会影响到海洋和森林对二氧化碳的吸收,气候问题变得越来越严重。

2. 海洋气候的主要要素特征

气候要素包括气温、气压、风、云、降水、湿度、蒸发、日照、雾、能见度以及各种天气现象等。

(1)气温

气温是表示空气冷、热程度的物理量。中国近海气温地理分布呈北冷南暖;气温随时间的变化有日变化、季节变化和年际变化。气温年较差的地理分布是由北往南逐渐递减的(表 4-1)。

表 4-1 各海区气温年较差

海区	渤海	黄海北部	黄海南部	东海北部	东海中南部	南海北部	南海中部	南海南部
年较差温度/℃	27～28	26	21～24	18～20	11～17	7～13	3～5	2～3

(2)气压

气压是气象观测中的基本要素之一,了解和分析气压场的时空分布和变化具有重要意义。

气压随时间的变化同样存在着日变化、季节变化和年际变化。表 4-2 显示中国近海海面气压的日变化情况。由表 4-1 可以看出,气压的日变化十分复杂,随纬度、海区、月份的不同而异。以 1 月为例,北黄海日最高气压出现在 08 时,最低气压出现在 02 时,日较差为 4 hPa。黄海西部,日最高气压发生在 08 时和 20 时,日最低气压发生在 17 时、23 时和 05 时,日较差为 1 hPa。黄海东南部、东海中部、台湾以东海域、南海北部、中部、南部,日最高气压出现在 08 时,日最低气压出现时间随地区而异,日较差分别为 3 hPa 和 2 hPa。

表 4-2 黄海、东海、南海部分海域气压的日变化

海域	月份	地方时								
		08	13	14	17	20	23	02	05	平均
北黄海(38.3°N、122.8°E)	1月	1 028	1 026	1 025	1 025	1 026	1 026	1 024	1 026	1 026
	7月	1 005	1 005	1 006	1 005	1 006	1 006	1 003	1 005	1 005
	年	1 016	1 015	1 017	1 014	1 017	1 015	1 016	1 015	1 015
黄海西部(36.6°N、122.3°E)	1月	1 027	1 026	1 026	1 025	1 027	1 025	1 026	1 025	1 025
	7月	1 005	1 006	1 005	1 005	1 005	1 006	1 004	1 006	1 005
	年	1 018	1 017	1 017	1 015	1 017	1 016	1 016	1 016	1 015

续表

海域	月份	地方时								
		08	13	14	17	20	23	02	05	平均
黄海东南部(34.2°N、124.9°E)	1月	1 026	1 024	1 024	1 024	1 026	1 024	1 025	1 023	1 024
	7月	1 007	1 007	1 006	1 006	1 006	1 007	1 005	1 007	1 007
	年	1 017	1 015	1 017	1 015	1 016	1 015	1 016	1 015	1 015
东海中部(29.8°N、126.1°E)	1月	1 024	1 022	1 022	1 021	1 023	1 022	1 023	1 021	1 022
	7月	1 008	1 007	1 008	1 007	1 008	1 008	1 008	1 007	1 007
	年	1 016	1 015	1 015	1 014	1 015	1 015	1 015	1 014	1 014
台湾以东(25.0°N、124.3°E)	1月	1 021	1 020	1 019	1 018	1 020	1 019	1 019	1 019	1 019
	7月	1 008	1 007	1 008	1 006	1 008	1 007	1 007	1 006	1 007
	年	1 014	1 013	1 013	1 012	1 014	1 013	1 013	1 013	1 013
南海北部(18.2°N、118.1°E)	1月	1 016	1 015	1 015	1 014	1 015	1 015	1 015	1 014	1 015
	7月	1 007	1 006	1 007	1 005	1 007	1 007	1 007	1 005	1 006
	年	1 011	1 011	1 010	1 009	1 011	1 011	1 010	1 010	1 010
南海中部(12.8°N、113.3°E)	1月	1 014	1 014	1 013	1 012	1 013	1 013	1 013	1 013	1 011
	7月	1 007	1 007	1 006	1 005	1 006	1 007	1 007	1 006	1 006
	年	1 010	1 010	1 009	1 008	1 009	1 010	1 010	1 009	1 009
南海南部(8.3°N、111.2°E)	1月	1 012	1 011	1 011	1 010	1 011	1 011	1 012	1 011	1 011
	7月	1 009	1 008	1 008	1 007	1 008	1 008	1 008	1 008	1 008
	年	1 010	1 010	1 009	1 008	1 009	1 010	1 010	1 009	1 009

注：引自孙湘平．中国近海区域海洋[M]. 北京：海洋出版社，2006.

(3)风

空气从高压区向低压区的水平流动就是风。作为一种重要的天气因素，风对海洋环境有着重要的影响。海面风场对海水的运动有着巨大的影响，特别与表层海流的变化、海浪的发生和传播以及风暴水位涨落的程度等有密切关系。风还加速海面水的蒸发，影响海面的平整度，进而影响光的传播。风能使干冷空气和潮湿空气发生交换，是天气变化的重要因素之一。大风是海上最主要的灾害性天气之一，大风和巨浪对航运交通、港口建筑、海上作业等带来巨大的危害。大风如遇上天文大潮，通常形成风暴潮，引起海水倒灌，淹没大片土地，造成巨大损失。

空气做水平运动有风向和风速两个方面，所以它是矢量。风向指风的来向，用16个方位或8个方位表示。以北向为起始方位，每隔22.5°确定一个风向，方向为北(N)、东(E)、南(S)、西(W)；东北(NE)、东南(SE)、西南(SW)、西北(NW)；东北偏北(NNE)、东北偏东(ENE)、东南偏东(ESE)、东南偏南(SSE)、西南偏南(SSW)、西南偏西(WSW)，如图4-5所示。

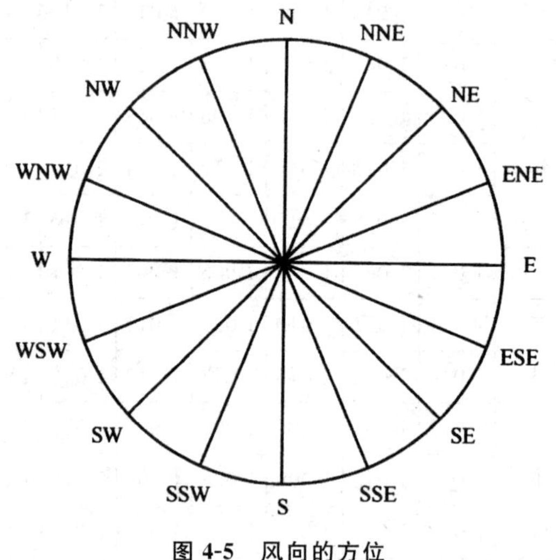

图4-5 风向的方位

风速的大小划分为13级，用风级表表示。

海、陆之间热量的差异影响近地面和近海面的气温和气压，导致冬季风从陆地吹向海洋，而夏季风从海洋吹向陆地，称为季风。

中国近海及其邻近地区，是季风最发达的地区之一。季风不仅盛行，而且范围大、势力强。

(4)云

云是大气中水汽凝结或凝华所造成的一种自然现象，是由飘浮在空气中大量的小水滴、冰晶或两者共同组成的。按云的高度和外貌特征分为三族十属：高云族，云底距地面高度6 000 m以上，包括卷云(Ci)、卷层云(Cs)、卷积云(Cc)；中云族，云底高度为

2 000～6 000 m，包括高层云（As）、高积云（Ac）；低云族，云底高度在 2 000 m 以下，包括层积云（Sc）、层云（St）、雨层云（Ns）、积云（Cu）、积雨云（Cb）。

云与降水、温度、能见度、日照等关系密切，它能影响这些要素的变化。云在辐射平衡中占有重要地位，它能影响海面或地面吸收的太阳辐射量。同时，云对长波辐射有吸收效应。云的形成与演变，还能预示未来天气的变化。因此，云是大气中最引人注目的重要现象之一，也是一个重要的气象要素。

云量是指云遮蔽天空的份数，一般用目测估计。讨论天空中云量时，陆地气象台站采用 10 份（成）制，将天空划分为 10 等份。但海上船舶观测云量是用 8 份（成）制。总云量不考虑云族、云属和云底高度，而将高云、中云、低云共同遮蔽天空的份数称总云量。中国近海总云量的分布特点是：冬季，渤海、黄海自岸边向远岸云量变化较大。东海全年大部分时间有一条多云带存在。南海在冬季、春、夏季之间云量差异较大；南海南部赤道附近，常年云量偏多，且相对稳定。

（5）降水

降水是一个重要的天气现象，也是水量平衡的重要组成部分。降水可使海上能见度恶化，也会使空气中水汽含量增大，不仅影响航行视线，对海上作业和生活均带来一定程度的影响。通常，除岛屿站及定点天气船或海上平台外，在海上没有进行降水量的观测。欲了解海上降水情况，多采用降水频率来表示。降水频率指观测到的降水的次数占总观测次数的百分比，它只是在一定程度上反映降水次数的多少，并不能代表降水量的多少。

中国近海四周岸边降水量的地区差异很大，分布极不均匀，从渤海沿岸的 500 mm 到南海沿岸的 3 000 mm，相差 6 倍。降水量的分布形势是：南部多北部少，东岸多于西岸，沿岸又多于海域中央。降水量的多少取决于诸多因素：如地理位置，纬度高低，地形、迎风面与背风面，季风，冷、暖锋面以及热带气旋等天气系统。季风是中国近海海区气候的一个重要特征，也是影响该海区降水的一个重要因素。冬、夏季风的进退变化，与降水的时空分布关系密切，使雨季和雨带出现规律的北进、南退现象。冬季风来自中、高纬度的干燥寒冷空气，夏季风则来自低纬度的海洋暖湿空气。大雨带的位移与夏季风来临日期是对应的。夏季风在某一地带或海域盛行时，基本上也是大雨带在该地带建立的日期；夏季风南退时，大体上是我国东部地区和海上雨季终了的时候。通常，每年的4～5月，西南风和东南风带来的暖湿空气开始在华南沿海一带登陆，与冷空气交汇的锋面在华南珠江流域，停留时间为20～30 d，形成华南沿海及南海北部的第一次雨带停滞。6月上旬，锋面向北推进至南岭以北，6月中旬雨带迅速北移，跳跃而至长江流域的中、下游地带。这便是大雨带的第一次跳跃。6月中旬至7月上、中旬，雨带在长江中、下游及东海中、北部停留一个月左右时间，形成那里的雨季（梅雨天气），成为雨带的第二次停滞。6～7月间，随着东南季风和西南季风势力的增强，冷空气节节后退，锋面北移至江淮流域。7月中旬，雨带发生第二次跳跃，越过淮河流域而到达黄河中、下游。到8月，雨带再次北上进入华北、东北地区，构成华北和东北地区的雨季，这便是雨带的第三次停滞。到了秋天，东南季风势力减弱，北方冷空气开始增强而南下，使冷、暖空气交汇的锋面，又从北方向南方撤退。9月底，雨带很快退缩到东南沿海一带。10月以后雨带退出中国大陆。这就是我国东部沿海和海上锋面移动和降水的基本情况。降水量除在地区分布上存在显著差异外，在日变化、季节分配、年际变化方面也有很大差异。

(6)海雾

雾是水汽在近地面层大气中的凝结现象。凡大气中小水滴或小冰晶悬浮在空气中，致使近地面层的水平能见度降至1 km以下的这种现象称雾。海雾是出现在海上、沿岸、岛屿附近的雾的总称。它包括平流雾、锋面雾、辐射雾、蒸发雾等。其中，平流雾雾滴浓、范围广、持续时间长、影响面广。

平流雾是海上最常见的雾，主要指暖湿空气平流到冷海面时，由于气温高于水温，海面与大气之间热量交换的净输送由大气指向海洋，使水汽冷却达过饱和而凝结成雾——暖平流雾。相反，当冷空气平流到暖海面时，气温低于水温，热量交换的净输送由海洋指向大气，使气温升高、水温降低，则冷平流不利于雾的形成，但在海、气温差大时，由于强烈的蒸发作用，大量增加了空气中的水汽含量，也可达到饱和而凝结成所谓的冷平流雾。

习惯上，把暖平流雾称平流雾，冷平流雾称蒸发雾。平流雾的生成条件，主要是暖湿空气流到冷海面，这就需要具备适宜的风向、风速、海面温度、汽水温差、大气稳定度、水汽含量等条件。

海雾的消散条件，主要是环流形势发生变化，以致引起风向、风速的变化，或者降水、增温等使海雾维持的条件遭到破坏而消散。海雾生成以后，随风飘移，当移到不利于海雾的环境中，雾即消散。海雾移到岸边时，太阳升起，地面很快升温，雾也很快消散。

在海洋观测中，并不严格地按雾的成因分类来记录，而将出现雾的日数记录为雾日。因此，海雾的频率统计，仅指观测到的海雾次数占总观测次数的百分比，它仅反映出海雾出现次数的多少。

海雾对海上航行、海上作业、海洋开发工程中金属腐蚀等均有重要影响，是海上重要的灾害性天气现象之一。

中国近海海雾频率分布具有明显的季节性和区域性。从季节性来讲，海雾主要出现在1～8月。南海北部1月开始有雾，台湾海峡推迟到2月中旬，东海到3月有雾，黄、渤海见雾推迟到3月中旬以后。海雾南方来得早，北方来得晚，前后相差两个多月。海雾来临是随纬度增高而逐渐推迟的。从区域来看，海雾并不是满海全是一样的雾，而是有明显的强度差异。多雾区（自南而北）有：北部湾、琼州海峡、台湾海峡西侧、长江口—舟山群岛一带、大黑山岛附近、青岛外海、江华湾、成山角外海、西朝鲜湾。黄海是中国近海海雾最严重的海区，然后依次是东海、南海、渤海。雾区范围和宽度：南海北部分别为2×10^5 km^{2}和100～200 km；东海分别为4×10^5 km^{2}和300～400 km；黄海几乎整个海区皆有海雾出现。除渤海外，海雾雾区宽度也是随纬度增高而扩大的。渤海的海雾有些不同，雾主要集中在渤海海峡附近，渤海雾区面积为 1×10^4 km^2，年雾日在 20～40 d 之间。深河口至南堡一带，年雾日也在 20 d 左右。渤海三大海湾内的年雾日为 5～10 d。

中国沿岸雾日分布的地区性很强，各地雾日差异较大，最少的 3 d，最多的超过 80 d。如果以年雾日在 30 d 左右作为多雾的标志，那么我国沿岸的多雾区有：辽南大鹿岛至大连一带，山东半岛成山角至青岛一带，浙江蝶山至大陈一带，福建崇武和东山沿岸以及海南的海口附近。

(7)能见度

能见度是指正常人的视力，在当时的天气条件下，所能看到目标物的最大水平距离。影响能见度的因素很多，如雾、降水、低云、烟、霾、扬沙、沙尘暴等。能见度在应用和统计上分四个等级：一级指能见距离不大于 1 km，称恶劣能见度，属于航海危险气象条件；二级指能见距离不大于 4 km，称低能见度；三级指能见距离不大于 10 km，称良好能见度，是海上航行、飞机起落的基本条件；四级指能见距离不大于 20 km，称最佳能见度。

我国沿岸的能见度地理分布，以海区而言，渤海沿岸能见度最好，南海沿岸其次，东海沿岸较差，黄海沿岸最差。海上能见度与海雾关系密切。渤海沿岸因海雾最少，所以能见度最好。渤海沿岸一级能见度(不大于 1 km)的年日数为 5～15 d，二级能见度(不大于 4 km)即低能见度的天数一年为 6 d 以下。黄海沿岸是我国沿岸海雾最多的地段，因而能见度也最差。我国黄海沿岸有两个低能见度地段：一个是出现在石岛至成山头一带，一级能见度日数为 80 d/a，二级能见度日数为 38 d/a；另一个是出现在大鹿岛至大连一带，一级能见度日数为 30～45 d/a，二级能见度日数为 30 d/a。我国东海沿岸也是多雾地段之一，能见度也比较差。一级能见度的日数为 30 d/a 以上，二级能见度日数为 20～25 d/a。我国南海沿岸的情况是：在琼州海峡及雷州半岛附近，因受海雾及阴雨天气的影响，一级能见度的日数为 10～40 d/a，二级能见度日数约为 10 d/a；其余沿岸地段，一级能见度日数为 5～25 d/a，二级能见度日数为 10 d/a 以下。

4.1.3　海洋沉积物

海洋底部覆盖着各种来源和性质不同的物质，通过物理、化学和生物的沉积作用构成海洋沉积物(marine sediment)。

海洋沉积物按其来源可分为陆源沉积和远洋沉积两大类。

1. 大陆边缘沉积(陆源沉积)

大陆边缘沉积是经河流、风、冰川等作用从大陆或邻近岛屿携带入海的陆源碎屑。

(1)岸滨及陆架沉积

分布于潮间带和大陆架上的沉积物，大部分是已经分解的各种矿物，主要有石英、长石、黏土矿物，也包括一些生物遗体。其粒度组成变化很大，但以砂及泥为主。这部分海底沉积物由于受底部地貌形态以及海浪、潮汐和海流的影响，又可细分成很多类型：河口及三角洲沉积、海湾沉积、海峡沉积、火山沉积、造礁珊瑚沉积等。在一些沉积盆地，其沉积物类型多、厚度大，有机质含量较高。

(2)陆坡及陆裾沉积(半深海沉积)

分布于大陆斜坡及其陡坡下的平缓地带的沉积物，除局部以生物或火山物质为主外，绝大多数海区也是由陆源碎屑组成，包括各种类型的砂、粉砂、泥等。在热带和亚热带海洋中，还出现珊瑚沉积，它是由珊瑚的破坏产物(如珊瑚砾及其他石灰质生物残骸)组成。此外，还存在由流速很大的浊流所形成的浊流沉积，当浊流到达坡度平缓的海底(如大陆裾)时，将所带的泥沙大量沉积下来。浊流沉积的特点是分选性好、粒度较粗，往往含有一些浅海生物遗骸。

2. 远洋沉积(深海沉积)

(1)红黏土软泥

是从大陆带来的红色(褐色)黏土矿物以及部分火山物质在

海底风化形成的沉积物。红黏土软泥沉积物主要分布在大洋的低生产力区，在太平洋洋底沉积物中约占一半面积，在大西洋、印度洋中各占1/4面积。北冰洋属冰川海洋沉积类型，主要是陆源性的黏土软泥沉积。黏土沉积物中有机质含量比较少。

(2)钙质软泥

主要由有孔虫类的抱球虫和浮游软体动物的翼足类以及异足类的介壳组成，分别称为抱球虫软泥和翼足类软泥。钙质软泥广泛分布于太平洋、大西洋和印度洋，覆盖世界洋底面积的47%左右(其中抱球虫软泥面积比翼足类软泥的大得多)。由于碳酸钙的溶解度随温度升高而下降，随压力增加而升高，所以钙质软泥一般分布在热带和亚热带、水深不超过4 700 m的深海底，更深处为黏土或硅质软泥所取代。

(3)硅质软泥

主要由硅藻的细胞壁和放射虫骨针所组成的硅质沉积，分别称为硅藻软泥和放射虫软泥。前者在洋底的覆盖面积比后者大，但比上述钙质沉积物的面积小得多。

4.2 海洋环境的影响因素

4.2.1 海洋环境的人为影响因素

1. 筑堤建坝与海岸侵蚀

海岸泥沙的不断补充供给是沉积海岸地貌和保持海岸稳定的必要物质基础，海岸泥沙来源的减少或破坏均会使原本极为脆弱的海岸受到威胁和破坏，尤其是在河流上和港湾内筑堤建坝，致使补充海岸的泥沙数量急剧减少，水体交换能力减弱，从而导致海岸的侵蚀与破坏、生态环境改变、功能作用降低和生产力下降。

2. 滩涂围垦

滩涂和港湾围垦利用有着悠久历史，其主要目的就是围垦造地，缓解农业、工业、地产业的土地紧张状况。通过围垦还可以建设盐田和海水养殖池塘，甚至有人认为通过围垦，还可以把岸线整治好，为港口建设提供岸线资源。特别是沿海地区经济的快速发展，对土地需求日益加大，滩涂围垦的强度空前加大。基于此，有些地方不顾海洋环境的完整性和有限性，把滩涂围垦看作是缓解土地紧张的有效途径，是造福于民的"德政工程"，实行"谁投资、谁受益"的原则，甚至制定奖励制度，鼓励围垦。但利用滩涂围垦造田，由于沿海淡水严重缺乏，围垦后的滩涂都是盐碱地。现在围垦土地大多用于工业、房地产业用地。

海洋生态环境是海洋生物生存和发展的基本条件，沿海自然港湾和潮间带滩涂历来是生物资源丰富的地方。由于随意围垦导致的生境丧失，影响了海洋生态系统的完整性，对海洋生态系统造成了毁灭性的破坏，滩涂围垦甚至是一些海区发生荒漠化的元凶之一。

3. 海洋污染

海洋污染能够导致海水富营养化，赤潮频发，海洋生物质量降低，物种消失，海洋初级生产力下降，影响到海洋生态系统持续发展。海洋污染主要由下列几方面因素造成。

(1)工业废水排放

伴随经济的快速发展，工业生产给环境造成的压力空前加大，工业废水通过河流、沟渠、管道最终进入大海。近年来我国总体环境污染状况并没有得到明显改变，有些地区呈现加重的趋势。同时，沿海电厂、核电站的冷却废水造成的热污染也给部分地区的局部海区带来了影响。

(2)农业活动的污染

我国是个农业大国，农药、化肥的品种、质量不良和施用方式相当落后，其中约60％的农药、化肥是以污染物的形式流失于土壤和水环境中，构成了以氮、磷污染为主要特征的面源水质污染。

(3)生活污水排放

由于城市生活污水的实际处理率和处理水平极低，生活污水的无序排放和污染分担率上升较快，这些污染物最终也汇入海洋，近期内尚无法整体好转。

(4)船舶污染

在船舶航行、作业、遭遇海上事故等过程中，各类有害物质进入海洋，使海洋生态环境遭到破坏。

(5)石油开发污染

在海洋石油勘探开发过程中，有的钻井船和采油平台，人为地将大量的废弃物和含油污水不断地排入海洋，对海洋环境造成污染，在不同的程度上对我国近海海域的自然环境造成了一定的损害。

(6)大气来源污染

陆地污染物、工业废气、生活废气进入大气，然后通过自然沉降或通过降雨进入海洋，对海洋生态环境造成污染。通过这种途径进入海洋的污染物质比较复杂，污染物质种类具有地区性差异。

4. 海洋资源利用

海洋盐业、海水养殖、石油开发、渔业捕捞、红树林砍伐、近海采砂等海洋资源利用开发活动都会对海洋生态环境造成影响。盐田均建在潮上带，这个区域一般是滩涂湿地的一部分，盐田的建设使这部分生境丧失。

海水养殖对海洋生态环境的影响越来越受到关注。海水养殖，特别是鱼类和虾类的养殖，大都是采用的人工饵料。据研究，即使管理最好的养虾场，也有30％的饵料未被摄食，残饵产生的氮、磷营养物质是虾池及其邻近浅海的主要污染源，加剧了海水的富营养化。

海洋石油开发活动产生的各种废弃物、原油泄漏等同样会给海洋生态环境造成威胁。

强烈的渔业捕捞生产会极大损害海洋生物多样性，最终影响到海洋生态系统结构和功能的实现。

红树林是生长在热带海岸潮间带的木本植物，其生长区内有丰富的物种多样性，生物资源丰富，对全球碳、氮等物质循环具有重要意义，同时又能有效地防止海岸侵蚀。因此，红树林区有“海洋立体天然牧场”和搏击风浪的“海岸卫士”之称。目前我国红树林已遭到严重破坏，不但直接损害了海洋生物资源，而且带来了海岸侵蚀等灾害。从全球变化的观点分析，世界红树林的大规模破坏给全球气候和碳、氮循环等带来重大影响。

我国海岸带有丰富的砂矿资源，其中包括大量的建筑用沙。不合理的开发，会改变海区地貌，改变海流的流速和流向，造成海岸侵蚀。

5. 河流水利工程和流域土地利用方式

河流水利工程减少了河流入海水量，无法满足河口的生态需水量，导致河口海域生态环境改变。

4.2.2　气候变化对海洋环境的影响

1860 年以来，全球平均气温升高了 0.6℃。许多有力的证据表明，21 世纪全球将显著变暖。近百年的气候变化已给全球包括中国的自然生态系统和社会经济带来重要影响。由于温室效应等原因导致的全球气候变暖不仅对陆地生态系统造成了巨大影响，对海洋生态环境同样也产生了巨大生态效应。最明显的例子是两极冰雪消融，地球上冰川覆盖的面积正在减小。同时，全球变暖将造成海洋混合层水温上升，升温造成的热膨胀能显著地导致海平面的上升。这两种效应最终都导致海平面上涨。

海洋孕育了生命，造就了人类文明。我们既要充分利用海洋丰富的天然资源，开发海洋，为人类造福，又要尊重自然，尊重海洋，做到人与海洋自然环境和谐相处。毫无节制地向海洋索取、掠夺，一方面对海洋环境造成破坏性的灾难，另一方面也招致海洋对人类的报复与惩罚。人与自然的关系应理解为：人类都只是自然的子孙，而不是自然的主人。如果不是这样理解人与自然的关系，那就必然在破坏海洋自然环境的同时毁灭人类自己。

4.3 海洋环境问题

海洋是全球最大的地理区域，海洋环境在全球环境中占有了非常重要的位置。全球环境整体的变化无不影响或表现在海洋上，其中有一些还是以海洋为主体产生的。当代海洋环境问题中引起国际社会特别关注的有以下几个方面。

4.3.1 海平面上升

由于全球气候振荡和温室效应等原因所引起的海平面上升，已对人类，特别是沿海地区造成普遍威胁。联合国环境规划署发布的《当前全球环境状况》和许多资料及专题报告中，都着重强调了这一问题，一时间也使得一些沿海低平原和海岛国家的人民产生恐慌。

根据过去100年的验潮资料，全球海平面平均每年以1～2 mm的幅度上升。根据我国的沿海海洋验潮站资料，我国海平面也同样呈现这种变化速度，每年上升1.5 mm左右。虽然海平面上升的速度是缓慢的，但经一个较长时期的持续累积，数量还是相当大的。海平面上升的影响有以下几个方面。

1. 淹没沿海低地和海拔较低的岛屿

世界人口大约有3%居住在海拔不到1 m的沿海低平原区

域，在这个地区每年约有 3 000 万人口遭受风暴潮灾害的袭击。如果海平面上升 1 m，在地壳稳定的情况下，这个区域将要被海水淹没，所形成的局面是相当可怕的。

2. 洪涝和风暴潮灾害加剧

沿海低平原海湾和河口地区，由于地势较低，其抵御洪涝、风暴潮增水和海水侵入基本上都是靠工程设施、建筑堤坝和围堤，其高度和抗御强度都是以现在的水文条件等设计的。假若海平面上升，其性能和安全性必然降低，如天津海河拦潮闸建成 30 多年，在此期间该地海平面上升与地面下沉相结合，累计达到 105 m，现在的闸门高度已不能够挡潮。再如黄浦江外滩防洪墙，其标高是按千年一遇的标准修建的，若海平面上升 0.5 m，则降为百年一遇。如此潮灾和洪涝灾害的加剧是必然的。

3. 增加排污、排水的困难

海平面上升会使现有的市政排污、排水工程设计标高降低，造成沟渠或管道排放困难，甚者会排不出去而至海水倒灌。

4. 港口功能减弱

港口或其他工程设施，在海平面上升过程中，其功能和使用性能不断下降，如码头离水面高度，会因海面上升而降低，原来具有的船舶停靠的安全性随之降低等。

5. 其他危险

海平面上升还将伴随发生其他危害，如邻海土地盐碱化、地下水盐化、生态环境变迁等问题。

4.3.2　海岸侵蚀

海岸线是海洋与陆地交界的地方，是具有一定宽度的“带”。

海岸带不但自然资源丰富，而且也是人类活动最频繁的地带，是目前世界经济、文化最发达区域，全球有 2/3 的人口居住在这里，有海陆空立体运输系统和转运系统功能。

海岸是波浪和潮汐有显著作用的沿岸地带，是海洋和陆地相互作用、相互接触的地带。海岸的宽度可从几十米到几十千米，一般根据潮汐作用的影响，将其分为潮上带、潮间带和潮下带。潮上带是一般风浪和潮汐都不可能作用到近海地带；潮间带是波浪、潮汐活动最积极、作用最强烈的地带；潮下带是低潮线以下到波浪、潮汐没有显著影响的近岸地带。

海岸侵蚀是沿海各地区海岸普遍经历的过程。据报道，世界沿海有 70%以上的砂质海岸正在或已经遭受侵蚀破坏。侵蚀的危害是多方面的，不仅会吞没大量的滨海土地和良田，还会毁掉众多的设施（包括公路、铁路、桥梁、堤坝、建筑物、养殖场、军事工程等），甚至逼迫一些城镇、村庄搬迁，造成的损失是极大的。

我国海岸受到的侵蚀也很严重，从南到北，不论是大陆海岸，还是海岛岸线都有侵蚀发生，既有砂质海岸，也有基岩海岸。砂质海岸的侵蚀及后果尤其严重，例如苏北滨海县废黄河口岸段，自 1855 年黄河北徙山东入海后，泥沙的输送补充断绝，海岸与海底的地形重新塑造，侵蚀急速发生、发展，经过 100 多年的时间，岸段被海水侵蚀后退了超过 20 km。基岩海岸尽管组成物质比较坚硬，有一定的抗冲刷能力，但在长时间强大的波浪与海流作用下，侵蚀、崩塌、后退现象也不可避免。沿海各地分布的海蚀崖、倒石堆及其他海蚀地形地貌就是侵蚀发生的证明，例如北黄海的青堆子湾、常江澳、小窑湾、大连湾和辽东湾的锦州湾、太平湾、栾家口湾、复州湾、营城子湾等处，都广泛地分布着侵蚀后退的陡崖、崖前倒石堆和各类侵蚀平台、海蚀洞、海蚀穴、海蚀柱等海蚀地貌。其中包含规模比较大的侵蚀，由于侵蚀强烈，形成数千平方米的倒石堆等。

海岸侵蚀在我国的危害主要有五个方面：①吞没大片陆地，导致房屋建筑崩塌入海，给人民生命财产带来损失。这种例子数不胜数，如东海鳄鱼屿，该岛原有面积 0.24 km^2，经多年强浪流冲刷，蚀掉了 41%，现只有 0.14 km^2。②破坏海岸公路、桥梁、海底电缆管道。如厦门岛东海岸，1986 年一次风暴潮巨浪袭击，冲垮沿海公路超过 200 m 等。③毁坏海堤、防护堤、防护林带及各种护岸工程。1983 年在大连附近岸段，大浪冲毁防潮堤坝 221 处，长达 19 300 m，淹没良田百万公顷，损失 1 271 万元。④加剧港口与航道淤积。侵蚀的沉积物，往往随沿岸流被挟带进入港池和航道沉积下来，使之淤积变浅，阻碍船只的航行。海南清澜港的淤积就属此类情况，其他如塘沽港、连云港等港口的淤积也属这类问题。⑤破坏沿岸景观旅游资源。诸如沿岸防护林带、炮台、古城墙、古建筑、优美的地貌景观和浴场等，被海浪、海流冲刷后遭到严重损坏甚至消失，从而失去原有价值，在秦皇岛、辽东半岛、厦门岛等地都有这类状况发生。总之，海岸侵蚀已成为我国不容忽视的海洋环境灾害。

4.3.3　外来物种入侵

海洋外来物种入侵，是指一个海域中的某些海洋生物通过各种渠道传播到另一个新的海域，很快适应了新环境并大量繁衍，侵占该海域土著物种的生存空间，与土著物种争抢食物，排斥土著物种，致使该海域原有的生态平衡被破坏，自然生态链断裂。海洋外来物种入侵也被认为是海洋生物污染的形式之一，对土著物种和海洋生态平衡的影响往往是灾难性的，可导致该海域生态多样性无可挽回地减少。

造成海洋外来物种入侵的主要原因是人类的无节制活动。例如，原来生活在北太平洋海域的多棘海盘车，可能是被远航的船舶或者压舱水带到澳大利亚，因当地的环境条件适宜而大量繁殖。自 1986 年这种海星在澳大利亚塔斯马尼亚海域被发现，短短十几年的时间即遍布东起新南威尔士州、西至西澳大利亚州长达数千千米的广阔海域。迄今澳大利亚政府所采取的所有清除措施均告失败，当地政府正考虑动用化学方法、物理方法、生物方法进行联合清除，但结果尚需数年方可知晓。还有入侵北美五大湖的斑马贻贝，已对该水域的码头、港口设备、船舶、渔场等造成了重大的生物污染。为消除该污染，当地政府每年都要花费超过6亿美元的巨资，而斑马贻贝对该水域生态环境所造成的损失更是无法估算的。因此，海洋外来物种入侵问题也是必须引起人类高度警惕的重大问题。

我国江河湖泊中的水葫芦入侵、豚草入侵、福寿螺入侵、美国白蛾入侵等，都是20世纪发生在我国的外来物种入侵的重大事件，只不过这些入侵事件不是发生在海洋中，未被列入海洋外来物种入侵行列。

4.3.4 海洋生态环境恶化

地球上的海洋、湖泊、草原、森林等自然环境有一个共同特征，即其中的生物与环境共同构成一个相互作用的整体。当外界压力超过生态系统本身的调节能力时，生态系统就受到破坏，失去了平衡，从而使结构破坏、功能降低，如群落中生物种类减少，物种多样性降低，结构渐趋简化。

海洋生态环境是海洋生物存在、发展和海洋生物多样性保持的基本条件。海洋生态环境的任何变化都可能或强或弱地影响海洋生态系统，导致海洋生物资源发生变动。

海洋生态环境恶化的问题受到各沿海国家的重视。为改善海洋生态条件，相关国家也曾采取一些措施。然而海洋资源与空间的开发利用，已成为各沿海国海洋工作的重点，在对海洋的态度上，保护多服从于开发，所以在海洋开发日益扩大的情况下，生态环境的破坏越来越严重。主要表现在：

1. 某些河口、海湾生态系统瓦解或消失

海洋工程的建设和对海洋资源的开发、利用，如围垦、筑堤修坝、砍伐红树林、采挖珊瑚礁，使特定的生态环境完全改变，生态系统也随之变化或瓦解，也会发生海域特定生态系统的消亡。

2. 海岸带与近海生物的资源量和生态多样性降低

因生态环境被破坏而造成生物资源量减少和多样性下降的事例，在世界近海和海岸带比比皆是。例如，沿岸与河口湿地生物资源量的减少。沿海湿地是多种水鸟、海洋哺乳动物和濒危生物的重要生态环境。湿地的生产力和近岸性对渔业经济、商业和娱乐活动特别重要。据研究，大西洋和墨西哥湾沿岸海域，大约有 2/3 的经济鱼种，在它们生命过程中的某些阶段必须依赖湿地环境。同时，这些湿地又是虾类、贝类、鳍脚类等动物索饵和隐蔽的场所。因此，沿岸与河口湿地是海洋中的高生产力区域。但由于各种原因，沿岸与河口湿地不断遭到破坏，面积不断缩小。无论是沼泽湿地和海藻生境被破坏，还是其他海洋生境被破坏，都会使海域生物资源量减少，生物多样性下降。

3. 生境恶化致使偶发灾害事故增多

近海生态环境变差也诱发其他海洋环境灾害，其诱发的本质因素与所发生的灾害之间，彼此又互为因果。生态环境恶化酿成的突发性灾害事故很多，如溢油事故。随着海运中的油轮大型化，油轮触礁、碰撞溢油的事件增多，例如 1989 年 3 月 24 日美国"瓦尔迪兹"号油船，在阿拉斯加州近海触礁，24 万桶原油流入威廉王子湾，形成宽 1 km、长 8 km 的油带，在风浪作用下，大量原油被冲到沿岸，覆盖在海滩、沼泽地、岩石上，波及范围约 1 280 km。溢油破坏了该区域的生境，使渔业生产损失 0.5 亿～1 亿美元。海洋动物受害十分严重，有 3.3 万只海鸟死亡，包括海燕、海鸠、海鹦等；生活在溢油区域的 1.3 万只海獭，死亡 993 只；19 只海鲸相继死亡；不少海狗、海狮、鲱鱼、绿鳕及其他的鱼类大批中毒死亡；另外，栖息在潮间带的海螺、甲壳动物、海藻和海星等中毒窒息。

该事件的发生不仅造成了很大的生态损失,而且使威廉王子湾的生境很难在短期内恢复。

4. 近海海区富营养化,赤潮现象频频发生

赤潮是全球海洋的一种灾害,多造成较大的生态和经济损失,赤潮产生的原因是多种多样的,但海域富营养化是导致赤潮发生的基本条件。赤潮发生初期,由于植物的光合作用,水体中的叶绿素 a、溶解氧、化学耗氧量都升高,随之产生异常,造成水体环境因子的改变,海洋生物的结构发生变化,原有生态平衡被打破。赤潮的出现会进一步破坏海洋生态平衡。如 1964 年年底美国佛罗里达州西海岸发生赤潮,使大批鱼、虾、海龟、蟹和牡蛎等死亡,冲到海滩上的死鱼,长达 37 km。赤潮发生后相当长的一段时间,海域的生态系统难以恢复。赤潮还直接危害人体健康。20 世纪 70 年代以来的资料表明:赤潮毒素致人死亡的事件,几乎年年都有发生,至 1978 年世界因食含赤潮毒素的贝类而中毒的事件有 300 余起,死亡人数达 200 多人。另外,有统计显示,几乎每年 4、5 月份我国青岛都会发生赤潮现象。

近年来,海上倾倒造成的损害事故在我国不断发生,如 1988 年大窑湾建港工程违法倾倒淤泥,使大孤山、湾里、满家滩等地约 30 km^2 的水域水质变坏,该区域的养殖场共计减产 8.4×10^4 t,直接经济损失达 3 600 万元;1992 年在我国珠江口外伶仃岛一带海域倾倒废弃物,致使该海域一时无鱼可捕,污泥漂散到附近海水养殖区,引起大量鱼、贝死亡,仅网箱养鱼致死量就达 1 000 t,损失 900 万元。

4.4 海洋生态环境的服务功能

海洋生态环境的服务功能是指特定海洋生态环境及其组分为人类提供的赖以生存和发展的产品和服务。海洋生态环境大

致包括以下主要的服务功能：初级生产、营养物质循环、生物多样性维持、食品生产、原料生产、氧气生产、提供基因资源，气候调节、废弃物处理、生物控制、干扰调节，休闲娱乐、文化价值、科研价值等基本功能。

根据这些服务功能的性质，可以将这些功能归类为支持、供给、调节和文化：①支持功能：指保证海洋生态系统物质功能、调节功能和支持功能的提供所必需的物种多样性维持和提供初级生产的功能。②供给功能：指海洋生态系统为人类提供食品、原材料、提供基因资源等产品，从而满足和维持人类物质需要的功能。③调节功能：指人类从海洋生态系统的调节过程中获得的服务功能和效益。④文化功能：指人类通过精神感受、知识获取、主观印象、消遣娱乐和美学体验等方式从海洋生态环境中获得的非物质利益。

4.4.1 生态调节功能区

1. 资源性生物繁育功能区

河口、海湾和近岸海域，常常是众多资源性生物的优良繁育场。繁育场是一个重要的生态调节功能区，这是因为首先它是许多海洋生物的产卵场、育幼场和索饵场。据初步估算，渤海、黄海、东海北部的重要渔业资源近一半是在辽东湾、渤海湾和莱州湾繁育场产生，因此繁育场在补充和调节区域生物种群数量、维护正常群落结构和生态平衡中起着极为重要的作用。新生鱼虾蟹类集群性的越冬洄游活动，不仅使它们可以有效地利用沿途和越冬场的环境资源和食物资源，而且在促进繁育场和其他海域（或湖、河）之间的物质、能量流动中起着重要作用。繁育场的形成，是生物长期进化和适应环境的结果，需要具有适宜的温度、盐度和丰富的营养盐类以生产足够的饵料生物，还需要隐蔽平静的环境、适宜的底质和其他水文条件等。传统繁育场一旦遭到破坏，将危及区域生态安全，并在短期内不易恢复。

洄游性鱼虾蟹类繁育场可分为河口海湾型、近岸和沿岛海域型两个类型。我国河口海湾型繁育场主要有鸭绿江口、辽河口、滦河口、海河口、黄河口、长江口、钱塘江口、甬江口、灵江口、瓯江口、闽江口、九龙江口、韩江口、珠江口、潭江口、南流江口、钦江口等大江大河的河口海域；近岸和沿岛海域型繁育场主要有长山群岛、烟台—威海近岸、石岛—青岛近岸，舟山群岛、浙—闽近岸、南日群岛、汕头—南澳岛近岸、万山群岛、川山群岛、南澳—徐闻近岸、海南临高角—东方八所港近岸、大洲岛—陵水赤岭湾近岸等海域。

2. 生物多样性维护功能区

生物多样性主要是指生态系统、生物物种和遗传基因三个生物学层次的多样性。其中，生态系统多样性是生物物种和遗传基因多样性的基础。不同地区生物多样性的保护价值取决于生态系统的典型性、生物物种的丰富度及珍稀濒危动植物种类的重要性等。在集中连片的滨海湿地，坑、塘、泡、沼等次级生态系统多样，空间结构复杂，水生植物丰茂，既为众多野生动物的栖息和繁衍提供了适宜生境，又为许多南来北往的迁徙鸟类提供重要停歇和觅食、饮水场所，因而湿地也是生物物种多样性的集中分布区，起着湿地野生动植物庇护所和保护区的作用。湿地不仅具有维护当地和区域、甚至洲际生物物种多样性的功能，而且由于生物的作用，具有蓄养径流、固定能量、调节气候、积储营养和净化环境等生态调节功能。因此湿地被称为“生命的摇篮”“鸟类的乐园”和“地球之肾”。在滨海湿地的众多生态功能中，生物多样性维护功能最为重要，它是滨海湿地的主导生态功能。

我国滨海湿地分布广泛，黄、渤海海区主要有：辽东湾北部滩涂湿地、渤海湾西部滩涂湿地和莱州湾南部滩涂湿地、辽东半岛东侧鸭绿江口西侧滨海湿地、胶东半岛南北岸滨海湿地以及苏北沿岸滩涂湿地等。东海区主要有：长江口崇明东滩湿地、杭州湾湿地、象山港湿地、三门湾湿地、乐清湾湿地、沙埕湾湿地、湄洲湾湿地等。南海区主要有：汕头港滨海湿地、红海湾滨海湿地、大亚湾滨海湿地、大鹏湾滨海湿地、珠江三角洲湿地、北津港滨海湿地、湛江港滨海湿地、雷州湾滨海湿地、英罗湾滨海湿地、北海湾滨海湿地、防城湾滨海湿地及钦州湾滨海湿地等。

3. 珍稀物种保护功能区

某些海域和岛屿，因其特殊的生态环境，往往是某一种或几种珍稀濒危物种的迁徙驿站、或洄游通道、或重要栖息场所，起着这些物种聚集地、天然避难所和保护区的作用。此类地区现大多建立了物种和生态系统类型的各级自然保护区（包括部分水产种质资源保护区等）。依据其保护区级别和保护对象的珍稀濒危程度可区分其相对重要性。

我国已建立的以重要珍稀濒危物种为主要保护对象的海洋自然保护区，黄渤海区有：辽宁蛇岛—老铁山国家级自然保护区、大连斑海豹国家级自然保护区，荣成大天鹅国家级自然保护区、盐城湿地珍禽国家级自然保护区、石城岛黑脸琵鹭自然保护区（市级）等；东海区有：象山韭山列岛国家级自然保护区、厦门海洋珍稀生物国家级自然保护区，长乐海蚌资源增殖保护区（省级）等；南海区有：惠东港口海龟国家级自然保护区、珠江口中华白海豚国家级自然保护区、合浦儒艮自然保护区、雷州珍稀海洋生物国家级自然保护区、海南铜鼓岭国家级自然保护区、东山珊瑚礁自然保护区（省级）、江门中华白海豚省级自然保护区、琼海麒麟菜省级自然保护区、儋州白蝶贝省级自然保护区、文昌麒麟菜省级自然保护区和临高白蝶贝省级自然保护区等。

4. 泄洪防潮功能区

就海洋生态功能而言，泄洪防潮区主要分布于毗邻重要城镇群的河口区、连片的滩涂区、红树林区和沿岸珊瑚礁区。其中，毗邻重要城镇群的河口区自古就是极重要的泄洪防潮区。因此，维持河流入海口河道的通畅，确保汛季泄洪顺畅，是保护河流下游甚至中游城镇免遭洪涝灾害的重要保障。而滩涂区、红树林区和沿岸珊瑚礁区同样具有防潮消能的天然调节作用，因而滩涂、红树林和近岸珊瑚礁区也具有天然屏障的生态功能。

我国主要泄洪防潮功能区，在黄渤海区主要有辽河口泄洪防潮区、海河口泄洪防潮区、黄河口泄洪防潮区、小清河口泄洪防潮区等；东海区主要有长江口泄洪防潮区、甬江口泄洪防潮区、瓯江口泄洪防潮区、闽江口泄洪防潮区和九龙江口泄洪防潮区等；南海区主要有珠江口泄洪防潮区等。

4.4.2 产品提供功能区

1. 捕捞海产品提供功能区

海洋的重要特点之一，便是不断地为人类提供大量野生海产品，人类只需采用捕捞方式即可直接获取和利用。该生态功能区即为捕捞海产品提供功能区或渔场。

2010年拖网渔获率较高的渔场，黄渤海区以烟威渔场、石岛渔场、石东渔场、连青石渔场、连东渔场和莱州湾渔场等为主；东海区以闽东渔场、温台渔场、长江口渔场、鱼山渔场、沙外渔场和舟山渔场等为主；南海区以中沙东部渔场、南沙东北部渔场、粤西及海南岛东北部渔场、北部湾北部渔场、珠江口渔场等为主。2010年围网渔获率较高的渔场，黄渤海区以石东渔场、连青石渔场等为主；东海区以温外渔场、温台渔场、闽东渔场、江外渔场、鱼外渔场和舟外渔场等为主；南海区以粤东渔场、台湾浅滩渔场、海南岛东南部渔场、北部湾南部及海南岛西南部渔场等为主。

2. 养殖海产品提供功能区

本区的特点是将海域作为农牧场，投以适生苗种，利用生态系统的自然生产力和环境条件，再辅以精心管理（或投饵），待苗种长成后进行收获和利用。该生态功能区即是养殖海产品提供区。

黄渤海区的养殖海产品提供功能区主要有：辽东湾北部盘锦和凌海鱼虾参类港湾和贝类滩涂养殖区、黄河三角洲鱼虾类港湾和贝类滩涂养殖区、辽东半岛东岸的东（沟）庄（河）普（兰店）沿岸鱼虾参类港湾和贝类滩涂养殖区、大连市区东部鱼贝参类浅海和海珍品底播养殖区、长海县鱼贝类浅海和海珍品底播养殖区、烟台庙岛贝类浮筏和海珍品底播养殖区、胶东贝类浮筏和海珍品底播养殖区、连云港鱼虾类港湾和贝类滩涂养殖区、苏北盐城至南通沿岸贝类滩涂养殖区等。东海区主要有：象山湾鱼蟹贝藻类浅海和鱼虾类港湾养殖区、舟山鱼蟹贝藻类浅海和鱼虾类港湾养殖区、乐清湾贝类滩涂和洞头鱼藻类浅海养殖区、苍南藻类筏架和贝类滩涂养殖区、宁德三都湾鱼类网箱养殖区、福鼎沙埕湾鱼类网箱养殖区、福州罗源湾鱼类网箱养殖区、平潭鱼藻类浅海和贝类底播养殖区、闽江口贝藻类浅海和底播养殖区、厦门贝藻类浅海和底播养殖区等。南海区主要有：广东柘林湾鱼贝类网箱和吊养养殖区、深圳南澳鱼贝类网箱和筏式养殖区、大亚湾鱼贝类网箱和虾类港湾养殖区、潮州蚶类底播养殖区、汕头牡蛎吊养和底播养殖区、江门浮筏养殖区、阳江牡蛎吊养和底播养殖区、茂名牡蛎吊养和底播养殖区、湛江牡蛎吊养和底播养殖区、广西涠洲岛鱼贝类浅海和筏式养殖区、钦州鱼类网箱和贝类底播养殖区、北海鱼类和珍珠贝浅海养殖区、海南陵水鱼虾贝类浅海养殖区等。

3. 盐产品提供功能区

盐既是人类生活的必需品，又是重要的化工原料，因而历来是国家重要战略物资。海盐，包括卤水和盐化工产品，是海洋为人类提供的又一种重要的可再生海产品。我国海盐业历史悠久，可追溯到春秋战国时代。我国有漫长的海岸线,大多地势平坦,滩涂广阔,很适于建滩晒盐。渤海、黄海沿岸年蒸发量大,并有明显的干季。东海、南海沿岸气温较高,除雨季外也有干季,一般均有晒盐条件。因此,我国北起辽东半岛,南到海南岛,几乎都有盐场分布。

黄渤海区的辽宁、天津、河北、山东和江苏,集中了我国四大产盐区,即长芦盐区、辽东湾盐区、莱州湾盐区和淮盐产区(江苏淮河口两侧盐田)。长芦盐区:包括乐亭、滦南、唐海、汉沽、塘沽、黄骅、海兴等县区盐场;辽东湾盐区:包括复州湾,营口、金州、锦州和旅顺 5 大盐场。莱州湾盐区:包括烟台、潍坊、东营、惠民等 17 个盐场。淮盐产区:包括连云港、盐城、淮阴和南通 4 市的 13 个县区盐场。东海区主要有:浙江岱山、慈溪、象山、宁海、余姚和乐清盐场,福建福清、莆田、晋江、同安、南安、诏安、惠安和漳浦等地盐场。南海区主要有:广东阳江盐场、雷州盐场、徐闻盐场和电白盐场,海南乐东莺歌海盐扬、东方盐场和三亚榆亚盐场等。

4. 农林牧产品提供功能区

统筹城乡发展,大力发展现代农林牧业,繁荣农村经济是我国沿海经济带发展战略的重要内容之一。

农林牧产品是生态系统中可再生的动植物产品。我国临海平原、丘陵、草原和湿地,不仅是重要的水稻、玉米、高粱、棉花、糖蔗、芦苇等农产品的提供区,还是沿海地区海防林、水源涵养林、水土保持林、风景林、薪材林、果林(苹果、柑橘、荔枝和龙眼)等林种的分布区,具有极为重要的生态学和经济价值。还有重要的畜牧区,为人类提供着牛、羊等畜产品。这些地区往往原是不断淤长型滩涂,地势平坦,经过农林牧开垦后而成为农林牧产品基地。

这类功能区的分布,在黄渤海区主要有:辽河三角洲水稻芦苇种植区、辽西走廊农林区、黄河三角洲的农林牧围垦区、辽东半岛东岸农林区和苏北棉花芦苇种植区等；东海区主要有：浙东柑橘种植区、浙南糖蔗柑橘种植和畜牧区、漳州龙眼荔枝等生产区、泉州龙眼荔枝等生产区、莆田龙眼荔枝等生产区、宁德龙眼荔枝等生产区等；南海区主要有：珠江口荔枝香蕉等水果创汇蔬菜生产区、粤西禽畜饲养和糖蔗荔枝龙眼等生产区、海南岛糖蔗咖啡椰子等水果和橡胶等热带作物生产区等。

5. 景观提供功能区

海洋自然景观属于海洋生态系统提供的一种自然产品。由于分布区位不同、规模大小差异、奇特程度高低等因素，其利用价值差异很大。许多海洋自然景观与历史文化遗迹连接成网，特别是与城市毗邻的那些海洋自然景观，往往成为城市的组成部分，因而在开发利用程度、知名度和经济价值等方面均明显提高。随着社会经济的发展和人们生活水平的提高，海洋自然景观作为一种观赏、文化、娱乐等的重要自然资源，总体价值都在不断提升。海洋景观是各种类型海洋生态系统的外貌，可持续利用，但一经破坏，基本不可再生。

我国具有重要价值的海洋景观众多，主要有海岸侵蚀景观区、河口景观区、岛屿景观区、沙滩沙坝景观区和滨海山岳景观区等。

黄渤海区主要有：大连海岸侵蚀景观区、烟台海岸侵蚀景观区、兴城海岸沙滩沙坝景观区、抚宁海岸沙滩沙坝景观区、昌黎海岸沙滩沙坝景观区、连云港海岸沙滩沙坝景观区、鸭绿江口河口景观区、辽河口河口景观区、滦河口河口景观区、海河口河口景观区、黄河口河口景观区、长山群岛岛屿景观区、庙岛群岛岛屿景观区、辽宁大孤山滨海山岳景观区、河北碣石山滨海山岳景观区和山东崂山滨海山岳景观区等；东海区主要有：定海海岸侵蚀景观区、苍南海岸侵蚀景观区、平潭海岸侵蚀景观区、长江口河口景观区、钱塘江口河口景观区、甬江口河口景观区、灵江口河口景观区、瓯江口河口景观区、闽江口河口景观区、九龙江口河口景观区、舟山群岛岛屿景观区、洞头岛屿景观区、雁荡山滨海山岳景观区等;南海区主要有:海南西海岸侵蚀景观区、韩江口河口景观区、珠江口河口景观区、潭江口河口景观区、南流江口河口景观区、钦江口河口景观区、南澳岛岛屿景观区、万山群岛岛屿景观区、上下川岛岛屿景观区、海陵岛岛屿景观区、东海岛岛屿景观区、涠洲岛岛屿景观区、西沙群岛岛屿景观区、南沙群岛岛屿景观区、广东莲花山滨海山岳景观区和广西罐头岭滨海山岳景观区等。

4.4.3 人居保障功能区

1. 城市建设功能区

大中城市是人类自身必需的集中栖息地。为人类提供适宜的栖息地是海洋生态服务功能中的人居保障功能,许多大中城市等人口密集区或工业园区都地处临海地带。城市生态功能区,可简称为城市区。

2. 城镇带建设功能区

郊区城镇化是大中城市旧区拆迁改造、见缝插针建房之后的必然趋势。目前,沿海大中城市的发展趋势:一是采取由市区向四周郊区扩展;二是在沿海乡镇和临海产业带发展。建设一批卫星城镇或工业城镇,形成一个多层次、多中心的城镇体系。因此随着经济的日益发展、交通条件的不断改善、生活水平的逐步提升,一些条件较好的临海乡镇和地区,往往是最具吸引力的大中城市重新布局人口和生产力的地区。在许多省市沿海经济带发展规划中,即体现了这种以大中城市为中心,建成“多中心”串珠式外延的发展战略。大中城市郊区的临海卫星县(市)和乡镇带被称为城镇带功能区。

黄、渤海区主要有:大连、营口、锦州、葫芦岛、秦皇岛、唐山、天津、沧州、滨州、烟台、威海、青岛、日照、连云港、盐城和南通等大中城市建设区以及由这些城市周边重要卫星县乡级城镇构成的城镇带;东海区主要有:上海、嘉兴、杭州、宁波、台州、温州、福鼎、福州、泉州、厦门城市建设区及其周围沿海重要县乡级卫星城镇带;南海区主要有:汕头、汕尾、深圳、广州、珠海、五邑、阳江、湛江、海口、三亚、北海、钦州和防城港等城市建设区及其周围沿海县乡级重要卫星城镇构成的城镇带。

4.5　海洋生物生态类群

4.5.1　海洋浮游生物

浮游生物(plankton)是指在水流运动的作用下,被动地漂浮在水层中的生物群。浮游生物虽然个体小,但是在海洋生态系统中占有非常重要的地位。它们的数量多、分布广,是海洋生产力的基础,也是海洋生态系统能量流动和物质循环的最主要环节。

1. 浮游植物

浮游植物(phytoplankton)光合作用的产物基本上要通过浮游动物这个环节才能被其他动物所利用。

单细胞浮游植物是海洋生态系统最主要的自养生物,包括硅藻、甲藻、蓝藻、金藻、绿藻、黄藻等(图4-6,其中J～L为浮游动物)。

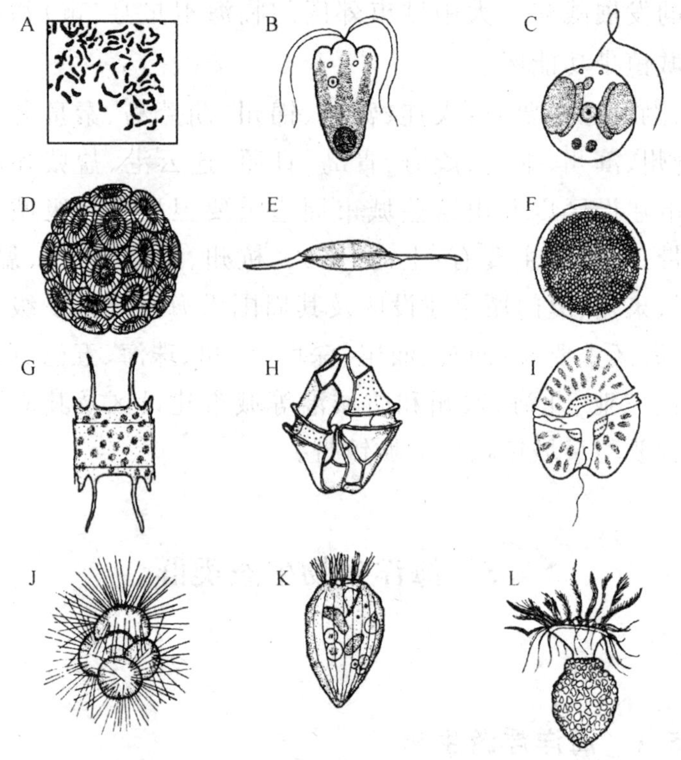

图 4-6　浮游生物的超微型、微型及小型代表(引自 Barnes and Hughes, 1982)

A. 细菌;B、C. 鞭毛类;D. 颗石藻;E～G. 硅藻;
H、I. 甲藻;J. 有孔虫;K. 纤毛虫;L. 砂壳纤毛虫

(1)硅藻类

硅藻类(Diatom)是很重要的一类浮游植物,细胞具有硅质外壳(上、下壳),细胞较大(2～200 μm,个别可达 1 000 μm),单个细胞或组成链状。硅藻广泛分布于世界各海洋,在温带和高纬度海区以及沿岸和上升流区最为丰富。硅藻通常进行简单的无性繁殖,分裂后母细胞下壳成为子细胞上壳,并各自重新形成一个略小的下壳。经过多次无性分裂后细胞逐渐变小至其临界值,这时可以通过有性繁殖产生复大孢子,细胞重新恢复到原初大小(有性繁殖并非以细胞变小作为必要条件)。某些硅藻,特别是沿岸性种类在环境条件不利时会出现原生质收缩,并被一硬壳包裹,形成休眠孢子沉至海底,当有利的环境条件出现时再萌发成正常浮游细胞。

(2)甲藻类

甲藻类(Dinoflagellates)或称腰鞭毛藻,也是一类很重要的浮游植物。大多数甲藻细胞壁有原生质分泌的相当坚厚的表质膜,其上排列着若干纤维素壳板,壳板以横沟分成上、下壳,在细胞腹面有一条纵沟,2根鞭毛分别环绕横沟和从纵沟伸向后端,如角藻(*Ceratium*)、膝沟藻(*Gonyaulax*)等。有的种类细胞裸露,无坚厚的表质膜和壳板(但仍有横沟和纵沟),如裸甲藻(*Gymnodinium*)。另有少数甲藻没有横沟和纵沟,细胞壁由左右两壳瓣组成,细胞前端生出2根鞭毛,如原甲藻(*Prorocentrum*)。甲藻通常通过简单的无性分裂形成两个等大的子细胞,这种繁殖方式可在环境条件有利时使种群迅速增长。在条件不利时可形成厚壁的休眠细胞(包囊期)沉入海底(可达数年),当环境改善时再萌发成游动细胞。有些甲藻也进行有性繁殖。甲藻过度繁殖时可形成甲藻赤潮,很多种类,如裸甲藻、亚历山大藻(*Alexandrium*)含有甲藻毒素。

甲藻广泛分布于世界各海区,通常在夏、秋季硅藻水华衰退之后大量出现。由于甲藻多数能昼夜垂直移动,白天在表层进行光合作用,晚上向有较高营养盐含量的深处移动,因而在贫营养的热带、亚热带层化水域中数量丰富。

(3)金藻类

金藻类(Chrysophyta)在海洋中的种类较少,最重要的是球石藻类(Coccolithophorids),细胞具2根鞭毛(生活史有无鞭毛期),多数个体小于20 μm,细胞壁具钙化球石。球石藻分布较广,但多数生活于较温暖的海区,并且可适应较低的光照条件。有的种类在清澈的热带大洋区100 m左右深处有最大丰度。球石藻死亡后其石灰质壳沉入海底,形成生物性沉积物。金藻类中的等鞭金藻(*Isochrysis*)细胞壁不具石灰质小板,常被人工培养作为海洋经济动物幼体的饵料。

硅鞭藻(Silicoflagellate)是另一类金藻,细胞内有硅质骨针,个体大小范围为10～250 μm,通常出现在较寒冷的水域。

(4)原核自养生物

海洋中有一些细胞裸露和不具鞭毛的微细原核自养生物(photosynthetic prokaryotes)蓝细菌(*Cyanobacteria*),旧名为蓝绿藻(blue-green algae)。其中聚球菌(*Synechococcus*)是很重要的属,其个体很小(0.5～1.5 μm),数量很丰富,广泛分布于温带和热带大洋和沿岸透光层,甚至在南极海区也有发现(宁修仁,1997)。还有一类原绿球藻(*Prochlorococcus*),其个体更小(粒径仅0.6～0.8 μm),在大洋区和沿岸区均有出现,其数量也很丰富。对这些过去未被发现或忽略的极微细自养生物的生物量、生产力及能流特点的研究是当前海洋生态系统研究的重要前沿课题之一。

束毛藻属(*Trichodesmium*)是人们较熟悉的一类能进行固氮作用的原核生物或称固氮蓝细菌,细胞可相连成单条长藻丝,有时这些藻丝成群结团,直径可达数毫米。束毛藻最重要的生态特征是能利用溶解于海水中的气态氮(N_2),由于具有固氮能力,因而是氮营养盐缺乏的热带水域的重要自养生物。

2. 浮游动物

浮游动物(zooplankton)通过捕食影响或控制初级生产力,同时其种群动态变化又可能影响许多鱼类和其他动物资源群体的生物量。浮游动物种类繁多,生态学上比较重要的有以下几类。

(1)原生动物

原生动物(Protists)是一类最小的、具有重要生态学意义的单细胞浮游动物,包括鞭毛类、有孔虫类和纤毛类原生动物。其中腰鞭毛虫类(Dinoflagellates)包含完全异养和部分异养的种类(自养的种类已在前面"甲藻类"中介绍)。完全异养的种类主要摄食细菌或微细的硅藻及其他鞭毛虫和纤毛虫,多数种类仅几微米至几十微米。夜光虫(*Noctiluca scintillans*)是其最常见的大型种类(直径可达1 mm以上),常在近岸高度密集甚至形成赤潮。夜光虫摄食小型浮游动物(包括鱼卵),也摄食硅藻和其他浮游植物。

另一类称为动鞭类的鞭毛生物是不具叶绿素和其他植物色素的严格意义上的异养生物。虽然它们个体都很小(典型的仅 2～5 μm),但有很高的潜在增殖率,在适宜条件下能大量繁殖。

有孔虫类(Foraminifera)这类原生动物具有分室的钙质壳,伪足从壳孔伸出。大多数营底栖生活,浮游种类仅 40 种左右,个体大小从 30 μm 至几毫米。它们以伪足捕食,食物包括细菌、浮游植物或小型浮游动物,广泛分布于 40°N～40°S 的海区,通常生活在 1 000 m 水柱中。有孔虫死亡后壳体下沉,大量沉积于海底,形成有孔虫软泥(foraminiferan ooze)。

纤毛虫类(Ciliates)的浮游种类是广泛分布于世界各海区、数量丰富的原生动物。纤毛是其运动和摄食胞器,以细菌、浮游植物和鞭毛虫为食。砂壳纤毛虫(Tintinnids)是其中最为重要的一类,种类数超过 1 000 种。这类原生动物个体大小约为 20～640 μm,具有蛋白质组分的花瓶状外壳(由于这种外壳能降解,因此不会堆积在沉积物中),主要摄食浮游硅藻和鞭毛藻。

(2)浮游甲壳动物

桡足类(Copepoda)是浮游甲壳动物(crustacean plankton)的最主要类别(图 4-7 A),其中完全营浮游生活的哲水蚤目(Calanoida)有 1 800 种左右,广泛分布于各类海区,通常占网采浮游动物的 70%以上,体长很少超过 6 mm。很多种类以浮游植物(特别是硅藻)为生,肉食性种类摄食各种小型浮游动物,也有杂食性种类。桡足类雌雄异体,受精卵孵化后经无节幼体、桡足幼体期(共 12 次蜕皮)才成为成体。桡足类中的剑水蚤目(Cyclopoida)的触角和后体部的分节与哲水蚤略有不同,种类也超过 1 000 种,主要生活在底栖藻类和沉积物中,浮游种类仅 250 种左右。猛水蚤目(Harpacticoida)多为小型种类(体长<1 mm),主要是沿岸底栖种类,仅少数营完全的浮游生活。

磷虾类(Euphaussids)是海洋高等浮游甲壳动物,体长多数为 15～20 mm,大的种类可达 60～80 mm。外形类似小虾,但具有指状足鳃(podobranchia)和发光器(photogenic organ),胸肢完全相似，没有分化为颚足(图 4-7 B)。磷虾分布很广，是北太平洋和北大西洋以及南极海区的重要浮游动物。这种动物属杂食性种类，摄食浮游植物、小型浮游动物和碎屑，其本身是鱼类和须鲸类的主要食物。南极磷虾(*Euphausia superba*)数量非常丰富，是其他较大型动物的食物，也是很有前景的商业开发对象。

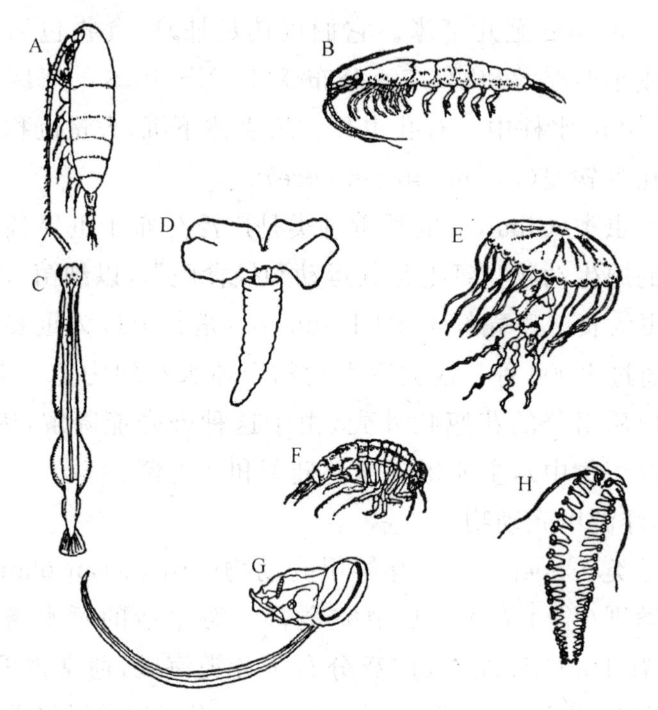

图 4-7　大型及巨型浮游生物的代表(引自 Barnes and Hughes，1982)

A. 桡足类；B. 磷虾；C. 毛颚动物；D. 翼足类；

E. 水母；F. 蛾类；G. 有尾类；H. 多毛类

端足类(Amphipods)中的蛾亚目(Hyperiidea)是真正营浮游生活的种类。其主要特征是身体两侧扁平、分节明显、没有背甲、复眼发达(图 4-7 F)。它们常以其他浮游甲壳类、幼鱼及腔肠动物为食，而本身则是鱼类的食物。有些端足类常与胶质浮游动物(如水母)营共生(或拟寄生)生活，有的种类可作为水团、海流的指标种。

樱虾类(Sergestidae)体形也与普通虾类相似，分头胸部(背甲覆盖)和腹部。樱虾类种类不多，但数量大，也是鱼类的食物对象，有的种类（如毛虾）是捕捞对象。

其他浮游甲壳类还有枝角类（Cladocera）、介形类（Ostracoda）、糠虾类（Mysids）、涟虫类（Cumacea）、等足类（Isopoda）中的一些浮游种类。

（3）水母类和栉水母类

水母类（Medusae）是重要的肉食性浮游动物。其种类多、数量大，广泛分布于大洋和沿岸区。水母身体柔软、透明，含有大量水分，具有触手（tentacles）和独特的刺细胞（nematocyst）用于捕食各种浮游动物。多数水母类生活史中具有无性底栖阶段，即水螅（无性世代）和浮游的水母型（有性世代）的世代交替。多数水母个体大小为数毫米，最大的北极霞水母（*Cyanea capillata*）其伞径为 300～500 mm，最大的可达 2 m 左右。有些水母是渔业捕捞对象（如海蜇），还有的水母可作为海流指标种（图 4-7 E）。

栉水母类（Ctenophores）身体也是柔软透明的，但没有刺细胞（除个别种外）和世代交替，具有栉板（活动器官）和黏胞（用于捕食），因此分类上另立一门。有的栉水母[如侧腕水母（*Pleurobrachia*）]身体两侧有细长触手，有的种类[如瓜水母（*Beroe cucumic*）]没有触手，用宽大的口吞咽食物。栉水母基本上都为肉食性，摄食小型浮游动物、贝类和虾类幼体、鱼卵、仔鱼等。

（4）毛颚类

毛颚类（Chaetognatha）又称箭虫（arrow worms），身体长形、较透明，体长不超过 4 cm，前端具有颚刺（捕食器官），全部海生（图 4-7 C）。毛颚类虽然种类不多，但其分布很广（从寒带海区至热带海区，从表层至深海），而且数量大。这类动物也是肉食性种类，主要捕食桡足类和其他浮游动物以及仔、稚鱼。它们本身是很多鱼类的食物，有的种类可作为海流、水团的指示生物。

（5）被囊动物有尾类

有尾类（Sppendicularians）也称幼形类（Larvaceans），是一类小型、透明的浮游动物，身体分为体部和尾部，尾部比体部长得多（图 4-7 G）。其显著特征是有胶质“住屋”，体部通常仅数毫米长，而住屋可长达5～40 mm。尾部运动产生水流引入食物（微型浮游生物和细菌）至口部。由于过滤食物过程中引起阻塞和住屋膨胀，因此经常抛弃旧住屋，分泌新住屋（可在几分钟内完成），海水中这种被抛弃的住屋数量很大，可达1 000个/m^3，是形成海雪的基础。有尾类生长快速，世代时间短（1～3周），分布于各海区，在沿岸和大陆架水域最多，密度可达1 000个/m^3。

海樽类（Thaliacea）是另一类浮游被囊动物，其身体具透明的胶质囊，呈酒桶状，两端是进、出水孔，生活史有世代交替现象。其食物粒径约1 μm～1 mm，包括浮游植物和细菌。由于这类动物经常密集分布，并且有很高的摄食率（可比桡足类的清滤率高数百倍），对食物的大量消耗可导致周围海水中的微小生物密度大为降低。海樽类（如纽鳃樽、海樽等）是热带外海区浮游动物的重要成员。

（6）其他浮游动物

翼足类（Pteropoda）和异足类（Heteropoda）是终生营浮游生活的软体动物，其外壳退化或缺失以适应浮游生活，多生活在海洋表层。轮虫类（Rotatoria）在海洋中的种类较少，主要分布在沿岸低盐海区。

3. 漂浮生物

漂浮生物（neuston）特指那些生活在海水最表层中和表面膜上的一类生物（图4-8），又称海洋水表生物。

漂浮生物包括水漂生物（pleuston）、表上漂浮生物（epineuston）和表下漂浮生物（hyponeuston）三种类型，分别生活于海气界面、海水表面膜上和表层5 cm内的海水中，由单细胞藻类、腔肠动物、软体动物、甲壳动物等门类中的一些成员组成。对漂浮生活具有独特的适应机制，如僧帽水母有充满气体的浮囊体；海蜗牛可捕捉气泡；海神鳃能吞入空气，在胃中形成气泡；船蛸具轻薄如纸的贝壳，壳内腔可保持气体等。海蝇等表上漂浮生物则受海水表面张力的支持，能有效地控制自己在海表面上运动。这类生物自 20 世纪 60 年代以来已被列为专门的生态类别进行较为系统的研究(如对离开固着生活而继续生长的漂浮马尾藻叶片上的各种藻类和动物组成的水漂马尾藻生物群落研究)。

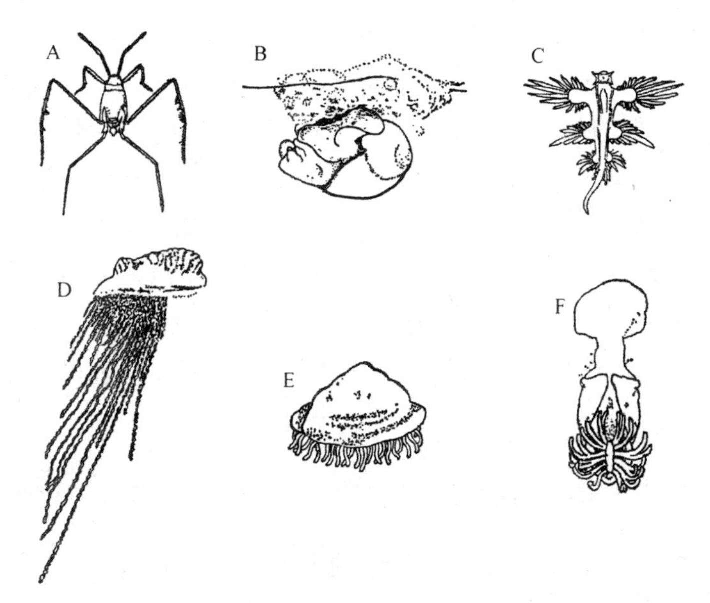

图 4-8 漂浮动物的代表(引自 Barnes and Hughes,1982)

A. 海蝇;B. 海蜗牛;C. 海神鳃;D. 僧帽水母;E. 帆水母;F. 茗荷

4.5.2 游泳生物

游泳生物(Nekton)又称自游生物,是具有发达的运动器官、游泳能力很强的一类大型动物,包括海洋鱼类、哺乳类(鲸、海豚、海豹、海牛)、爬行类(海蛇、海龟)、海鸟以及某些软体动物(乌贼)和一些虾类等。从种类和数量上看,鱼类是最重要的游泳生物。游泳生物大部分是肉食性种类,草食性和碎屑食性的种类较少,很多种类是海洋生态系统中的高级消费者。

游泳动物需要在很大空间内寻找食物,同时在静止时也需要克服重力的影响,因此是水层物种中能量需求量最大的种类。

游泳动物在水中运动时,必然要克服水介质对其身体的阻力,它们在体型上通常都具有鱼雷形(流线型)的身体,这种体形在运动时遇到的阻力最小。一些海洋哺乳类身上的毛消失或变短、乳腺扁平，都有减少运动阻力的作用。这是动物在进化的历史过程中适应环境的结果。

游泳动物停止运动是为了保持身体的漂浮状态，必须具备某些浮力适应机制，大部分鱼类具气鳔，其体积约占身体体积的5%～10%，它们能调节气鳔内的气体含量，从而使身体在一定的水层里保持悬浮。进行空气呼吸的游泳动物，具备肺这种充气腔，有助于保持浮力。有的鱼类(如鲨鱼)在体内增加脂类物质，这些比海水轻的物质可沉积在肌肉、内部器官和体腔等部位。例如，鲨鱼的脂类物质主要贮存在肝脏，而海洋哺乳动物的脂类物质通常是贮藏在皮下(脂肪层)，不仅可增加浮力，还可减少身体热量散失。

1. 游泳动物的周期

很多海洋游泳动物有周期性的洄游(migration)习性，鱼类洄游通常包括下述三种类型，它们往往代表游泳动物生命过程中的三个主要环节，或性成熟后生活周期的三个主要阶段。

(1)产卵洄游(spawning migration)

产卵季节前集群游向产卵场的洄游。根据产卵场的不同又分为：

①由外海向近岸浅海的洄游，如我国的小黄鱼、鲐鱼等每年春季洄游到黄海北部和渤海湾内产卵；②溯河洄游，由大海游向河口并溯河而上到适宜的产卵场产卵，如鲑鱼、鲟鱼等都有溯河洄游的习性，随后幼体洄游到海洋继续成长至成体，成体产卵后有的死亡(如太平洋鲑)，有的可再次进行洄游(如大西洋鲑)；③降海洄游，成体大部分时间在淡水中度过，性成熟后向河口移动，聚集成群游向深海产卵，然后死去，如美洲鳗鲡和欧洲鳗鲡的产卵洄游。

(2)索饵洄游(feeding migration)

为寻找或追逐食料所进行的洄游，在产卵后的亲体群和性成熟前的群体中表现得较为明显。例如，鲸在温带水域生殖，越冬后夏季游向南大洋或北冰洋索饵。太平洋金枪鱼也有索饵洄游习性。

(3)越冬洄游(overwintering migration)

主要是暖水性游泳动物的一种习性，通常在晚秋和初冬水温下降时集群游至适于过冬的海区，如我国黄海、渤海的小黄鱼总是游向海底水温较高的济州岛附近越冬。

2. 游泳动物的主要类别

游泳动物的主要代表类别见图4-9，其中鱼类是海洋中最主要的游泳动物。

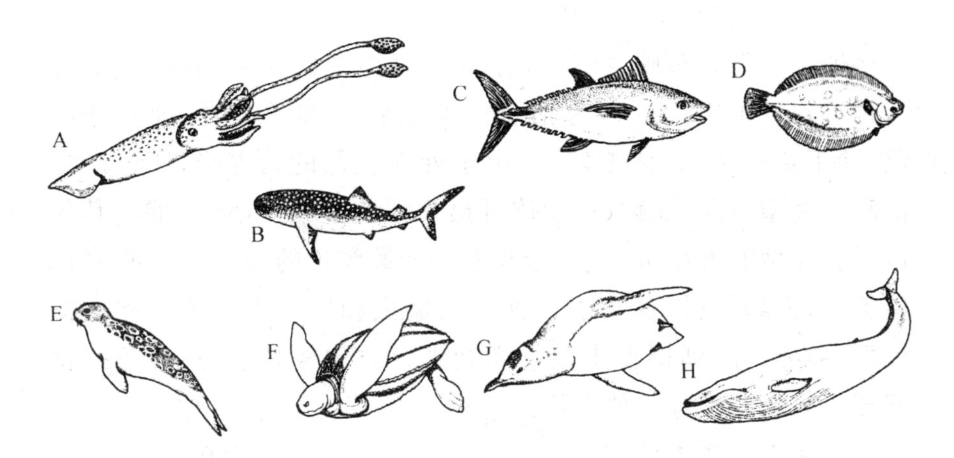

图4-9　游泳动物的代表(引自Barnes and Hughes，1982)

A. 乌贼；B. 鲨鱼；C. 金枪鱼；D. 鲆；E. 海豹；F. 海龟；G. 企鹅；H. 鲸

(1)鱼类

鱼类是海洋中最重要的游泳动物，在分类上包括以下三个纲。

①圆口纲(Cyclostomata)。

属最古老种类，如七鳃鳗和盲鳗，口部为吸盘环绕，体壁类似鳗鲡，无鳞片。七鳃鳗是寄生性种类，用吸盘吸附在其他鱼类体上进行摄食。圆口纲现存50种左右，有的能生活在淡水中。

②软骨鱼纲(Chondrichthyes)。

软骨鱼类也称板鳃鱼类,其特征是软骨,无骨鳞,如鲨、鳐,现存大约300种。鲨鱼是其中最重要的类群,多为捕食性,不过,鲨鱼中个体最大的姥鲨(*Cetorhinus maximus*)和鲸鲨(*Rhincodon typus*)却是食浮游生物的种类(用特化的鳃耙过滤浮游生物),其长度分别可达14 m和20 m左右。鳐身体侧扁,多生活在底层,捕食底栖动物,其中的大型种类蝠鲼是食浮游生物的。

鲨和鳐通常行体内受精,只产生少量的大型卵,大多数的鲨鱼产出的是幼鱼;鳐产的卵则有保护袋(黏附在基质上),几周或几个月后才孵出幼体。这种繁殖方式的特点是生殖率低,但后代的成活率高。

③硬骨鱼纲(Osteichthyes)。

硬骨鱼类具有硬骨骼,现存海洋鱼类多属这一纲,约有2万多种。硬骨鱼类的食性包括食浮游生物者和食鱼者,前者如鲱鱼、沙丁鱼和鳗鱼,体型较小,由于处在较低的营养级,所以产量很高。大型鱼类(如鳕鱼)幼体可摄食浮游生物,成体则捕食其他鱼类。大型的大洋鱼类(如金枪鱼)则属食鱼的种类。一些底栖鱼类(如舌鳎)只摄食底栖生物(蛤、蠕虫和甲壳类),另一些底栖鱼类(如鲽、鲆)则摄食小鱼。珊瑚礁鱼类比较特殊,适应于摄食珊瑚虫和珊瑚礁等其他生物。

生活于海洋中层(300～1 000 m)的鱼类有1 000多种,大多数种类个体较小(25～70 mm),其中有300多种巨口鱼类,具典型的大腭,上有很多尖齿,捕食浮游动物、乌贼和其他鱼类。很多种类的巨口鱼消化器官伸缩性很强,可容纳大型猎物。另一类是灯笼鱼,有200～250种。以上两种鱼类都具有发光器,有共生的发光细菌,发出的光作为诱饵,寻找猎物或配偶用。

深海(超过1 000 m深)鱼类较少,其中主要是鮟鱇鱼类,同样有发光器,有些簑鲸鱼的雄体附着在雌体上。由于深海生物数量稀少,这类“雌雄同体”有利于繁殖后代。

绝大多数硬骨鱼类是体外受精,并产生很多浮游性卵,幼体构成季节性浮游生物。

(2)其他游泳动物

①甲壳类。

绝大部分商业性捕捞的甲壳类是底栖的虾、蟹。南极磷虾(*Euphausia superba*)游泳能力相对较强,所以有时候也将它归入营游泳生活的甲壳类,估计其潜在年渔获量至少为 2.5×10^{7} t,目前仅少量捕捞。另一种太平洋磷虾(*Euphausia pacifica*)集群性很强,也被捕捞,日本每年约捕捞 6×10^{4} t。

②头足类。

鱿鱼是最重要的头足类游泳动物,占头足类总捕捞量的70%,而且人们认为还有捕捞潜力,不过对它的生物学和生态学了解还不多。乌贼也是主要的头足类,其食量很大,可以大量捕食各种动物,据说其深海种类的个体可能是最大型的无脊椎动物。有些国家曾使用大型流网捕捞乌贼,1989 年日本、朝鲜和中国台湾在太平洋的渔获量达 3×10^{5} t,但是这种作业非选择性地将其他一些鱼类、哺乳类、鸟类等也一并捕杀,现已被禁止。

③海洋爬行类。

海洋爬行类包括海龟、海蛇等。海龟有 8 种,通常生活在热带海域,有的在外海捕食水母或鱼类,有的摄食浅水的海草,但都要回到海岸沙滩筑巢产卵。这些卵有相当部分被天敌捕食和人类采收,孵出的幼龟在返回海洋途中也可能被鸟类、蟹类捕食,因此海龟已成为一种濒危种类。海蛇有 60 种左右,生活在印度洋和太平洋的温暖浅水区。海蛇有毒牙喷出毒液以杀死小鱼或乌贼作为食物。海蛇的蛇毒有重要的潜在药用价值。

④海洋哺乳类。

海洋哺乳类有 3 个目。

a. 鲸目。鲸目约有 30 多种,包括鲸和海豚,其中有的种类体长可达 30 m,是迄今生活的最大型动物。鲸类中的须鲸亚目多数有鲸须(或鲸骨特化的角质板)来滤食浮游动物;不过,有的种类也能捕食较大型的鱼类或吮食底栖动物。一些大型须鲸(如灰鲸、座头鲸)冬季在热带海域产仔(温度较高,子代生长快),夏季游向极地摄食(冷水环境中的夏季食物丰度大大超过热带海区)。齿鲸亚目则没有鲸须,但有牙齿,包括除须鲸外的其余鲸类、海豚和小型齿鲸。齿鲸类是凶猛性捕食者,其中的虎鲸甚至可捕食其他海洋哺乳动物。

鲸类每年消耗的食物量是很惊人的,有的海区(如乔治滩)每年鲸类消耗的食物大大超过商业渔获量,南极须鲸在商业性大量捕杀使种群下降之前,每年捕食的磷虾数量相当于人类全部渔获量的2倍。

b. 鳍足目。包括海豹、海狮和海象,鳍足目与鲸目不同,在陆地(或浮冰上)集群产仔和休息,大多数分布在南北极海域。

c. 海牛目。海牛最大的特点是摄食大型水生植物,所以分布于近岸浅水区和河口湾。海牛也因被人类捕杀而数量大减,其中斯特勒海牛(Hydrodamalis gigas)已于1768年灭绝。

⑤海鸟。

海鸟(与海洋爬行类和哺乳动物一样)也是由陆地种类演化而来,目前大约有260～285种,它们在海上生活、觅食,但却在陆地筑巢产卵。海鸟演化出很多捕食不同类型猎物的适应方法,主要反映在嘴和翅膀的结构上,以适应分别捕食表层及较深处的浮游动物、鱼类和其他动物。虽然海鸟分布于世界各海域,但主要群体集中于高生产力海区。南极有极为丰富的磷虾、鱼类等食物可供海鸟食,南极企鹅是最重要的海鸟种类之一,估计有数百万只。南美西部海岸上升流高产区也是最著名的海鸟集居处。

很多海鸟有随海洋季节周期而经历迁徙的行为习性,而且其种类和数量也随食物丰歉而波动(秘鲁上升流区是最为典型的例子)。

4.5.3　底栖生物

底栖生物(benthos)是由生活在海洋基底表面或沉积物中的各种生物所组成。由于底栖生境十分多样化,因此底栖生物是一个很大的生态类群,其种类组成和生活方式都比浮游生物和游泳生物复杂。

1. 底栖生物的主要类别

(1)底栖植物

底栖植物有单细胞底柄藻类、海藻和维管植物(表 4-3,图 4-10)。

表 4-3　底栖植物主要类别

单细胞植物	蓝藻细菌(蓝绿藻) 硅藻类(羽纹硅藻) 甲藻类
海藻	绿藻类(如石莼、浒苔、仙掌藻) 褐藻类(如海带、巨藻、墨角藻、马尾藻等) 红藻类(如紫菜、石花菜、江蓠等)
维管植物	双子叶植物(如红树、秋茄、木榄、桐花树等) 单子叶植物(如大叶藻、喜盐草)

单细胞藻类生活在砂粒、泥滩或其他基底(如大型藻类叶片)的表面。它们的数量很大,是浅水区初级生产者的重要成员。甲藻有营自由生活的,也有与珊瑚虫共生的。微型蓝藻细菌在某些海区可年复一年地生长,形成岩石状的礁藻,与碳酸钙沉积形成连续的堆积层,每年沉积速率约为 0.5 mm。

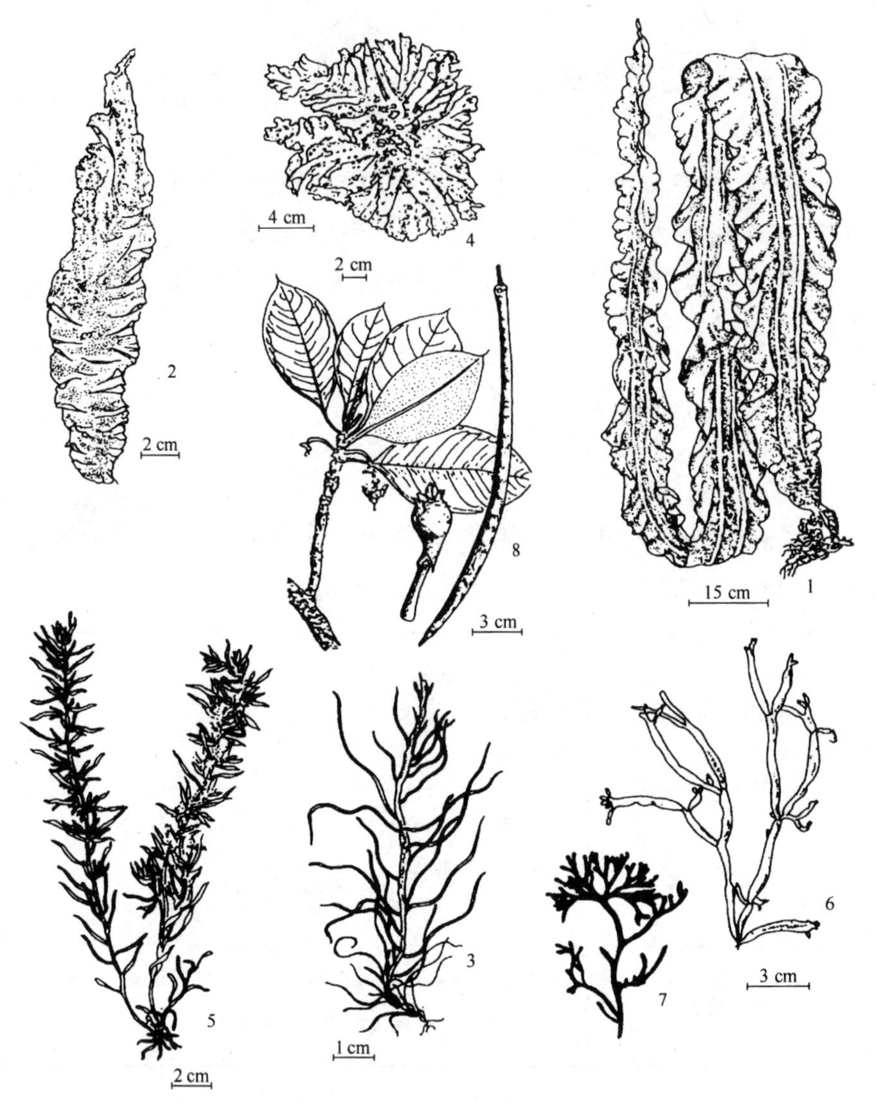

图 4-10　底栖植物的代表(一)(引自 Barnes and Hughes,1982)

1—海带;2—条斑紫菜;3—浒苔;4—孔石莼;5—羊栖菜;

6—海萝;7—海人草;8—红茄冬

最常见的大型海藻是生活在浅水区的绿藻,稍深处褐藻占优势,其中特别重要的是生活在温带海区硬质底上的巨藻,它们可形成大片的水下森林。红藻多生活在潮下带。海藻这种垂直分布格式与其含有不同色素对不同波长光的吸收与反射特性有关。

不过,在潮间带也常见几种海藻混杂生活在同一层次,因此,海藻的分布也与环境(如波浪、干露影响)和动物的选择性摄食有关。海藻对分布的变化有生理适应性,例如,生活在浅水处的红藻具有大量类胡萝卜素,甚至使藻体呈褐色,这些色素的作用很可能是阻挡太强的蓝光。

红树是生活在热带、亚热带潮间带的双子叶被子植物,它们从潮间带向陆地方向延伸,依次生长着不同的种类。河口盐沼则以大米草这类盐沼植物占优势,红树植物与盐沼植物都属半陆生性质的植物。大叶藻这类海草则多集中于潮间带的下部和潮下带,是完全海生的,只有少数几个种分布到整个潮间带。

底栖单细胞植物和大型藻类都可以被海洋动物直接摄食,但大型藻类、沼泽植物和海草多形成大量的碎屑,被食碎屑的动物所利用。

(2)底栖动物

底栖动物包括各大分类单元(门、纲)的代表(表 4-4,图 4-11)。

表 4-4　海洋底栖动物主要分类类群和代表种类(引自 Lalli and Parsons,1997)

门	亚类群	普通名称/代表种
原生动物	有孔虫	有孔虫
	衣笠虫	—
	纤毛亚门	纤毛虫
海绵动物		海绵
有刺胞动物(原名:腔肠动物)	水螅虫纲	水螅虫
	珊瑚虫纲	海葵、珊瑚
扁形动物	涡虫纲	涡虫
线虫动物		线虫
纽形动物		纽虫
环节动物	多毛纲	多毛类蠕虫
	须腕动物	须蠕虫

续表

门	亚类群	普通名称/代表种
	长管艳虫	长管艳虫(一种蠕虫)
星虫		星虫(花生蠕虫)
螠虫		螠虫(匙蠕虫)
半索动物	肠鳃纲	橡果蠕虫
软体动物	腹足纲	海蜗牛、裸鳃海牛
	瓣鳃纲	蛤类、贻贝
	多板纲	石鳖
	无板纲	无板动物
	掘足纲	角贝
	头足纲	章鱼
棘皮动物	海星纲	海星
	蛇尾纲	海蛇尾
	海胆纲	海胆、沙钱
	海参纲	海参
	海百合纲	脊羽枝、海百合
外肛动物		苔藓虫(地衣动物)
腕足动物		腕足动物
节肢动物(甲壳纲)	介形亚纲	介形虫
	桡足亚纲	剑水蚤,猛水蚤
	异足目	异足虫
	等足目	等足虫
	端足目	钩虾
	蔓足目	藤壶
	十足目	蟹、龙虾、虾
脊索动物	海鞘纲	海鞘、海喷虫

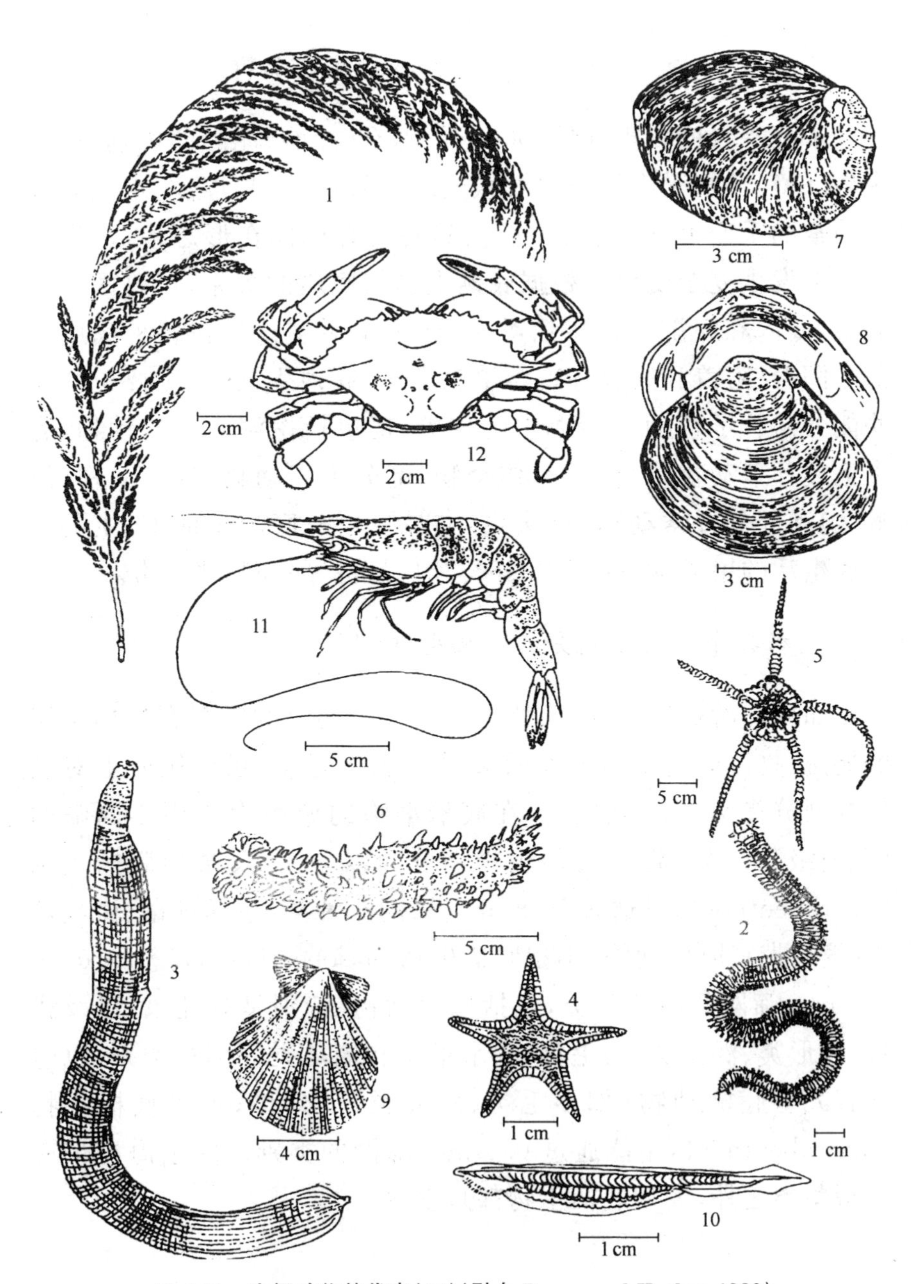

图 4-11　底栖动物的代表(二)(引自 Barnes and Hughes,1982)

1—单列羽螅;2—日本沙蚕;3—光裸星虫;4—镶边海星;
5—北方真蛇尾;6—刺参;7—皱纹盘鲍;8—文蛤;9—栉孔扇贝;10—厦门文昌鱼;
11—中国对虾;12—三疣梭子蟹

2. 根据底栖生物与底质关系划分的生态类群

水底本身的物理性质，如岩石、砾石、沙滩、泥滩的区别，以及水底环境，特别是沿岸浅水海域光线、温度、波浪、潮汐、水流等理化因素的千变万化，促使生活在其间的有机体在形态构造、生活习性上发生复杂变化。根据底栖生物与底质的关系，可以区分为底表、底内和底游三种生活类型：底表生活型包括在各种底质上部营固着、附着和底表移动等生态类群；底内生活型，主要包括一些能分泌管子埋栖于沙泥中的种类，也包括挖洞穴居的动物，有多毛类环节动物、双壳类软体动物、部分甲壳动物、棘皮动物（海蛇尾）和部分脊索动物（柱头虫、文昌鱼）等；底游生活型，主要是水底生活的甲壳动物（蟹类、虾类和口足目等）和某些鱼类。

3. 根据个体大小划分的底栖类群

如同浮游生物一样，底栖生物按大小划分的类群在底栖系统的能流、物流研究中也有很重要的生态学意义（虽然国际上对它们的划分尚无统一规定）。在底柄动物的调查中常用不同筛网（几何级数系列）将收集的生物划分为以下三类：微型底栖生物（microbenthos），可通过 0.05 mm 筛网的种类，包括细菌、微型藻类（滨海带）、原生动物；小型底栖生物（meiobenthos），可被 0.05～0.5 mm 筛网截留的种类，包括原生动物（特别是有孔虫）以及线虫、介形类、涡虫类、腹毛类、猛水蚤类和端足类等多种类别，也包含有大型底栖动物（如多毛类、双壳类）的幼体；大型底栖生物（macrobenthos），不能通过 0.5 mm 筛网的类别。除了海岸带有大型藻类之外，大型底栖生物都是动物。

第 5 章　海洋主要生态系统类型

海洋生态系统由海洋和海洋生物组成，动物种类繁多。全球海洋是一个大生态系统，其中包含许多不同等级的次级生态系统。每个次级生态系统占据一定的空间，由相互作用的生物和非生物，通过能量流和物质流形成具有一定结构和功能的统一体。

5.1　海岸带

海岸带(coastal zone)是海洋与陆地交界的狭窄过渡带，从生态学角度分析，海岸带包括潮上带、潮间带、潮下带。潮上带在特大潮或大风暴时才被海水淹没，潮间带每天有海水淹没和干露的周期，潮差大的潮间带再分为高潮带、中潮带和低潮带。潮下带是低潮线下方完全被海水淹没的海区，其下限位于 10～20 m 水深处，我国在海岸带和海涂资源调查中将海岸带划分为河口岸、淤泥质岸、基岩岸、红树林岸、砂砾质岸和珊瑚礁岸。

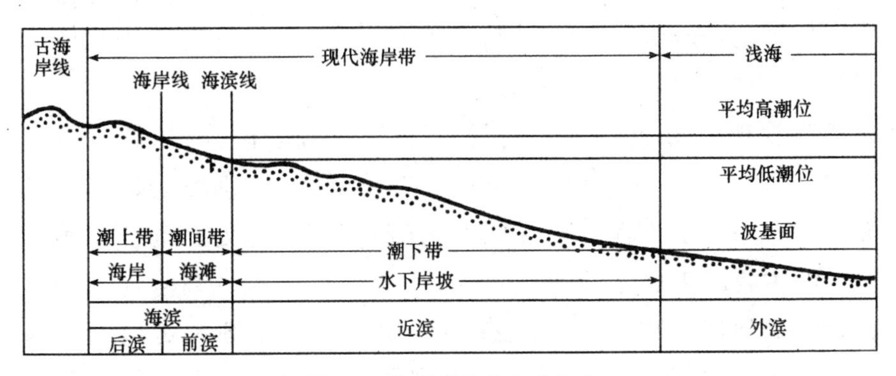

图 5-1　海岸带及其组成部分

5.1.1 海岸带的主要环境特征

1. 潮汐

潮汐现象是指海水在天体（主要是月球和太阳）引潮力作用下所产生的周期性升降运动和水平运动，习惯上把海面铅直方向的涨落称为潮汐，而海水在水平方向的涨退称为潮流。潮汐现象最显著的特点是具有明显的规律。

海洋潮汐生成的最重要因素，除了月球、太阳引潮力外，还与地球上海洋的实际形态（即大陆的边界形态和海洋盆地与周围海域内的水深）相关。由于海水受边界的限制，使引潮力对水位的响应与平衡潮是大不相同的：海湾形态可能使潮差增大，在水深较浅的边缘海域，其自振周期与引潮力周期接近可能发生引人注目的潮汐现象。

潮汐是所有海洋现象中较早引起人们注意的海水运动现象，与人类的关系极为密切，如水产养殖、捕捞、盐业、航海、测量、港工建筑、海洋开发、环境保护以及军事活动等，都受潮汐现象的影响。

潮间带是海陆相互作用的生态交错带，潮汐直接影响海陆界面，影响海陆的物质交换和转移，直接影响潮间带的生态过程。

许多废物往往被倾倒至潮间带海域，这些废物可以通过潮汐的冲击带动，随海流进入海洋，因此，潮汐可以促进这些废物的降解转化，影响海域的自净能力。

潮汐现象形成的潮流是海岸带沉积物运移、沉积的重要动力，强大的潮流可以侵蚀松散沉积物，形成潮滩；细粒物质可以在潮流的作用下长期保持悬浮状态，并被携带到远处。潮汐也是海岸带的主要动力因素，塑造了一系列的海岸地貌。潮汐现象还直接影响潮间带生物的生存状态和生物多样性。潮汐可以通过改变潮间带的沉积状态，改变此区域的海洋生物组成和分布。潮汐可以使潮间带区域形成一定的干露时间，影响潮间带生物的生存。在潮间带范围内不同高度的生物受潮汐的影响也不同。在高潮带(最高潮线附近),一年中仅在夏天的大潮时才被海水淹没极短的时间,平日的高潮则淹没不到;稍下(接近高潮线的地方),则每天高潮时都浸入水中,其他时间则都暴露在空气中;由此再向下每天浸入水中的时间也逐渐增长。在中潮区附近,则有一半的时间在水中,一半的时间是暴露在空气中;到低潮线附近,则每天大部分时间都浸在水中,仅有很短的时间暴露在空气中;在最低低潮线外则一年中仅在冬季最低低潮时才露出水面。潮汐的最显著影响还表现在潮间带生物分布的分层现象上,植物和动物都有相似的适应。

潮汐可以影响浅海水域的透明度,进而影响到浅海海区的光合作用效率。

由于潮汐现象形成的潮间带具有良好的水体系统服务功能,对人类具有重要的生态价值和应用价值。尤其是永不休止的海面铅直涨落运动蕴藏着极为巨大的能量,这一能量的开发利用也引起了人们的兴趣。

2. 底质

沿岸潮间带底质可分为松散的砂质、致密的泥质和坚硬的石质三种基本类型。这三者之间还存在的混合过渡类型。若以粒径大小梯度来划分各底质类型,则大至巨大的峭壁和砾石滩,小至只有几微米的淤泥。大颗粒为底上动物和植物提供了稳固的附着基,较小的砂由于不稳定而不利于生物附着,底内动物则多栖息于泥滩中。

5.1.2　生物的带状分布

海岸带的生物往往存在不同程度的带状分布(zonation),尤其是在潮差大的地区。通常潮上带、高潮带、中潮带、低潮带和潮下带的划分即是依据被海水覆盖的频率以及生物的带状分布特征。

潮上带是海岸带中海拔最高的区域,基本上不受潮汐影响,只有在特大潮或风暴天气中才会被潮水覆盖。通常到达这个地方的海水仅仅是浪花飞溅时形成的水雾。因为潮上带很少淹没在海水中,所以这里的有机体相对其他生物而言,更适宜生活在陆地环境。生物体主要是一些草本植物,也会出现少量滨螺。

从潮上带的下边界延伸到潮水能够达到的最高位为高潮带。由于大部分时间暴露在空气中,偶尔被海水淹没,出现在这里的生物多为耐干类型,如滨螺、藤壶。

中潮带是面积最大的潮间带区域,也是生物最为多变的地方。这里的生物定期暴露于水面和被海水淹没,退潮时面临烈日的暴晒和海风造成的干燥环境。尽管环境恶劣,仍有丰富多样的生物体在此定居和繁殖,大多同时具有生活在陆地和海洋中的能力。寒带的中潮带有大量墨角藻(*Fucus*)类;在温带有以石莼(*Ulva*)为主的绿藻和牡蛎。

低潮带的生物大部分时间浸没在海水中,几乎不会遭遇干旱环境,已经完全适应了海洋生活,这里的生物具备潮下带生物的特点,种类也最多,包括海绵、腔肠动物、多毛类、贝类、蟹、棘皮动物及海鞘等。

潮下带通常指低潮带以下直至藻类分布的最低界限。此带有大量的海草和无脊椎动物(如海参、扇贝、鲍)等出现。

必须指出,除了物理因素外,生物因素(捕食作用和空间竞争)也是引起上述带状分布的重要原因。

5.2 河口区和盐沼

5.2.1 河口的环境特征

河口是海水和淡水交汇和混合的部分封闭的沿岸海湾。河口海洋环境中的生物承受着较大的环境压力,整个河口海洋环境的最上层为淡水层，中间为混合而成的湍流，盐度剖面不明显，最后为完全混合的河口湾。

河口区边界的确定比较困难，若以盐度变化为界定指标，理论上可用海水和淡水混合的两个极限来确定河口区的上下界，但实际上许多河口区往往是主观地根据海岸的地形和管理的标准来确定边界。

1. 盐度

盐度是河口环境中变化最明显的环境因子。

潮汐节律引起盐度的周期性变化是河口区最重要的特点。在河口中游段，每一个潮汐周期内，低潮时的盐度可能接近淡水，高潮时则接近海水。不过盐度的变化幅度在河口区的上游段和下游段则小得多。另外，由于河口沉积物中的间隙水是比重较大的海水（下沉），因此在潮汐周期内的盐度变化远小于上覆水。

河口盐度还存在季节性变化，这主要与降雨有关。在热带和亚热带海区，低盐通常出现在春、夏的雨季，高盐出现在秋、冬的旱季；而在温带水域，由于冰、雪融化时产生淡水，低盐可能出现在冬、春季。此外，盐度的季节变化还与蒸发有关。

2. 温度

河口温度的变化较开阔海区和相邻的近岸区大。由于河水的输入，河口水温的季节变化较海水更为明显。在较高纬度的海区，特别是温带海区，由于河水冬冷夏暖，这样河口水温在冬季就比周围的近岸水温低，而夏季则比周围近岸水温高。另外，相对表层水，河口底层水的温度变化范围较小。

人类活动也会影响河口区的温度，如一些调查显示：电厂排出的废水有时可使邻近河口区的水温提高3℃以上。

3. 沉积物

河口沉积物多为柔软的、灰色的泥质浅滩，富含有机质，常有厚厚的一层还原带，扰动后常发出含硫的臭味。除了细菌（包括需氧和厌氧种类）之外，这种细小的、具流动性的沉积物十分不利于生物的定居，如大型藻类和固着生物很难在此找到固着点，细小的颗粒还很容易堵塞纤细的摄食和呼吸结构。

不过，河口区的底质并不仅是泥质，在河口区的上、下两端，因流速较快，阻碍细小颗粒的下沉，沉积物以粒径较粗的砂砾（和贝壳）为主。只有在河口区的中游段，潮汐与河流交汇，流速降低使得细小的泥质颗粒沉积下来形成泥滩。由于随潮汐流入的海水体积一般大于河水，因此泥滩中的沉积颗粒主要来自海洋。在泥滩和沙砾之间，还存在粒径介于两者之间的沙地。

4. 溶解氧

河口区的水体和沉积物中均含有很丰富的有机物质，细菌的活动水平很高。在较深的峡湾河口，夏季可能形成温跃层，使得底层水的溶解氧水平较低。

沉积物中有机物质的分解消耗大量氧气，使得间隙水中的需氧量很高。在河口中游段的泥滩，微细颗粒会阻碍水层中溶解氧向间隙水中扩散，因此在表层以下就呈缺氧状态，同时，伴随甲烷、硫化氢等有毒物质的产生，进一步增加了栖居于其中的底栖生物的生理压力。不过，一些掘穴动物，如虾、蟹和多毛类等的活动会使底质的缺氧状态有所改善。

5. 波浪和流

河口区三面被陆地包围，由风产生的波浪较小，因而相对来说，是个较平静的区域。大部分的河口水深较浅，来自大海的波浪传至河口后会很快消减，加速了细小颗粒的沉积，使得一些有根植物得以生长。

河口区的流速受潮汐和陆地径流的共同影响。河道上的流速有时每小时可达数里，在河道中央流速最大。

大部分河口区有淡水连续注入，与海水进行不同程度的混合，某给定体积的淡水从河口排出的时间称为冲洗时间(flushing time)。这个时间间隔可作为河口系统稳定性的一个重要测度。较长的冲洗时间对维持河口浮游生物群落是很重要的。

6. 浑浊度

河口水中有大量的悬浮颗粒，其浑浊度一般较高，特别是在有大量河水注入的时期。通常靠近大海的区域混浊度较低，越往内陆方向越高。混浊度的主要生态效应是使透明度下降，浮游植物和底栖植物的光合作用率也随之下降。在混浊度很高时，浮游植物的产量能达到可忽略不计的程度，这时有机物的产生主要来自盐沼植物(温带和北方河口区)。

5.2.2 河口区生物组成及其适应性

河口植物区系非常贫乏。河口底质多为泥滩，不适合于大型藻类附着，河口区水体混浊，光线只能达到水体的浅层，较深的水层中往往没有植物存在。在河口湾的浅水区存在数量有限的植物，包括浮游植物(主要是硅藻、甲藻)、小型底栖藻类(主要是硅藻)、大型海藻(石莼、浒苔、刚毛藻等)和海草(大叶藻、海龟草、海神草等)、大型水生植物(红树植物、芦苇、大米草等)。其中，小型底栖藻类常被人忽视，其实底栖硅藻比浮游硅藻要丰富得多，它们甚至可以根据光照情况进行垂直移动。

河口浮游动物的数量非常少，特点是季节性浮游动物种类较多，而终生浮游动物的种类较少。生活在河口区的动物多是广盐性种类，能忍受盐度较大范围的变化。游泳生物中终生在河口区生活的只有鲻科鱼类等少数种类，而阶段性生活在河口区的却是大量的，因为很多浅海种类在洄游过程中常以河口区作为索饵育肥的过渡场所，特别是许多海洋经济动物的产卵场和幼年期(幼鱼、幼虾)的索饵育肥场都在河口附近水域，如鳗鲡、河蟹等降海洄游生物以及梭鱼、对虾、大黄鱼、小黄鱼等在河口进行生殖的鱼类。

河口生物群落的特征之一是种类多样性较低，而某些种群的丰度却很大。这是因为河口的温度、盐度等环境条件比较严酷，所以能适应这种生活的生物种类较少。例如，河口盐度低，使得很多海洋和淡水种类生物无法忍受这种盐度变化的情况，难以在河口生存，但是河口可为适应这种多变环境的生物提供丰富的食物，因而产量很高。

5.2.3 盐沼的生物组成

盐沼(saltmarsh)是主要分布在温带河口海岸带的长有植被的泥滩，植被的成带分布特征反映了不同的潮汐淹没时间，由于水体盐度的影响，植被以盐土植物为主。

盐沼草是盐沼生态系统优势植物，生长在潮间带上部，以米草属(*Spartina*)、盐角草属(*Salicornia*)、盐草属(*Distichlis*)和灯心草属(*Juncus*)为主，其中米草属的优势最大。米草属的两个代表种是互花米草(*Spartina alterniflora*)和大米草(*Spartina angelica*)。

盐沼的上部是海洋—陆地过渡区，温度和盐度变化很大，永久在这里生活的动物种类很少，主要是一些不时侵入的陆地动物，如鼠类、蛇类、昆虫和鸟类种群。较低潮面生活的种类就很多，最常见的有筑穴的沉积物食者[招潮蟹(*Uca*)]、摄食底栖硅藻的腹足类软体动物[如织纹螺(*Nassarius*)、拟蟹守螺(*Cerithidea*)等]以及能生活于泥内或泥上的双壳类软体动物[如蛏(*Sinonovacula*)]。盐沼植物的叶片和茎部有许多小型生物附着，在沉积物表层和内部栖息着各种微型和小型生物。沉积物中的细菌密度可达 10^9 个/cm^3，成为原生动物和小型生物的重要食物来源。盐沼还为虾类、蟹类以及许多海洋和河口鱼类的幼鱼提供隐蔽场所和食物。

盐沼植物的气生部位有少量(不超过 10%)可被陆生昆虫和鸟类等所消耗，大部分植物生产量转化为碎屑，并通过碎屑食物链(盐沼和海草场的基本食物链)被消费者利用。未被利用的碎屑一部分被转移到邻近海域,另一部分也可能积累在沉积物上。这种输出或沉积的数量比例取决于沼泽的地貌和水文环境条件。向海一端开放的开放型沼泽,受向海风的影响时倾向于将漂浮碎屑搬离海岸,而那些封闭在阻塞的陆地港湾内的沼泽,受向岸风的影响时倾向于向陆地方向搬运碎屑。还有的沼泽一年中有时输出一些物质,有时则输入一些物质直至达到平衡的状态。

5.3　潮间带

潮间带海洋环境的形成主要因素有剧烈的温度变化、剧烈的盐度变化、波浪和潮汐的作用等。潮间带是海洋与陆地之间的缓冲区域,温度变化频繁,区域内盐度变化幅度大,生存着许多耐受性高的生物,生物群落特点鲜明。加上临近陆地,积累了大量的污染物质。

潮间带的底质类型有三类,具有各自不同的特点。

5.3.1　岩岸潮间带的环境特征

岩岸潮间带底质为坚硬的岩石,海水流动通畅,海水悬浮物较少。海水淹没和空气暴露交替过程是该生境最重要的环境特征,也是决定栖息于岩岸生物垂直分布的重要原因,岩岸潮间带生活的生物种类较多,包括海绵动物、腔肠动物、环节动物、软体动物、节肢动物、棘皮动物、原索动物、鱼类和众多的藻类。

5.3.2　沙滩潮间带环境特征

这种潮间带出现在开阔而且水动力较强的海岸,海岸坡度不大,通常由不规则的石英颗粒或沙粒、破碎的贝壳组成。在海浪和海流的作用下，水平方向上形成近岸沙粒粗、远岸沙粒细的分布特点，而在垂直方向上形成底部粗上部细的分布特点。

沙滩潮间带分布的生物种类很少，个体也小，常常隐蔽在沙粒之间，当被水流从沙中掀出时能够很快钻入沙中，沙滩潮间带主要栖息一些甲壳类动物，如端足类的圆柱水虱及沙蟹属的种类。

5.3.3 泥滩潮间带环境特征

这种潮间带一般出现在有海岛屏障的内海、海湾和河口湾，这里波浪等引起的水体运动较少，滩涂和坡度比沙滩平坦，泥滩的基质主要是由细小沉积物颗粒形成的泥。有些潮间带基质是以泥为主，但含有一定分量的沙粒，则为沙泥滩。如果基质是以细砂为主，但含有一定的泥，则为泥沙滩。泥沙滩和沙泥滩表面以下的温度受海水温度影响较少，几乎全年保持恒定。海水对泥滩内部的盐度影响也较小。

由于泥滩潮间带含有丰富的有机物质，加上稳定的底质环境，所以分布的生物种类和数量比较丰富。在底质表面，生活着大量的蓝绿藻、甲藻、硅藻等生物。

红树林是热带和亚热带海岸泥滩上的常绿灌木和小乔木群落，具有重要的生态价值和经济价值。由于具有特殊的根系、胎生、抗盐型的植物结构等特点，能够适应海水环境而生活于泥滩海岸；作为世界上最富生物多样性、生产力最高的海洋生态系统之一，形成了一道缓解风暴潮、海浪对海岸冲击的天然屏障，起到护滩作用；植物枝叶做成的有机碎屑能够为生活在该环境中的各种动物（如虾、蟹、鱼类和其他动物）提供丰富的饵料，从而形成并维持一个食物链复杂的高生产力系统；通过发达的根系能够从水体和沉积物中大量吸收各种营养元素，有效缓解了水体的富营养化。

5.4　海　湾

海湾是被陆地环绕成明显水曲的水域，是海洋的边缘部分。广义的海湾是指海洋深入陆地形成明显水曲的水域。海湾是海洋生物生产力较高的区域之一，蕴藏着丰富的资源，有着优越的地理位置和独特的自然环境，是人类认识海洋、开发海洋和保护海洋的首选区域。

5.4.1　海湾的分类

世界海湾众多，有不同的平面形态和地貌特征，也有其各自的形成的原因。

1. 按照海湾所处地理位置和地貌特征分类

(1)位于大洋边缘的海湾

这类海湾通常由大洋凹进陆地形成，属于开阔的海湾。一般面积较大，湾口开阔，水达 1 000 m 以上甚至数千米。例如，孟加拉湾、墨西哥湾、亚丁湾、加利福尼亚湾等。

(2)位于大洋大陆架上的海湾

这类海湾的深度浅于第一种类型，一般有两种形态：外形比较封闭，如哈德逊湾等；湾口向大洋敞开，如北美东岸的芬迪湾等。

(3)位于陆间海和边缘海中的海湾

这类海湾一般面积较小，远离大洋，深入陆地通常受陆地影响较大，水文状况则受湾的外形影响明显。有的水体较深，例如红海北部的亚喀巴湾。有些既有深水部分又有浅水部分，如洪都拉斯湾；有些全部位于大陆架上，通常水较浅，例如东海湾、泰国湾等。

(4)位于大陆架海的海湾

这类海湾面积一般不大,最大深度在 200 m 左右。例如,白海、辽东湾、芬兰湾等。

2. 按照海湾的成因分类

(1)原生型海湾

原生型海湾是地质构造和地壳运动形成未经地球外营力大规模改变的海湾,包括构造型海湾(如大连湾、胶州湾、波斯湾、墨西哥湾等)和火山口湾(如我国北部湾中涠洲岛边上的海湾)。

(2)次生型海湾

次生型海湾是与地质构造和地壳运动无直接关系,由陆地流水、海水动力等地球外营力作用形成的海湾。包括潟湖湾(例如我国海南文昌的清澜湾、波罗的海南岸的库尔斯湾等)、连岛坝湾(例如我国的芝罘湾和锦州湾等)和三角洲湾(例如我国的莱州湾和渤海湾)。

(3)混合型海湾

混合型海湾是在地质构造和地壳运动形成的地貌基础上,由水动力、冰川磨蚀和生物作用等外营力的影响下形成的海湾。主要有基岩侵蚀湾(例如我国的威海湾、琅琊湾、大鹏湾等)、环礁湾(例如太平洋夸贾林环礁湾和我国东沙岛环礁)、峡湾(如挪威沿岸的峡湾和智利南段的峡湾)、河口湾(例如我国的杭州湾、胶州湾、美国的帕姆利科湾等)。

5.4.2 海湾的环境特征

海湾的环境,有的朝向外海大洋,海洋波浪和潮汐的作用对其影响很大,有的海湾处于相对封闭的内海,波浪、潮汐的影响相对较小。海湾还被陆地环绕,它受陆地环境影响的强度剧烈,因此海湾水域的环境状况与一般海洋不同,同时又因为海湾在成因、平面形状、大小、深度、海底地貌以及与外海的隔离程度和气候条件等各不相同，而且海湾的不同区域，环境特征也有明显差别，所以不同的海湾往往都有自己的特点。

1. 海湾的水文特征

海湾的水文要素主要包括海湾的水温、盐度、透明度、水色、悬沙和海冰等。这些要素的结构和变化主要取决于太阳辐射、沿岸流的消长和气象因子的影响。因为这些影响因子具有明显的日变化、季节变化和年变化，所以海湾的水文要素同样具有明显的日变化、季节变化和年变化特征。但由于陆地的影响、外海水流入等因素的作用，海湾水文要素的结构和变化非常复杂。

海水的温度主要取决于太阳辐射、气象因子和沿岸流消长的影响。影响海水盐度的主要因子为入湾径流的多寡、蒸发量和降水量之差、环流的强弱和水团的消长等。海湾海水的悬沙量、水色、透明度等要素跟入海径流、海洋生物的分布与变化、潮流、波浪、海岸形态以及人类活动有密切关系。海冰则主要出现在中高纬度地区的海湾。

2. 海湾的生物特征

海湾的生物特征与海湾环境的具体情况是分不开的。例如：湾口较开阔、能与外海海水进行自由交换的海湾，其生物特征大体上与相邻的海洋相一致，而一般海湾受陆地包围，陆地入湾径流量大，径流携带大量营养物质进入海湾，使海湾水质肥沃，为生物的生长繁殖创造良好条件，但海湾由于受到大陆影响，水域环境变化剧烈，从而造成动植物区系组成比较简单，种类不如大陆架中、下部或某些大陆坡上部丰富。然而，由于海湾水体肥沃，某些生物大量发展并占优势，因此海湾水域多是生产力高、生物资源丰富的区域。

海湾生物的种类是随海湾所在位置而有区别，但生物的种类和数量一般都比较大，其原因如下。

①海湾湾首多有比较低平的浅滩，而且多数海湾除湾口岬角

附近外，这种低平浅滩的范围还比较大，如泥沙滩是蠕虫类、软体动物和蟹类最好的繁衍生息场所。

②海湾被陆地环绕，陆源物质尤其是河流带进海湾的各种营养物质多，而且又不易流失，从而使湾内的浮游植物生产量大，为湾内动物的生长提供丰富的饵料，有利于湾内各种动物的生长。

③海湾内风浪比较平静，有利于湾内许多动物的产卵和繁殖。但是，海湾地区人类活动频繁，海洋环境容易遭受破坏，这样就直接威胁湾内海洋生物的生存。

5.5 浅海海区

5.5.1 浅海海区海洋环境

浅海海区是指海岸带海水深度较小的区域，包括从潮间带下限至大陆架边缘内侧的水体和海底，它的平均深度一般不超过200 m。

浅海海区受大陆影响较大，水文、物理、化学等要素相对于大洋区复杂多变，并且有季节性和突然性变化的特点。

由于浅海海区受大陆影响，水文等各种要素相对比较复杂，因此海洋生物（特别是底栖生物）的组成和分布影响很大。例如：浮游植物由于得到足够的营养盐，初级生产力水平比大洋区高；浮游动物食物充足，种类繁多。在海底生活的底栖硅藻和大型海藻是本区的重要底栖植物，在北温带和温带潮下带的硬质底部，常生长着繁盛的褐藻类组成的大型海藻场。在潮下带软质海底上，常存在高等植物（如大叶藻）形成的海草场。在底栖动物中，几乎各个生物门类都有物种在该区分布，浅海海区的游泳动物包括各种鱼类、大型甲壳类、爬行类、哺乳类和海鸟等。其中鱼类是该区经济价值最高，产量最大的游泳动物。

5.5.2　海藻场

海藻场(kelp bed)是分布在潮间带下区和潮下带以下至数米深的浅水区硬相海底的大型海藻繁茂丛生的场所,它是以底栖大型海藻为支撑生物,其他浮游生物、游泳动物和底栖动物以及与之共存的环境因子共同构成的近岸生态系统,是中、高纬度浅海海区典型的生态系统类型。这些海藻主要是褐藻类,例如美国太平洋沿岸浅海海区主要是巨藻属(Macrocystis)和海囊藻属(Nereocystis)的种类,在大西洋沿岸为海带属(Laminaria)的种类,在中国南麂岛海域则主要为铜藻(*Sargassum horneri*)。其他的大型藻类还有褐藻类的裙带菜、马尾藻、鼠尾藻等,红藻类的珊瑚藻、紫菜、石花菜、蜈蚣藻等和绿藻类的石莼、浒苔、礁膜等。

海藻场的底质必须为硬质海底,以为海藻提供固着基。海藻场要求水质清澈,光线充足,海底可以得到足够的光线,以便藻类在幼苗期也能够进行光合作用。由于海藻场的植物适应于温度较低的海水环境,海藻场的海水温度一般较低,因此海藻场一般仅分布在中高纬度海区。

大型藻类光合作用过程中需要的大量碳源可以从海水中的二氧化碳体系中直接吸收利用,导致大气二氧化碳向海水溶入量增加,因此大型海藻与地球碳循环密切相关。

大型海藻为海藻场生物群落提供了一个适宜的栖息场所、生活空间和繁殖场所,其巨大的叶片表面,为很多附着植物和动物提供生活空间,包括硅藻、微型生物和群体的苔藓、水螅。不少海绵动物、腔肠动物、甲壳动物和鱼类等也在海藻场生活。滤食性动物还有海鞘、荔枝海绵等,食腐动物如巢沙蚕、寄居蟹等,捕食性动物(如双斑蛸 *Octopus bimaculatus*)以及一些定居性或阶段性生活在这里的鱼类。海藻场还为植食性动物提供了大量的食物来源,例如海胆等可大量摄食幼嫩的藻体。海藻场的存在对提高近海生物多样性,维持海洋生态系统的健康具有重要作用。

海藻场内的褐藻类个体和叶片面积通常较大，可用叶片直接吸收海水中的营养盐类，对一些无机盐类、金属及重金属等的吸收作用明显，对海域水质环境具有显著的改良作用，例如草叶马尾藻(*Sargassum graminifolium*)对 NH_4-N 的平均吸收速度为 0.005 4 mg/(g·h)。大型海藻的存在通过营养竞争和其他抑制作用，对于赤潮生物还起到了控制作用。同时，海藻场内的生物通过强烈的生命活动，对藻场内的水流、pH 值、溶解氧以及水温的分布和变化具有缓冲作用。

总之，大型海藻场提供了空间异质性和高度多样化的生境，初级生产力很高，支持着各种消费者的生活，食物链以碎屑食物链为主。它以海藻为营养基础，形成摄食方式多样化、复杂的动植物食物网结构，为许多海洋生物提供良好的栖息、繁衍场所。海藻场系统结构特殊，生物资源丰富，能流结构复杂，生态系统功能较强，具有十分重要的生态学意义。

5.5.3 海草场

海草场是中、低纬度海域潮间带中、低潮区和低潮线以下数米乃至数十米深的浅海海区海生显花植物和草栖动物繁茂生长的软相平坦海底场所。除了高纬度的极区外，很多浅海海区都有海草生长，通常在接近潮下带最为茂盛，最密的地方每平方米可达 4 000 株。

海草属于单子叶植物纲，仅有泽泻目的几个科，目前已报道的有 60 余种。我国海域分布有 20 多种。常见的有大叶藻属(Zostera)、喜盐草属(Halophila)、海菖蒲属(Enhalus)、丝粉藻属(Cymodocea)、二药藻属(Halodule)、泰来藻属(Thalassia)、川曼藻属(Ruppia)等种类。

作为高等植物的海草有着发达的根系，可以利用其根系从海底沉积物或底质中吸收营养盐。因此，海草虽可生活于各种底质上，但在软质底上发展得最好。由于海草光合作用需要足够的光线，海草场的分布局限在比较浅的海水中，最大海草分布深度为水下 90 m 处，大多数的海草种类分布在 20 m 以浅海域内。

海草场具有相对复杂的物理结构，为底栖生物和底层生活的海洋动物提供了重要的栖息场所和繁殖场所。同时，海草叶片表面也生活着众多的附生生物，各种附着生物的生产量可以达到海草地上部分生产量的 50%以上。因此海草场增加了海区物种的丰度和生物多样性。在海草场生活的附着生物有硅藻、绿藻等附生植物以及原生动物、线虫、水螅、苔藓虫等。腹足类软体动物、等足类、端足类和猛水蚤类的食物则直接与附着生物有关，还有很多鱼类的幼鱼可暂时停留在这种环境中。此外，海草场还生活着各种肉食性的鱼类、甲壳类。有以大叶藻和其他藻类为食物的植食性种类，例如海胆、植食性鱼类、水鸟、绿龟、海牛和儒艮等，也有以有机碎屑为主食的刺虎鱼、蟹类等。海草产生的有机碎屑可以通过微生物过程进入食物网。海草场是海洋中初级生产力最高的区域之一。

海草可以调节水体中的悬浮物、溶解氧、叶绿素、重金属和营养盐，能改善水的透明度、调节水质。海草生长所必需的营养盐主要来源于水体和沉积物中有机物质的分解，因此海草能够促进海区生态系统的营养循环。潮间带生活的海草还可固定泥沙，防止海岸线的侵蚀。与大型藻类相似，海草场的光合作用过程中也需要大量碳源，它们与地球碳循环密切相关。

我国广西合浦县附近浅海海区的海草场面积达 600 hm^2（6 km^2），是我国目前已发现的面积最大的一个海草场。海草场在广东的雷州半岛流沙湾、湛江东陵岛、阳江海陵岛等海区也有大面积分布。20 世纪 80 年代之前山东省潮间带 2～5 m 水深处曾经分布有大量的大叶藻藻场，但如今已大面积退化、枯竭，有些甚至不复存在。

5.5.4　珊瑚礁

在低纬度南北两半球 20℃等温线范围内的沿岸浅海海区经

常分布有珊瑚礁(coral reef)。珊瑚礁是以珊瑚骨骼为主骨架,辅以其他造礁及喜礁生物的骨骼或壳体所构成的钙质堆积体,是海洋环境中独特的一种生物群落。腔肠动物门的珊瑚虫(主要是Scleractina目的珊瑚虫)以及其他腔肠动物的少数种类在生活过程中对石灰岩基质的形成起重要作用。当珊瑚虫死亡之后,它们的骨骼积聚起来,其后代又在这些骨骼上成长繁殖,如此逐年积累,就成为珊瑚礁。除此之外,含钙的红藻特别是石灰红藻属(Porolithom)和绿藻的仙掌藻属(Halimeda)对造礁也起重要作用。所以珊瑚礁实际上是珊瑚—藻礁。此外,一些软体动物(如各种砗磲)对沉积碳酸钙也起重要作用。

腔肠动物的珊瑚虽然在世界各海区都有生存,但是只有在热带和部分亚热带的近岸浅海海区才能形成珊瑚礁。造礁珊瑚在其组织内有共生虫黄藻,所有珊瑚的虫黄藻都属于共生甲藻属Symbiodinium这一属,虫黄藻生活在珊瑚虫消化道的衬层细胞内,能够吸收造礁珊瑚排出的二氧化碳,并为珊瑚虫提供钙质。由于虫黄藻光合作用需要光照,造礁珊瑚都生活在浅海海区。非造礁珊瑚体内没有共生虫黄藻,光对它们的营养和生长不是必需的,因而可以生活在真光层下方。

造礁珊瑚对生长环境要求严格。要求海水温度在20℃以上,最佳生长温度为23～29℃,水温低于18℃造礁珊瑚则不能生存。因此,造礁珊瑚只能生长在热带浅海海区。但世界珊瑚礁的分布有不对称的特点,这主要与洋流的分布有关。一般大陆的东侧有暖流流过,珊瑚礁一般发育良好,而大陆西侧一般有寒流流过,水温较低,不利于造礁珊瑚的造礁活动,故此处珊瑚礁发育状况较差。

由于体内共生的虫黄藻只有在充足的光照条件下才能顺利进行光合作用以及促使碳酸钙沉淀,因此一定的光照条件对造礁珊瑚生长发育是必需的。其适合的生存深度是25 m以内,水深70～80 m是其生存的极限深度。因此珊瑚礁生物群落只分布于大陆或岛屿的边缘。但在海水透明度大的海区少数种类可以生活在 100 m 深处。

造礁珊瑚是真正的海洋生物种类，一般生活于盐度较高而稳定的浅海海区，适宜盐度 32～42。而在受河水影响强烈的近岸水域则不宜于造礁珊瑚生长。绝大多数造礁珊瑚要求水质清洁、水流畅通、溶解氧丰富的环境，因为浑浊的海水能使珊瑚虫窒息，影响光线传播而使其共生的虫黄藻得不到充足的光线。

造礁珊瑚适应于固着生活，珊瑚虫要求硬质岩石基底，但也有少数种类生活在砂坎上。

珊瑚礁初级生产力范围为 1 500～5 000 g/(m^2 · a)，为自然生态系统中最高初级生产力水平，主要初级生产者包括浮游植物、底栖藻类以及共生的虫黄藻。礁栖脊椎动物主要是五彩缤纷的各种鱼类，世界海洋鱼类中有 25％是仅分布在珊瑚礁水域。海龟、海鸟也常出现于珊瑚礁生物群落。

目前已知世界珊瑚礁面积为 6×10^5 km^2，相当于世界海洋面积的 2％，或 0～30 m 等深线浅海海区的 15％。世界上最大的珊瑚礁是位于澳大利亚昆士兰的大堡礁(Great Barrier Reef)。

5.5.5　近岸上升流区域

上升流(upwelling)是深层海水涌升到表层的现象，根据上升流在海洋中的分布可分为近岸上升流和大洋上升流。近岸上升流的产生依赖于特定的风场、海岸线或海底地形等特殊条件。与岸平行的风能导致岸边海水最大的辐聚或辐散，从而引起表层海水的下沉或下层海水的涌升。如著名的南美西岸秘鲁上升流区和美国加利福尼亚沿岸受东南信风和东北信风的影响形成的上升流区，非洲西北沿岸及索马里沿岸在西南季风期间形成的上升流。我国渤海、黄海、东海陆架区、台湾海峡以及海南岛近岸都存在上升流区。

由于上升流区存在深层海水的涌升，而深层海水水温低、溶解氧少、营养盐含量高、盐度和密度也较高，因此来自深层的水团到达表层后，使上升流区具有独特环境特征。上升流区表层水温比同纬度海区的表层水温低；表层海水的溶解氧的含量少，例如美国俄勒冈上升流区表层水溶氧的饱和度只有60%～70%；表层海水中营养盐含量高，无机氮、磷等营养盐较丰富；表层海水的盐度和密度也较高。

5.6 大洋海区

5.6.1 大洋海区海洋环境

大洋海区是指大陆缘以外深度较大、面积广阔的区域，包括水体环境和海底环境。大洋海区是相对于近岸浅海海区而言。由于大洋海区不受大陆的直接影响，其环境相对稳定。

大洋海区大部分海水表层水体阳光充足，光在海水传播过程中，由于吸收和散射，光线只能透至海水的一定深度，形成很浅的透光层，透光层的下方是大洋最主要的部分，那里因光线微弱或无光，成为很厚的无光层。

在大洋上层的透光层内，主要有浮游植物和光合微生物，其中以“微型浮游植物”占优势。在贫营养的大洋区，蓝细菌和固氮蓝藻是重要的自养型浮游生物，这些都为大洋海区的动物提供食物来源。大洋上层的动物最为丰富，经济价值比较大的有乌贼、金枪鱼、鲸类等。大洋中层(200～1 000 m)的浮游动物主要是大型磷虾类，它是重要的食物链环节，常与鱼类(主要是鲸类)结成大群，形成深散射层，这一层的鱼类大约有850种。由于大洋海区初级生产者个体都很微小，因此大洋水层食物链长，营养物质基本上可再循环。

在大洋深处无光带深海没有浮游植物等初级生产者生存，分布在那里的是一些微生物和海洋动物，那里的动物多为肉食性和腐食性动物,能够捕食其他动物或利用从上层沉降下来的有机碎屑和生物尸体获得能量。深海鱼类有深海鳗、宽咽鱼等。无脊椎动物主要有甲壳类、多毛类和棘皮动物等。深海底栖动物的多样性水平很高,大部分门类都有深海底栖种类,在万米以上的海沟里也发现有海葵、多毛类、等足类、端足类、双壳类等。可见,压力和寒冷似乎都不是海洋动物生存的障碍。深海动物的数量随深度增加而递减,绝大部分水域的生物量都在 $18/m^2$ 左右,只有与大陆架相毗邻的深海和高生产力区的深海海底,生物数量才比较丰富。

5.6.2 大洋区深海海洋动物的适应机制

生活在大洋海区的深海动物,对于大洋深处特殊的生活环境,有其特殊的适应方式。

1. 对黑暗的适应

在大洋区深海中层水体,虽然没有足够的光线供植物进行光合作用,但还有少量光线透入(特别是在清澈的热带海洋)。这里有些动物有特别发达的眼睛,如灯笼鱼(Myctophidae)科的鱼类。生活在200～700 m深的一些乌贼(Histiothidae)科两只眼睛中有一个特别发达,大眼朝上,小眼朝下。前者可对从上层来的微弱光线产生反应,而小眼可对其本身的发光器发出的光产生反应。大洋区的深海海区终年处于黑暗状态,许多深海动物通过发光器产生它们自己的光线(如灯笼鱼和星光鱼等)。在更深的完全黑暗的水层,不少种类的眼睛很小或完全退化。与此相应的是体色的适应。生活于海洋中层的鱼类多呈银灰色或深暗色,无脊椎动物则为紫红或亮红色,甲壳动物也常为红色。这些体色都与海洋中层基本上是没有光线的条件一致的(如红光很快被海水吸收)。再深的大洋深处的动物则常是无色或白色的。

2. 对食物稀少的适应

深海食物稀少，动物特别是鱼类，常具有很大的口、尖锐的牙齿和可高度伸展的颌骨，能吞食很大的捕获物。还有一些鱼类，如鮟鱇(Ceratiidae)的背鳍高度延伸特化，其上有发光器官起诱饵作用以吸引它们的猎物。底栖动物的食物则除了捕食其他小动物之外，还可以摄食从水体上层沉降下来的有机碎屑和其他动物的尸体。

3. 对种群稀少的适应

在深海种群稀少和黑暗条件下，有的种类的雌性个体可以“补雄”，即雄性个体寄生在雌体上。例如，鮟鱇鱼的雄性个体很小，通过嗅觉作用找到雌体后就寄生在雌体上。这种现象对种群的延续有重大的生物学意义。

4. 对高压的适应

由于深海常年低温高压以及高的二氧化碳含量，使得钙的沉淀产生了困难，因此多数深海动物是柔软的，缺少钙质骨骼。此外，多数深水鱼类没有鳔，这样可以减少动物体和外界环境的压力差。

5. 对柔软底质的适应

由于深海多为软泥底质，因此深海底栖生物都具有长的附肢，丰富的刺、柄和其他的支持方式。例如，深海蟹类的附肢特别长，海绵、水螅虫、海百合都具有长柄，鼎足鱼的胸鳍和尾鳍特别细长，能以三角鼎立之势站在海底，还可以跳跃前进。

第6章　海洋环境污染及其危害

人类对海洋资源需求的日益增加，导致了沿海地区的海岸工程建设数量越来越多，规模日益复杂和庞大。但是，随之而来的海洋污染形式越来越多，污染程度不断加大，从而造成了海洋环境的急剧恶化。

6.1　认识海洋污染

海洋污染是指人类改变了海洋的原来状态，使海洋生态系统遭到破坏，有害物质进入海洋环境而造成的损害。海洋污染给人类和海洋带来许多危害，使海洋食品中聚积毒素，人食用后会得病；使海产减少，危及人类的食物源；使浮游生物死亡，海洋吸收二氧化碳能力减低，加速温室效应；使海洋生物死亡或发生畸形，改变整个海洋的生态平衡。

由于海洋的特殊性，海洋污染与大气、陆地污染有很多不同，其突出的特点有：污染源广。不仅人类在海洋的活动可以污染海洋，而且人类在陆地和其他活动方面所产生的污染物，也将通过江河径流、大气扩散和雨雪等降水形式，最终都将汇入海洋。持续性强。海洋是地球上地势最低的区域，不可能像大气和江河那样，通过一次暴雨或一个汛期，使污染物转移或消除。一旦污染物进入海洋后，很难再转移出去，不能溶解和不易分解的物质在海洋中越积越多，往往通过生物的浓缩作用和食物链传递，对人类造成潜在威胁。扩散范围广。全球海洋是相互连通的一个整体，一个海域污染了，往往会扩散到周边，甚至有的后期效应还会波及全球。防治难、危害大。海洋污染有很长的积累过程，不易及时发现，一旦形成污染，需要长期治理才能消除影响，且治理费用大，造成的危害会影响到各方面，特别是对人体产生的毒害，更是难以彻底清除干净。

6.2　石油对海洋的污染

6.2.1　石油污染的危害

人类历尽辛苦，从深深的地下采出工业的血液，却又让其中一部分白白地流失了，既浪费了资源，又破坏了生态环境，造成的损失不可估量。海湾战争中损失的石油达 5×10^7 t，墨西哥湾深水钻井平台事故发生后，石油以每天约 5 000 桶的速度在流失，使人类面临着更加严峻的能源危机。

从生态环境来说，石油所到之处，几乎总是生灵涂炭。死鱼烂虾漂浮海面，满身油污的海鸟绝望地在海水中挣扎，海底的珊瑚也不能幸免。

近岸养殖的扇贝、海带等也是如此。即使鱼类和贝类在石油污染中逃脱一死，然而由于它们沾染上了强烈的油污味，也再不能被人们食用了。

技术水平相对落后的发展中国家，安全事故的发生率更是居高不下，我国大连海域石油污染事件让我们意识到我们国家也存在相当大的安全隐患，更应该在生产的各环节杜绝危险情况发生，防患于未然，减少突发事故的发生。同时，石油泄漏的背后是现今世界人们对石油能源的过分依赖。过度依赖化石能源不是一种可以持续的方式，即便没有发生石油泄漏，石油也有耗竭的那一天。我们必须走可持续发展道路，减少能源消耗，降低石油资源的开采、加工和使用量，大力发展可再生能源，这样既节约了资源，又能起到保护环境的作用。

回顾一下我们曾发生的一些重大溢油事故，这不得不引起人类共同反思。

6.2.2　石油污染对海洋环境的影响

漂浮在海面的油膜是海洋生物及周边野生动物的第一杀手，一般情况下，轻油油膜在海面的残留时间为 10 d 左右，重油的油膜在海面停留的时间较长，它将严重地影响海区的海空物质交换和热量交换，使海水中溶解氧含量、化学耗氧量、密度、温度等环境因素发生变化，并影响生物的光合作用及其生理生化功能。

海洋石油污染还可能影响局部地区的水文气象条件和降低海洋的自净能力。一起大规模的石油污染事件能引起海区大面积严重缺氧，海水缺氧使浮游动物、鱼类、虾、贝、珊瑚及其卵和幼体等大量水生动物及水生植物窒息致死。油膜吸收阳光中的热量，使海水温度升高 3℃～5℃，这将会严重影响海区的能量交换。同时温度升高也会使海水中溶解氧含量降低，对生物的生存造成严重的威胁。此外，油膜妨碍光线透过，导致海洋光亮下降，影响海洋植物及藻类的光合作用。

受洋流和海浪的影响，海洋中的石油极易聚积于岸边，使海滩受到污染，破坏旅游资源。在大连海域石油污染事件中，尽管距离中石油大连保税油库爆炸只有短短的 4 d，但油污被突然来临的暴雨和东南风吹到了位于新港油库东北方 35 km 的旅游胜地——金石滩。曾经绮丽迷人的黄金海岸现已随处可见大片的油污带，被山水环绕的沙滩上，也留下了数不清的点点“墨迹”，这一切让海边游客兴致全无。

6.2.3　海洋石油污染对生物的危害

1. 海洋石油污染对浮游生物的危害

(1)对浮游植物的影响

浮游植物是生活在水体中没有游泳能力或运动能力微弱，只能随波逐流而被动地漂浮的生物群体。浮游植物个体小,生命周期短,数量多,分布广,是海洋生产力的基础,也是海洋生态系统物质循环和能量流动的最主要的环节之一。当油污覆盖住海面,遮住了阳光,浮游植物就不能进行光合作用,逐渐死去,也会断绝鱼虾们的食物。

石油还能妨碍海藻幼苗的光合作用。浓度为千分之一的柴油乳化液 3 天内就能几乎完全阻止海藻幼苗的光合作用,而燃料油对海藻幼苗的毒性更大。如日本东京湾,一艘油轮在装货时漏出 2.5 t 燃料油,使当地养殖的紫菜歉收。日本海上保安厅对此事进行了专门调查,证明损失是该油轮造成的。

(2)对浮游动物的影响

浮游动物是指漂浮的或游泳能力很弱的小型动物,随水流而漂动,与浮游植物一起构成浮游生物。

浮游动物作为海洋生态系统的次级生产力,以浮游植物等海洋初级生产力为营养条件,同时,它们又是海洋动物的主要食物来源,在海洋食物链结构中占有重要地位。

石油类物质对海洋生物的“屠杀”,可谓是“一扫而光”,低等的海洋浮游动物自然很难逃脱。许多研究表明:分散在海水中的微小乳化的油滴易黏附在浮游动物附肢,影响其正常行为和生理功能,进而使受污个体沉降并最终死亡。

2. 对鱼类的危害

石油通常是通过鱼鳃呼吸、代谢、体表渗透和生物链传输逐渐富集于鱼类体内,从而对鱼类产生毒害作用。

油污染对幼鱼和鱼卵的危害很大。油膜和油块能粘住大量鱼卵和幼鱼,“托雷 · 卡尼翁”号溢油污染事件中,鲱鱼鱼卵有50%～90%死亡,幼鱼也濒临绝迹,而成鱼的捕获量却和平常一样。在油污染的海水中孵化出来的幼鱼大部分是畸形的,主要是鱼体扭曲且无生命力。实验资料表明:汽油对幼鱼的毒性最大,柴油是低毒性的,而润滑油则几乎没有毒性。

3. 对海鸟的污染

海鸟特别容易受到石油污染。当海鸟受到轻度油污染时，海水能侵入平时充满空气的羽毛空间，使羽毛失去隔热性能，降低了浮力；而受到严重油污染的海鸟，因体重增加而下沉，既游不动也飞不起来。另一方面，被油污染的海鸟，由于羽毛的保温能力大大降低，其耐寒性减弱。受轻度油污染的海鸟虽然有时侥幸游到海滩免于一死，但海滩、卵石上也沾满油污。鸟类在用嘴清理身上的石油时，往往吞下大量石油，不久就开始厌食。

油类侵入海鸟体内还能引起肺炎，严重刺激肠胃，使肝内脂肪变化和胃上腺扩大，有时也能导致精神失常。

墨西哥湾特大井喷漏油事件不但造成巨大的经济损失，还造成了严重的生态灾难。在受污染海域的656类物种中，在短短几个月之内，已有大约28万只海鸟死亡。

4. 对海兽的危害

石油对海兽的危害与对海鸟的危害相类似，海兽除鲸、海豚等以外体表均有毛。通常，油膜能玷污海兽的皮毛，溶解其中的油脂物质而使其丧失防水性与保温能力，如海獭、麝香鼠等。

此外，石油污染物会干扰海兽的摄食、繁殖、生长等。

6.3 海洋生物入侵对海洋的污染

6.3.1 海洋生物入侵途径

海洋生物入侵者并非只通过一种途径入侵，很可能通过两种或两种以上途径被引入，在时间上也可能通过多次被引入。因此，多途径、高频率的入侵极大地提高了海洋外来物种在新栖息地定居的可能性。并且，许多入侵物种需要“潜伏”一段时间，适应新环境后才能全面入侵，因此人们对某些入侵物种的察觉往往存在滞后性。

随着海洋开发和贸易运输业的发展，世界各大海区的海洋生物相互引入的事例越来越多，如亚洲的桡足类出现在美国大西洋，亚洲的黑龙江河蓝蛤现已成为旧金山湾的主要底栖生物，青岛的中华绒螯蟹被法国商船带到西北欧，成为西北欧沿岸海域的优势种，海带原分布于北方的日本，现已南移成为中国亚热带海区的重要养殖种类，等等。

1. 目的性引种带来的意外

为了丰富、改良水产养殖的品种，提高品质和产量，促进海水养殖业的发展，人们有意识地从国外引入新的鱼、虾、贝、藻等养殖种类。例如，我国目前已从国外引进各类海洋经济生物至少26种，盐碱地栽培植物3种。从美洲引进了漠斑牙鲆、美国红鱼、加州鲈鱼、狭鳞庸鲽、大西洋庸鲽等鱼种，南美白对虾、南美蓝对虾等虾类，海湾扇贝、象拔蚌、红鲍、绿鲍等贝类，以及经济价值很高的盐碱地栽培植物——北美海蓬子等。从日本引进的养殖品种种类最多，包括日本对虾、罗氏沼虾、斑节对虾等虾类，虾夷扇贝、长牡蛎、日本虾夷盘鲍等贝类，真海带、长叶海带等藻类，引自日本的虾夷马粪海胆是目前我国引进的唯一属于棘皮动物的海水养殖种类。此外，为了改善环境，实现保护滩涂、促淤造陆、消波减浪等功效，许多国家在河口、港湾的滩涂区域引入了禾本植物与被子植物。例如，我国先后从英国和美国引入了大米草与互花米草。

引入种一般对环境具有较强的耐受能力，并且多数品种都能够产生较大的经济或生态效益。但是，由于人为管理疏漏或遭人们遗弃等原因，部分物种进入自然海域，通过竞争生态位、杂交等方式对生态环境及本地物种造成巨大影响。而且，有时在引进新的养殖物种时，还会夹杂生物身上的寄生虫或致病菌，对养殖品种甚至人类健康造成威胁。

2. 附着于船舶入侵

随着人类活动的增多，尤其是远洋运输的发展，附着在船底的污损生物就有了漂泊他乡的机会，一些外来物种被携带到新的生态系统中，也就不可避免地会造成物种在世界范围内的大量的和经常性的传播。华美盘管虫、指甲履螺、致密藤壶、玻璃海鞘等海洋外来入侵动物就是靠吸附在船底，长途跋涉来到我国的。致密藤壶有宽阔的基底，能固着在物体上，它的原产地已无从考证，目前在各国港口都有它的身影，这个无柄蔓足类的“偷渡客”靠附着于船底，传播到了世界各海域。

目前已被确认约有 500 种生物是由压舱水传播入侵的。其中，随船舶压舱水潜入我国的外来赤潮生物就多达 16 种，包括洞刺角刺藻、新月圆柱藻、方格直链藻、米氏凯伦藻等。

3. 随波逐流的“不速之客”

有些海洋生物的入侵则显得更加随意，它们没有吸引人的外表，也没有搭上船舶，只能吸附在海洋垃圾上面，通过风吹、水流、自然迁徙等途径形成入侵。我国海面漂浮垃圾主要为聚苯乙烯泡沫塑料碎片、塑料袋和片状木头等。其中，聚苯乙烯泡沫塑料类垃圾数量最多，占 57%。

随着海洋上人造垃圾的增多，越来越多的生物找到了适合自己的附着体，并借助这些载体漂浮到海洋的每一个角落。英国南极考察处海洋生物学家巴恩斯认为：“海上垃圾的危险比我们想象的严重得多。而向海上倾倒垃圾的问题也必须马上解决。在海洋垃圾的帮助下，向亚热带地区扩散的生物增加了一倍多，而在高纬度地区甚至增加了两倍多。在热带地区，半数以上的垃圾都有生物寄居。”

6.3.2　海洋生物入侵带来的污染

生物入侵对当地原有生物群落和生态系统的稳定性可能造成极大威胁，导致群落结构变化、生境退化、生物多样性下降、病害频发，甚至造成原有生态系统崩溃的严重后果，其原因与下述各种因素有关。

1. 威胁生物多样性

入侵物种比当地物种有更高的种群增殖力。生活在一定海域里的土著物种经过长期的磨合,已经形成了独特的生态系统结构。由于缺乏天敌,入侵物种得以大量繁殖,破坏原生态系统的食物结构,造成本土物种数量的减少乃至灭绝,不仅导致生物多样性的丧失,而且使系统的能量流动、物质循环等功能受到影响,严重者还会导致整个生态系统的崩溃。

2. 破坏遗传多样性

外来物种可能与当地某些物种有较紧密的亲缘关系,当外来种与当地种发生杂交时,当地种原先具有的独特基因可能消失,从而或降低其种质质量,或使物种分类的界限变得模糊不清。水产增养殖过程中的累代繁殖、增殖放流以及遗传工程物种的引入也会导致野生种的种质质量下降。

我国海洋生物遗传多样性已经受到来自外来入侵生物的各种威胁。外来海水养殖物种被引入我国后,并未采用严格的隔离养殖措施,这样就不可避免地会接触本土生物,两者一旦杂交,就会改变当地土著生物的遗传多样性,造成遗传污染。

3. 危害生物健康

某些外来物种很可能携带病原体,在迁移的过程中病原体也会被带入新的环境中,它们本身对这些病原微生物已有一定的抗病能力或免疫力,而入侵地群落中的物种则对这些新的病原体没有任何抵抗力,因此容易暴发新的病害。

4. 带来生态灾害

近年来,外来赤潮生物的入侵越来越频繁,并且对新的生态环境适应性强,缺少竞争和天敌,在适宜的环境中可暴发赤潮。

我国沿海赤潮频发,很重要的一个原因就是外来赤潮生物引起的,如米氏凯伦藻、球形棕囊藻、链状亚历山大藻、克氏前沟藻、圆形鳍藻、短裸甲藻、塔马拉原膝沟藻等均已在我国定居,这些种类在我国早期海洋生物调查中都未曾发现。

米氏凯伦藻原产于日本京都 Gokasho 湾,经压舱水传播“潜入”我国境内,近年来经常出现在我国福建沿海的赤潮群落中,有时还与东海原甲藻一道形成双相赤潮。球形棕囊藻是具游泳单细胞和群体胶质囊两种生活形态的浮游藻类,1997 年秋至 1998 年春,我国东海海域及南海粤东海域暴发大面积球形棕囊藻赤潮,这是我国首次发现棕囊藻赤潮。1999 年夏,广东饶平、南澳海域再次暴发球形棕囊藻赤潮。2004 年夏,球形棕囊藻赤潮又在我国渤海首次大规模暴发。2014 年 2 月北部湾近岩岸海域发生 2 次球形棕囊藻赤潮。它们是怎样由其他海域传播扩散到渤海的,还没有明确定论。

6.4　有机物质和营养盐对海洋的污染

早在 20 世纪 60 年代中期,联合国的一份调查报告就指出:“营养物质对海洋的污染是一个普遍存在的问题,对成员国进行的一次调查表明,49 个国家中有 32 个提到这个问题,其中既有发达国家,也有发展中国家。”可见,海洋有机物和营养盐污染的危害是很严重的,现归纳起来主要有:海水缺氧引起鱼、贝死亡;助长病菌繁殖,毒害海洋生物并直接传染人体;影响海洋环境,造成赤潮危害。

6.4.1　海水缺氧引起鱼贝死亡

海洋中过量的营养物能促使某些生物急剧繁殖,大量消耗海水中的氧气,同时有机质分解也需要大量溶解氧,因此营养盐和有机物污染的危害使海水缺氧,从而引起鱼、贝等海洋生物大量死亡。

例如，欧洲的波罗的海，由于它的特殊地理位置和形态，深处海水中的氧气本来就比表层少，工矿企业乱排污使流进波罗的海的有机物和营养盐逐年增多，深层海水中氧气的含量每况愈下。1900年曾测得波罗的海每升海水含氧2.5 mg，1950年仅为1.1 mg，而后数年竟有几次氧的含量为零，相当大的范围成为无氧区，各种底栖动物全部死亡，成为“死海”。这样，波罗的海从过量的有机质和营养盐入海，发展到无氧水层形成，再发展到有毒气体产生，最后成了“死海”。

6.4.2 助长病菌繁殖、毒害海洋生物，直接传染人体

有机物中大量营养盐进入水域，细菌和病毒大量繁殖，病毒进入鱼体内直接影响其生长，有的通过食物链进入人体，影响健康。

有机物污水中的纤维悬浮物与海水中的带正电荷离子产生化学凝结，形成絮状沉淀。同时污水中大量的碳水化合物等由于细菌作用，最终形成硫化氢、甲烷和氨等有毒气体，影响渔业水域环境。

海水中的病毒还能使在海里游泳的人染上传染病。世界上许多著名的海水浴场都曾发生过游泳者海水浴后患病的事件。如黑海南部的伊斯坦布尔市，22处海水浴场中有7处污染严重，每升海水中杆菌数量达到50万～5亿个，因此被迫关闭。波罗的海沿岸，只有2/3的浴场水质符合规定，而且在海水中还检查出有沙门氏菌。在我国大连南部某处海滨浴场前几年也发生过游泳者因海水浴场患病的事件。

6.4.3 影响海洋环境，造成赤潮危害

有机物中的铁、锰等微量元素以及维生素 B_1、维生素 B_{12}、酵

母、蛋白质的消化分解液等都是赤潮生物大量繁殖的刺激因素。赤潮形成后，将造成各方面的危害。如赤潮生物大量繁殖后覆盖了大片海面，妨碍水面氧气交换，致使水体缺氧，赤潮生物死亡后，极易为微生物分解，从而消耗水中大量溶解氧，使海水缺氧甚至成无氧状态，导致海洋生物死亡；赤潮生物体内含有毒素，经微生物分解或排出体外，以毒素对生物体肌肉、呼吸道、神经中枢将产生不良影响，能毒死鱼、虾、贝类；赤潮可破坏渔场结构，使其无法形成鱼汛等。

赤潮除了能造成海洋生物大量死亡外，更应引起注意的是许多赤潮生物带有毒素，人们如果食用了带有赤潮毒素的海产品，就会造成中毒甚至死亡。我国也屡有食用赤潮污染的海产品而中毒的事件发生。

6.5　其他海洋污染

6.5.1　重金属污染

重金属在水体中一般不被微生物分解，只能发生生态之间的相互转化、分解和富集，重金属在水中通常呈化合物形式，也可以离子状态存在，但重金属的化合物在水体中溶解度很小，往往沉于水底。由于重金属离子带正电，因此在水中很容易被带负电的胶体颗粒所吸附。吸附重金属的胶体随水流向下游移动。但多数很快沉降。由于这些原因，大大限制了重金属在水中的扩散，使重金属主要集中于排污口下游一定范围内的底泥中。

重金属排入海洋的情况和数量各不相同，如汞主要来自工业废水、汞制剂农药的流失以及含汞废气的沉降。汞每年排入海洋约有 1×10^4 t；铅在太平洋沿岸表层水中浓度与 30 年前相比增加了 10 倍以上，每年排入海洋的铅约有 1×10^4 t；近年来海洋中镉的污染范围日益增大，特别在河口及海湾更为严重。近年有的国家发现在100海里之外的海域也受到镉的影响；铜的污染是通过煤的燃烧而排入海洋；全世界每年通过河流排入海洋的锌高达 3.03×10^6 t；砷的污染，目前在海洋虽然较小，但在污染区附近的污染程度十分严重，这是因为海洋生物一般对砷具有较强的富集力，所以对人类的危害也较大；铬的毒性与砷相似，海洋中铬主要来自工业污染，在制铬工业中，如果日处理10 t原料，那么每年将排入海洋约有73～91 t。

1. 汞污染的危害

海洋里的汞对鱼、贝危害很大，它们除了随污染了的浮游生物一起被鱼、贝摄食，也可以吸附在鱼鳃和贝的吸水管上，甚至还可以渗透鱼的表皮直到体内，而且鱼、贝对海水中的汞有很强的富集能力，有时体内的浓度比周围海水高出10万倍。汞一旦进入鱼、贝体内，使其皮肤、鳃和神经系统产生明显的变化，如游动迟缓，形态憔悴。

汞能影响海洋植物的光合作用，甚至可使海洋植物死亡。例如，每升海水中含有0.9～6.0 μg(1 μg =0.001 mg)的汞，浮游植物就会死亡。对于大型的海藻，如果海水中每升含汞100 μg，4 d后也会失去光合作用的能力。

海鸟、海兽体内含汞超过一定标准就不能上市，因为海鸟、海兽是以鱼为食的，鱼受汞危害，必然影响到海鸟、海兽。据有关资料记载，生存在荷兰沿海的海豹，肝中含汞高达225～765 mg/kg。1970年美国一家公司准备向市场投放一种来自北太平洋的海熊肝，但因肝中含汞每公斤高达3～19 mg，结果被禁止上市。

汞对人体危害更大，尤其是甲基汞，一旦进入人体，就几乎全被吸收，特别易在人体的肝、肾和脑里积累。据有关资料报道，因汞中毒死亡者，从其肝、肾、脑组织中检出含汞量比正常人高达几十倍至上百倍，这是因为甲基汞很容易与细胞中的硫氢基物质结合，使肝、肾受害，甲基汞还能损坏中枢神经，黏在脑细胞膜上，使细胞内的核糖、核酸减少,最后导致死亡。

2. 镉和铅污染的危害

镉一旦进入海洋,就会被海洋生物大量积累在体内,尤其是那些活动范围不大的鱼类和贝类。如德国基尔港的贻贝中含镉10～34 mg/kg。海洋动物的内脏,镉含量更为惊人,如海獭的肾含镉高达500 mg/kg,扇贝肝脏含镉量可高达2 000 mg/kg。镉一旦进入人体后很难排出,能在骨骼中“沉淀”,因此它具有潜在的毒性作用。长期接触低浓度的镉化合物,就会出现倦怠乏力、头痛、头晕、神经质、鼻黏膜萎缩和溃疡、咳嗽、胃痛等症状。随后还会引起肺气肿、呼吸机能和肾功能衰退。慢性镉中毒会引起周身骨骼疼痛、骨质疏松或软化、肝脏损伤。

然而,铅的毒性虽然没有像汞、镉那样强烈,而且海洋中铅的增多也不会立刻产生明显的危害,但是铅会对海洋生态平衡起破坏作用,也可能使一些海产品不能为人类食用。有学者认为,鱼体内的铅有25%是毒性比较强的四乙基铅,为此许多国家已经禁止在汽油中添加四乙基铅。实践证实,铅对人体的毒害是累积性的,在体内主要沉淀在骨骼中,也有少量贮存在肝、肾、脑及其他脏器中,当血液中含铅量超过每毫升80 μg时,就会引起中毒。铅还是一种潜在的泌尿系统致癌物质,因此,如果人们过多食用被铅污染的海产品,就难免遭受危害。

3. 铜和锌污染的危害

如果每升海水中含0.1～10.0 μg的铜,不但对海洋生物没有危害,反而有一定益处,因为微量的铜对动物的色素细胞的生长有作用,但铜的含量太高,就会产生危害,如每升海水中含有0.13 mg的铜,牡蛎就会变成绿色,含量再高就会导致牡蛎死亡。

锌在海水中含量太高,也会引起牡蛎变绿。锌还会影响牡蛎幼体发育,1 L海水中只要含有0.3 mg的锌,牡蛎幼体的生长速度就有明显的减缓;当含量达0.5 mg时,幼体发育就会停止甚至死亡。有些学者发现，含铜量高的海水，锌的含量也会较高，这样牡蛎变绿的机会就会大大增加，因为铜和锌在一起对牡蛎的影响会比它们单独存在时的影响大得多。

海洋中铜、锌的污染，还会对鱼类产生有害影响，虽然轻微的污染不至于毒害鱼类，但却会把鱼逼到其他比较干净的水域，这样就必然导致污染海区鱼类减少，造成渔场荒废。如果污染比较严重，对于一些活动范围不大的鱼类会造成鱼鳃和皮肤的腐蚀，导致呼吸困难，最终也会死亡。

6.5.2 热废水对海洋环境的危害

海洋热污染是指工业废水对海洋环境的有害影响。如果常年有高于海区水域4℃以上的热废水排入，就产生热污染，如电力工业、冶金、化工、石油、造纸和机械工业等排出的废水都是热废水。

1. 海洋热废水污染的来源

一般以煤或石油为燃料的热电厂，只有1/3的热量转化为电能，其余的则排入大气或被冷却水带走。原子发电厂几乎全部的废热都进入冷却水，约占总热量的3/4。每生产1 kW·h的电量大约排出5 024.16 J的热量。1980年仅美国发电排出的废热，每天就有1.05×10^{9} J，足以把3.2×10^{7} m^{3}的水升温5.5℃。原子能发电站的发电能力一般为$2\times10^{6}\sim4\times10^{6}$ kW，以2×10^{6} kW的核电站计算，每天排出的废热可使1.1×10^{7} m^{3}的水温升高5℃，而一座3×10^{5} kW的常规发电站每小时要排出6.1×10^{5} m^{3}的水量，水温要比抽取时平均高出9℃。

2. 热废水对海洋环境的危害

热废水对海洋的影响主要是使海水温度升高，它所带来的危害，特别是热带海域比温带和寒带海域受热污染的危害大得多，封闭和半封闭的浅水海湾比开阔海区的影响也更明显。热污染对海洋的危害，概括起来主要有：导致水域缺氧，影响水生生物正常生存；原有的生态平衡被破坏，海洋生物的生理机能遭受损害；使渔场环境变化，影响渔业生产等，具体分述如下。

(1)热废水导致水域缺氧，影响水生生物正常生存

因为热水本身就是缺氧的水体，大量热废水排入，必然使局部水域溶解氧含量降低。众所周知，海水中氧气的多少取决于海水的温度，温度升高，氧气减少，热废水的注入无疑提高了海水的水温，也势必减少溶解在水中的氧气含量。

(2)热废水会使原有生态平衡被破坏，海洋生物生理机能遭受损害

这是因为水温是对海洋生态系统平衡和各类海洋生物活动起决定性作用的因素。它对生物受精卵的成熟、胚胎的发育、生物体的新陈代谢、洄游等都有明显的影响。尤其是在热带地区，在夏季哪怕只有 0.5℃温差的热废水长期大量排入，也会使海洋动物生理机能遭到损害。生态平衡被破坏还有一个例子，当热污染使水温升高后，某些适应高温的水生生物成为种间竞争的优胜者，从而改变了该水域原有的生态平衡。

(3)热污染会使渔场环境变化，影响渔业生产

热污染会干扰水生生物的生长和繁殖。如果水温超过其范围，则水生生物将难于生存，尤其是对一些低温种类的水生生物影响更大。我国曾有人用广东沿海养殖的近江牡蛎做过一次试验，发现水温在 23℃～24℃之间，牡蛎胚胎没有出现畸形；30℃时，畸形率为 18％；35℃时，畸形率增高到 78％以上。

对于溯河性鱼类情况更为严重，如梭鱼、大马哈鱼、河蟹等，都习惯于逆流上溯到河道里产卵，如果河口区被热废水挡着，它们无法到达产卵场，就会影响它们的正常繁殖。

6.5.3　有机化合物污染

目前有机化合物对环境的污染已遍及全球各个角落。为此，

西方有些学者把有机化合物的污染划为当今世界“三大环境问题”之一。

1. 有机化合物的污染来源

农药的使用大多采用喷洒形式，使用中约有50%的滴滴涕以微小雾滴形式散布在空中，就是洒在农作物和土壤中的滴滴涕也会再度挥发进入大气。在空中滴滴涕被尘埃吸附，能长期飘荡，平均时间长达4年之久。在这期间，带有滴滴涕的尘埃逐渐沉降，或随雨水一起降到地表和海面。据有关学者测定，在每平方千米的面积上，每年有20 g滴滴涕沉降下来。这样，一年沉降在世界海洋表面上的总量就达到2.4×10^4 t，有人估计，以往各国生产的2.8×10^6 t滴滴涕，已经有1/4约7×10^5 t到达海面了。也有人估计，通过大气进入海洋的滴滴涕约占生产量的5%～6%，通过河流进入的约占3%。

海洋中的多氯联苯主要是由人们任意投弃的含多氯联苯的废物带进去的。同时，在焚烧废弃物过程中，多氯联苯经过大气搬运入海也不可忽视，仅在日本近海，多氯联苯的累积量已经超过了万吨。

由于滴滴涕一类氯代烃主要是通过大气传播的，因此目前地球上任何角落都有滴滴涕存在。据有关资料报道，1966年人们在南极发现的企鹅蛋中，含滴滴涕0.1～1 mg/kg，企鹅体内也检查出有滴滴涕和多氯联苯。在北极圈附近生存的北极熊和海豹，体内也发现多氯联苯。

2. 有机化合物污染的危害

含有重金属的农药所产生的危害与重金属污染的危害相同。有机磷农药的毒性较烈，能在局部水域造成危害，但它较易分解，毒性作用持续时间不长。有机氯农药的结构比较稳定，不易分解，因此其毒性作用持续时间较长。有机氯污染的水域以滴滴涕和多氯联苯的农药为主，据统计，自1944—1968年全球滴滴涕的

产量达 3×10^6 t,其中 1×10^6 t 污染了海洋环境。有机化合物污染的危害,概括起来有:对海洋生物的危害、对海鸟的危害、对海洋哺乳动物的危害以及对人体的危害,具体分述如下。

(1)有机化合物对海洋生物的危害

有机氯农药以及多氯联苯一类的氯化烃是疏水亲油的物质,因此海洋生物对它们都有很高的富集能力。许多海洋生物能够把海水中含量微弱的氯化烃"浓缩"几千至几万倍蓄积在体内,而且大部分集中在脂肪比较多的器官中。目前,海洋中从很小的浮游生物到鱼类、贝类、鸟类、海兽,几乎都遭到有机氯农药和多氯联苯的污染危害。例如,海水中只要含有十亿分之几的氯化烃就足以抑制某些浮游植物的光合作用。

海洋受到化学农药的污染,对鱼、贝类的最大危害是直接将其毒死。例如,1962 年夏季,日本九州沿岸的水田中撒了一种化学农药五氯苯酚,几小时后被突然降临的大雨冲到海里,使长崎、福岗、佐贺、熊本四县沿海的贝类全部死亡。同时,有机农药对鱼、贝的危害,还反映在胚胎的发育上,使孵化出来的鱼苗死亡。

(2)有机化合物对海鸟的危害

有机氯农药污染对海鸟的危害,有个突出的例子:在 1965 年荷兰沿海的格瑞思德岛上发现一种叫燕鸥的海鸟数量剧减,原有 40 000 多只燕鸥只剩下 1 300 只。从死亡的燕鸥身上发现有明显的中毒迹象,这是因为鹿特丹附近一家生产有机氯农药的化工厂向沿海排入污水使鱼类中毒,而燕鸥正是捕食了这种鱼而中毒死亡的。

(3)有机化合物对海洋哺乳动物的危害

生活在大海里的哺乳动物也同样遭受有机农药和多氯联苯的污染危害。因为海兽与海鸟一样,都是以其他较低等的海洋动物为食,所以体内集中了通过各种海洋生物富集和浓缩后的氯化烃。例如,1962 年在南极海域捕获的抹香鲸的鲸油,只含 0.07 mg/kg 的滴滴涕,而到 1968 年同一海区的抹香鲸鲸油,滴滴涕含量增加到 28～35 mg/kg。北大西洋的须鲸鲸油中,也含有 32 mg/kg 的滴滴涕和 5～7 mg/kg 的多氯联苯。

(4)有机化合物对人体的危害

滴滴涕、多氯联苯一类的化学物质还能通过海产品的食用而进入人体。许多有机氯农药还可能含有某些致癌物质，引起癌症，尤其是引起肝癌。据最新研究发现，人类所患的各种癌症有80%是由化学药品造成的。日本学者内山充认为，其中滴滴涕占据首位，六六六的危害也不可忽视。同时，儿童对滴滴涕更敏感，环境中滴滴涕的污染能使儿童患白细胞增多症的概率更大。

6.5.4 放射性核素污染

海洋中的放射性核素，有天然放射性核素和人工放射性核素，前者存在于自然界，后者是人类活动造成的。放射性污染物种类繁多，其中较危险的有锶 90 和铯 137 等，这些核污染物半衰期长达 30 年左右，因此可以利用它们来跟踪环境中放射性物质。由于大部分核试验都是在北半球进行，因此北半球放射性物质的降落比南半球高得多。1963 年地球表面放射性物质的降落达到最高峰，这是美国、苏联两国进行大量核试验的结果。

1. 海洋中人工放射性核素的来源

1968 年 1 月，美国的一颗原子弹曾在苏格兰北部沿岸坠入大海，放射性污染物波及范围达 1×10^4 km^2，直到 1974 年在附近海域仍能测出放射性物质。1963 年和 1968 年，美国两艘核潜艇相继失事，分别沉没在 2 599 m 和 3 050 m 的深海，艇上几百万居里[居里(Ci)为废止单位，1 Ci=3.7×10^{10} Bq]的裂变物质全部泄漏入海。后继调查显示，每年由核动力舰艇产生的放射性物质超过 3.7×10^{16} Bq，其中绝大部分是由离子交换器中产生的，有 1.85×10^{14} Bq 是由废液产生的，而从舰艇泄漏出来的大约 1.258×10^{14} Bq 几乎全部进入海洋。

目前全世界正在运转和正在建设中的核反应堆有 500 多座，

已经运转的核电站有 417 座。这些核设施产生的放射性废物，如每 1×10^{6} kW 的核电站每年产生的放射性废物大约有 4.44×10^{18} Bq。含放射性的废液一般都要经过高度浓缩后再作处理。然而浓缩时留出的含少量放射性物质的废液，往往全部排入江河或海洋。或是浓缩后的放射性废液和固体放射性废物都被放置在不锈钢槽中，外面包裹一层厚厚的混凝土，然后倾倒在海底或深埋在地下。据报告，1946 年以来，美、英等一些国家已先后向大西洋、太平洋海底投放了大量的固体放射性废物，到 1980 年总量已达 3.7×10^{16} Bq，虽然这些废物都装在不锈钢桶内，但已有少数容器出现渗漏，成为海洋的潜在放射性污染源。

2. 海洋放射性核素污染的危害

放射性核素造成危害，直接的受害者是海洋生物，间接的受害者是人类。具体分析如下。

(1)海洋放射性核素对海洋生物的危害

危害的途径：一是表面吸附，即通过生物体表吸附海水中的放射物质；二是通过食物进入海洋生物的消化系统，并逐渐积累在动物的各种器官中。例如，锶 90 主要集中在海洋动物的骨骼中，碘 131 主要浓缩在甲状腺中，铯 137 则大多分布在肌肉中。

实验证实，海洋生物体内放射性物质的浓度比海水中的高出几千倍至几万倍。例如，贝类体内的锌 65 的浓度比周围海水高 4 万倍；海参体内铁 55 的浓度比海水中的高 8 万倍。正因为这样，海洋生物一旦受到放射性核素的污染，其后果很容易在生长、发育和繁殖的各个阶段反映出来。

人工放射性物质对海洋生物的污染，实质上是一种辐射损害。当海水中的放射性物质达到一定含量时，即当外来的辐射剂量增大到一定强度时，海洋生物的生长发育就会受到损害。例如，当外来辐射强度比天然辐射高出 100～200 倍时，生物细胞的染色体就会被破坏，造血器官的功能出现紊乱，某些器官的营养吸收发生障碍，生物体的寿命就会缩短；当外来辐射强度高出

1 000～7 000 倍时，就会大大影响海洋生物的造血系统和酶，降低对寄生性和传染性疾病的抵抗能力，从而导致生物的减少和绝迹。尤其是在生物的幼体发育阶段，危害更大，常出现畸形或变态、寿命缩短，最终导致绝迹。

(2)海洋放射性核素对人体的危害

人类如果大量食用被严重污染的海产品将会中毒，直接影响健康。在所有的人工放射性核素中，锶 90、钴 60、碘 131 对人体的危害最大，它们随海产品进入胃肠后大部分很快被肠壁吸收，进入血液，然后循环遍及全身。其中，锶 90 主要聚集在人体骨骼中，能直接损伤骨髓，破坏造血机能。同时，心血管系统、内分泌系统、神经系统等都会受到损伤。长期食用被放射性物质污染的海产品，有可能使体内放射性核素的积累超过允许剂量，成为人体内的长期辐射源，从而引起一种特殊的疾病——“慢性射线病”。

然而，海洋放射性污染更严重的危害还是潜伏的、长期的，对海洋生物来说，它可能破坏现有的生态平衡，从而引起灾难性的后果。对人类来说，它可能损害遗传功能，损害子孙后代，因为生殖细胞对辐射特别敏感，当它们受到辐射后，染色体就会不同程度地受到损伤，不仅导致后代先天性畸形，而且某些疾病，如血癌的发病率还大大增加。

6.5.5 固体废弃物污染

1. 海洋污染固体废弃物的来源

污染海洋的固体废弃物。除了上述的工业生产和矿山开采过程中的废弃物，农作物的秸秆等之外，其中最引人注目的是城市的生活垃圾，有人做过统计，在发达国家平均每人每天产生 1～2 kg 垃圾。

即使在生活水平不高的我国，城市垃圾的产生也是很大的。

据测算，人口在 200 万人以上的大城市，人均日产垃圾 0.62～0.98 kg。中小城市为 1.10～1.30 kg，按人均产 1.01 kg 计算，我国 8 个主要沿海城市生活垃圾的年产量达 1.964×10^{7} t，其中上海市日产生活垃圾约 5 000 t 左右，高峰时达 8 000 t，全市年产 1.83×10^{6} t。

海洋中各种各样垃圾都有，凡是陆地上有的，海洋里几乎都有。据专家们估算，每年大约有 7×10^{6} t 垃圾倒在海洋里，其中 1％是塑料。也有人估计，全世界商船每天扔进海里的塑料容器就达 5×10^{6} 只，如果把倾倒的工业垃圾包括在内，世界海洋接纳的固体废物还要大大增加。有资料报道，全世界海上航行的船舶，每年产生固体废弃物总计有 6×10^{6} t 左右。

2. 固体废弃物对海洋环境的危害

海洋垃圾的危害如此之大，以至生活在海洋里的鲸、海豚、海豹等高等动物以及海鸟等也难以幸免。对此，专家们估计，全世界每年大约有 10 万只海兽和不计其数的海鸟丧生在海洋垃圾中。

不仅如此，大量的垃圾进入海洋，使海水中的各种病菌滋生，给人类带来各种传染病。

第7章　海洋生态环境破坏及修复

生态系统是指一定时间和空间范围内，生物与非生物环境通过能量流动和物质循环所形成的一个相互联系、相互作用并具有自动调节机制的自然整体。地球上的海洋、湖泊、草原、森林等自然环境有一个共同特征，即其中的生物与环境共同构成一个相互作用的整体。

当外界压力超过生态系统本身的调节能力时，生态系统就受到破坏，失去了平衡，从而使结构破坏、功能降低，如群落中生物种类减少、物种多样性降低、结构渐趋简化。

7.1　海洋生态系统与生态平衡

海洋、陆地、淡水（湖泊、河流）生态系统是地球表面三大生态系统。其中，海洋生态系统是指海洋生物群落与非生物环境之间相互联系、相互作用、彼此间存在着物质不断循环和能量连续流动的统一整体。

在整个海洋生态系统中，海洋面积大，基本上是连续而面貌相同的。只有海洋上层能透过阳光进行光合作用，该层约占海洋容积的2%，大多数自养生物只在上层活动。氮、磷等营养物质在海洋大部分区域是贫乏的，只有在上升流地区丰富（海洋水产资源的主要基地）。在近岸海洋生态系统可分为滩涂湿地、红树林、珊瑚礁、河口潟湖、基岩海湾等；在远岸海洋生态系统可分为岛屿海域、上升流、深海、外洋等生态系统等。

海洋生态系统是人类赖以生存的宝贵资源，为人类提供食物、工业原料、药物等。除此之外，对环境也有重要的作用，如吸收二氧化碳，产生大量的氧气；海洋植物通过光合作用产生的氧气，占全球氧气产生总量的 70%；蒸发为水蒸气，为陆地补充大量的淡水；吸收大量的热量，调节全球的气候；容纳和降解陆源的大量污染物。

当生态系统发展到成熟的稳定阶段，它的能量和物质输入、输出，生物种类的组成以及各个种群的数量比例处于长期相对稳定状态。由于自然界非生物因素和生物因素总在不断变化，生态系统呈相对动态的平衡。

当生物组成种类改变、环境因素改变、信息系统被破坏时，整个海洋生态平衡就会被打破。

7.2　海洋生态环境的破坏及退化

7.2.1　石油开发对海洋生态环境的破坏

海洋不仅为人类提供了丰富的资源，而且是大量物资运输的最廉价的交通枢纽。众所周知，海洋是一个巨大的石油储备库，然而，在人类开发利用海洋石油资源时，由于自然或人为因素造成的海洋石油污染对海洋环境造成了严重的破坏。据估计，全世界每年因航运作业及船舶失事而泄入海洋的石油约为 100～150 万吨，其中油轮事故溢油就有 50 多万吨。虽然石油开采事故不像油轮航运溢油事故那样频繁，但事故一旦发生，其后果难以想象。石油对海洋生物资源、海岸环境和人类自身都造成了一定程度的损害。海洋石油污染范围广，时间长，修复难度大。因此，海洋石油开发对海洋环境的生态破坏应引起人类的高度重视。

经济全球化的迅猛发展和能源消耗的持续增加，使得海上石油运输量大幅度增长，海洋石油勘探开发规模不断扩大，全球海洋遭受重大溢油污染的风险也在不断增大。目前,经由各种途径进入海洋的石油每年约为$6\times10^{6}\sim1\times10^{7}$ t,约占世界石油年产量的5‰,其中排入中国沿海的石油约1×10^{5} t。

石油污染海洋的途径有很多,我们不仅通过加强沿海工业的管理,减少工厂石油排入海洋,还要尽量避免海上航运所造成的溢油事故发生,同时不断提高海上石油开采技术,以减少石油进入海洋环境。

随着海上油气开发和船舶数量的迅速增加,海上油气平台及输油管线的跑冒滴漏、船舶的各种泄漏、压舱水排放等造成的小范围石油污染事故更是频繁发生,并且呈逐年递增的趋势。这种小型甚至是微型事故对海洋环境的负面影响虽然不明显,但事故数量众多,其潜在的累积性生态损害也是不容忽视的。

据报道,地中海的面积只占了世界海洋总面积的1%,可海上漂浮的石油和沥青量却占了全世界石油污染的一半!人们称地中海为“世界上最大的垃圾坑”,其实一点也不为过!

海上航运所带来的溢油污染对海洋造成了严重的灾难,与此同时,海上石油开采也一直和风险相伴。这种非自然性的灾难性事故大约10年会发生一次。深水石油开采在具有高投入、高产出的同时,更充满了风险,且一旦出事,其后果往往是灾难性的。

例如,1979年6月墨西哥湾“伊斯托”号1号钻井平台发生井喷,井喷总量达到476万吨,相当于一座中型油田一年的产量。井喷发生后,巨大的油龙随着海流在海上滚滚流动,美国得克萨斯州200多千米的海岸受到了空前严重的污染,海洋中的生物也难以逃脱石油的魔掌。2001年3月20日,巴西国家石油公司所属世界最大的海上石油钻井平台在大西洋沉没,这次事故由于一个阀门的失效,导致管线被堵,使与之连接的处理罐内压力聚集,最终引发爆炸而致使平台倾覆。海上石油开采在带来巨大利润的同时,也具有很高的风险,因此,我们在进行石油开采时必须防患于未然。

尽管每次重大的海上事故发生后，人们都会在某些方面进行技术和管理上的创新和改革，然而不可预知的灾难还在继续。2010 年 4 月 20 日夜间，位于墨西哥湾的“深水地平线”钻井平台发生爆炸并引发大火，事发半个月后，各种补救措施仍未有明显效果，仅十日之内，海面上漂浮的油污已达 9 900 km^2，并且海面上油污面积一直在扩张。一场漏油事故，近乎中断了美国开发近海石油的国策；一场漏油事故，近乎使出事海域的各类生物遭遇灭顶之灾；一场漏油事故，近乎毁了美国南部海岸的整个渔业及渔民生计。

伴随我国经济的快速发展和对能源需求的增加，我国石油进口量迅速增长，石油海上运输量和港口石油吞吐量逐年上升，海运交通事故频发，海洋石油污染风险愈来愈大，正成为海洋生态环境的一大“杀手”。表 7-1 所示为我国沿海石油污染情况。

表 7-1　我国各海区油污染情况表

海区		油污染面/万平方千米	油浓度/10^{-6}	海区		油污染面/万平方千米	油浓度/10^{-6}
渤海	辽东湾	1.8	0.049	黄海	北黄海	—	0.059
	渤海湾	0.9	0.050		南黄海北部	—	0.052
	莱州湾	0.6	0.059		南黄海南部	—	0.026
	渤海中部	0.7	0.041	南海	珠江口	—	0.055
东海	—	0.078		粤西	—	0.052	

7.2.2　船舶运输对海洋生态环境的破坏

海洋环境污染事件中，油类污染发生的次数，历来都占有较高的比例。污染海洋的油类来源，虽然有的来自陆地、有的来自沿海和海上石油勘探开发等多种途径，但最为主要的还是来自船船任意或意外排放。

由于世界贸易发展的带动和海洋捕捞及其他海上活动的发展，海洋交通运输和作业船舶不仅数量不断增加，而且某些专门船舶还在大型化，特别是原油运输船，由几万吨上升到十几万吨、几十万吨。船舶数量、吨位的增加，必然产生两种结果：一是活动在海洋上的“机动污染源”增多，在其他条件不变的情况下，排放入海的油类和其他有害物质势必增多；二是船只吨位提高，一旦有海难事故发生，若系油轮，其进入海洋的石油量将大大上升。事实上，在最近的一些年，世界各海域船舶溢、翻油污染事故层出不穷，呈现明显增长趋势。

1. 船舶运输污染的特点

船舶活动及对海洋产生影响的特点，决定了船舶防污染保护工作的特点，并形成防止船舶污染的保护思想、原则、方法和内容。

(1)船舶机动性

船舶作为运载的工具，其活动性、机动性应是其最主要的特点。凡是有一定范围和深度的地方都可以成为船只活动的区域。这些区域都会受到船只故意地、任意地或意外地排放油类和其他有害物质的影响或损害。船舶污染的这种特点，给保护工作带来许多困难和问题，完全使用海洋工程、海洋石油勘探开发和海上倾废等防污染保护的方式、方法难以奏效，甚至可以说无法进行。为了及时发现、监督船只海上排放污物的情况，就需要使用快速、大面积航空、航天的遥测、遥感手段，以便尽可能在更大范围监视船舶污染信息，为处理提供依据等。但是，不论技术手段发展达到多高的水平，要达到全面覆盖整个海洋或国家管辖海域，也是不大可能的，因此，缩小范围，突出重点监视、监测的重要海域或敏感、脆弱海区就成为必要的管理措施了。

(2)排放物质的多样性

船舶向海排放或可能排放的物质是多样的，有油类、含毒性液体物质、含毒固体物质、生活废水和垃圾等。据OPRC公约的规定，油类包括：原油、燃料油、油泥、油渣、含油废水、油性混合物和各种原油制品等。有毒流体物质更为复杂，有关制度将其分为四类：

A类：能为生物积聚并易于对水生生物或人体健康造成危害的物质，或是对水生生物有毒性的物质，以及在特别强调危害方面的附加因素或该物质的特殊性时，某些对水生生物有中等毒性的物质，如二硫化碳、甲酚、甲苯基酸等。

B类：能为生物短时积聚约一周或不到一周的物质。或是易于对海洋食物造成污染的物质，或是对水生生物有中等毒性影响，以及在特别强调危害方面的附加因素与物质的特殊性质时，某些对水生生物有轻微毒性作用的物质，如丙烯酸、氮（28%水溶液）、丁酸、四氯化碳等。

C类：对水生生物有轻微影响，以及在特别强调危害方面的附加因素或物质的特殊性质时，某些对海洋生物几乎无毒性的物质，如乙醛、乙酸、乙酰酸、苯、氢氧化钾等。

D类：对海洋生物几乎无毒的物质，或能造成生化需氧量高的覆盖海床的沉积物，或由于其持久性、气味或有毒的或刺激的性质而对休息环境造成中等损害，以及可能妨碍对海滨利用的物质等，如丙酮、明矾（15%溶液）、醋酸正丁酯等；有毒的固态物，种类也很复杂，其中有的固态物虽然毒性很小，但随数量的增加而可能转化有损害影响；船舶生活污水，含任何类型的厕所及厕所的一切排出物，医务室所产生的废物，装有动物处所排出物以及混有上述排出物的其他废水等；船舶垃圾，包括“产生于船舶通常营运期间并要不断地或定期地予以处理的各种食品、日常用品和工作用品的废弃物”等。船舶运行、使用过程中，直接或间接排入或可能排入海洋的废水、废物和装载之物是繁多复杂的，它们对海洋环境和资源的影响也必然是多种形式的。为此船舶防污染的管理制度和方法也必须建立在这一客观基础上。

(3)漂移与流动性

海水介质是流动的,由此决定了船舶进入海洋里的污染物也不可能局限或固定在入海的某一地点。其溢、漏油类,漂浮于海面,要随风浪和表层流而扩散,所能达到的区域,完全由溢、漏油的数量、动力条件和时间决定,有的影响区域可达数百、数千千米,甚至数万千米。排放的其他物质,按其物态、性质、入海后的变化和海水动力、时间等条件,而有不同的影响范围和程度,其与陆地的状态是完全有别的。不论移动(或进入海水后的转化)与否都要传送到一定的区域,并影响该区域的环境及其生物资源。针对这种特点,为尽量减少危害、缩小危及区域,就需要采取相应的措施,并反映到管理的有关制度上来,如海上船舶溢油应急计划,即是根据海面漂油迅速扩散的特点而建立的防范性计划,一旦较大溢油事故发生,主管机构将很快组织实施应急计划,首先是布放围油栏,把漂油圈闭起来,避免随风流扩散,然后进行溢油回收或使用其他方法处理。

2. 防止船舶污染管理

根据船舶在航行中可能发生的污染损害和已形成的管理制度,防止船舶污染管理的主要任务有五项:

(1)船舶防污染证书和防污设备管理

①防污染证书管理。船舶防污染损害证书是船只的重要文书内容。它既是船只的有关证明和实况记录的文件、档案,也是供管理部门和司法处理的调查与取证的原始材料。

国家港监部门,除对国内船舶防污文书实施统一监督管理外,还拥有对外国进入所管辖港口或近海装卸站的船舶的检查和依法处理权,包括通过正式授权官员检查、核实船上是否备有有关的、有效证书,如果船只及其设备条件实质上不符合证书所载情况,或者船只根本不备有有效证书,执行检查的官员应采取措施,以使该船的出海对海洋环境不会产生危害,只有达到这一要求，才能准予开航驶往可供使用的最近的、适当的修船厂等。

②防污染设备管理。各类船舶应按标准配备有关的防污染设备。我国法律规定，凡 150 t 以上油轮、400 t 以上的非油轮，所配备的防污染设备要符合以下要求：机舱污水和压载水分别设置、使用管道系统；设有污油储存舱；装置标准排放接头；装设油水分离或过滤系统；配备排油监控装置（对 1×10^4 t 以上船只要求）以及其他国家、国际规范要求防污设施等。

船舶防污染管理机关，在管辖海域和管辖范围内，对国内外船舶依法执行检查、监督和管理其防污设施的配备、使用。

(2)防止船舶油污染管理

据统计，船舶漏油污染多在以下环节、场合或条件下发生。首先是船只进行油类作业，比如在油轮装卸油、普通船只加油过程中，由于管路、阀门等设备或监管上的原因，发生跑、冒、滴、漏油事故；其次是船只故意、任意或意外地向海洋排放压舱、洗舱、机舱的污水，或其他含油废、污水；再次即是各类海难事故，如碰撞、翻沉、触礁等而产生泄油。

为开展有效的防止船舶油污染管理，必须切实控制船舶溢、翻油的发生及其入海的途径，并尽可能地避免船只海难事故的发生，特别是大型油轮的海难事故。船舶油污染的客观情况决定了防止其油污染的两项基本管理任务：

①预防保护，根据船舶油污染入海途径制定相关的管理制度、标准并监督其贯彻执行。例如，我国防止船舶油污染法律法规中，对船舶油类作业及油水排放规定了具体操作细则和必须排放的含油污染物应达到的标准以及排放的方式方法。其中在技术要求与指标上，一般都具有国际的通用性。

②各类船舶漏油事故的处理，无论是人为事故，还是非抗拒性的灾害事故，抑或既包含人为因素，又包含非人为因素的复杂事故，都需主管部门依法进行处理和对海洋环境不利影响的消除工作。

(3)防止危险货物和有毒物质污染管理

船舶装运易燃、易爆、腐蚀、有毒害和放射性物品,应采取必要的安全与防污染措施,以防止发生事故造成有毒和危险货物散落或溢翻入海,酿成污染灾害。为此,国际海事组织在《国际防止船舶造成污染公约》中,专设了《控制散装有毒液体物质污染的规则》,另外制定了《国际海上危险货物运输规则》等,有关国家对一些重要海域,如波罗的海、地中海等,制定了针对性更强的防止危险品和有毒物质运输的专门制度。我国也根据《海洋环境保护法》和《海上交通安全法》的有关规定,制定、实施了《船舶装载危险货物监督管理规则》《水路危险货物运输规则》等法规。

(4)船舶废水和垃圾管理

船舶是海上的生产、生活“场所”,因此也经常产生“三废”物质,管理或处理好这类废水、废液和垃圾是船舶防污染管理的任务之一。

国际公约规定,船上的生活污水和垃圾或禁止排放、倾倒,或有条件、有控制地排放。比如生活污水的排放,除在特殊情况下(包括为了保障船只及人员安全或处理设备意外损坏而采取适当的预防性措施等),满足规定要求的船只离岸距离在 4 海里之外;运用符合标准的处理设备,排放已经消毒并将其中的固体物质进行了粉碎;排放航速应不少于 4 节,排放速率应掌握在中等程度,不得因排放污水或垃圾造成海水颜色的改变,和形成海面漂浮物等。对船舶垃圾的倾倒也有类似的专门规定,但由于船舶垃圾和废水产生的经常性和排放、倾倒较大的随意性等原因,保护工作存在很多困难。

(5)防止拆船污染管理

拆解报废船只,因船上存留垃圾、残油、废油、油污垢、含油污水和易燃、易爆物质以及其他有毒物品,如无严格的预防措施,就可能发生有害物质排入、渗漏或冲刷、淋溶而进入海洋的污染事故,引起海洋生态环境、生物资源等的损害。

防止拆船污染管理的主要任务如下:

①合理选定拆船厂的具体地点。沿海地方政府和有关主管部门要根据需要与可能,充分注意本地区经济、社会特点,环境与资源状况,统筹规划、合理地选定拆船厂点。

②组织海洋环境影响评价。选定拆船厂址必须进行海洋环境影响评价,对拟选区域的环境与资源状况、社会与经济发展走向、拆船厂的规模及所需条件、拆船工艺技术、防污染方案与措施、预期效果分析等进行论证评价。并据评价编制环境影响报告书或报告表,按不同的工程规模报请各级环境保护部门审查和审批。未获批准者,不得设置拆船厂和开展拆船作业。

关心监察、检查拆船活动,处理污染事故。防止拆船污染的主管部门有权对拆船单位的作业活动进行监督、检查,拆船单位必须实事求是地反映情况,提供有关资料。对发生严重污染或破坏环境的拆船单位,主管部门视情况提出限期治理的意见,并报经同级人民政府批准后执行。如系突发性的污染事件,主管部门在监督单位采取消除或控制措施的同时,会同有关单位组织查处工作。

拆船是一项对环境危害较重的行业,加之绝大多数又在沿海滩涂地带作业,因此,对海岸带自然景观及环境资源影响较大,必须加强监督管理。政策上也要限制其发展。

7.2.3 围填海工程对海洋生态环境的破坏

1. 中国的围填海工程

自1949年至今,中国兴起4次围填海热潮,从围海晒盐、农业围垦、围海养殖转向了目前的港口、临港工业和城镇建设,围填海所发挥的经济效益在逐渐提高。从过去社会经济效益较低的盐业、农业转向了社会经济效益较高的交通、工业、旅游和娱乐产业。

如河北唐山的曹妃甸工业园规划围填海面积310 km^2;河北

黄骅港工程规划围填海面积 121.62 km^2；天津临港工业园规划面积 80 km^2；天津港东疆港区规划总面积 33 km^2；上海南汇临港新城填海规划面积 311.6 km^2，其中需要填海 133 km^2；江苏省大丰市王竹垦区匡围面积 48 km^2。

围填海集中于沿海大中城市邻近的海湾和河口，对生态环境影响大。出于交通便利等因素考虑，填海造地大多集中于沿海大中城市邻近的海湾和河口，造成海湾面积缩小，海岸线缩短，河口湿地面积缩减，海湾污染加剧，水动力减弱。例如，钱塘江河口围垦、珠江口的围涂开发属于河口围海工程。而浙江的大塘港、江厦港、福建的西埔湾、广东的龟海、厦门的杏林海堤属于港湾围海工程。目前，环渤海的重点开发海域经济开发区（如天津滨海新区、河北曹妃甸循环经济示范区、辽宁沿海经济带、黄河三角洲高效生态经济区等）也集中于渤海湾、辽东湾和莱州湾。据专家预测，如果按照目前的围填海速度，至 2020 年渤海的海域面积可能减少 1/10。

中国的围填海项目从立项申请、论证、审批到实施，周期短、速度快，项目论证大多不够充分。许多项目甚至未经最终批准就开始动工。围填海项目在动工后，往往在几年之内就完成初期施工，进入运营阶段。如曹妃甸工业园一期工程 2004 年 10 月 7 日动工，2005 年 11 月完成一期建港，12 月 16 日开始开港通航，施工期历时仅 1 年。这与荷兰鹿特丹港扩建的围填海项目长达 10 余年的立项论证审批过程和历时 5 年的一期施工过程（2008—2013 年）形成鲜明对比。

目前已建立了海洋功能区划制度、海域权属管理制度、海域有偿使用制度、海域使用论证制度、环境影响评价制度、区域用海规划制度 6 项基本制度，并自 2010 年起实施围填海年度计划管理。《海域法》还明确规定：填海 50 hm^2 以上的项目用海和围海 100 hm^2 以上的项目用海应当报国务院审批。然而实际上，出于地方或部门利益，一些大型用海工程为地方领导所支持，常被冠名为“市长工程”或“省长工程”，往往超越各种审批程序，匆忙上马；一些地方性填海项目则采取化整为零、报少填多的措施，将大项目拆成若干小项目，逃避国务院控制，而改由省海洋行政主管部门直接审批，使得实际的围填海面积远远超过上报审批的面积。

2. 近阶段中国大规模围填海原因

(1)经济快速发展、城市化程度提高，对土地的需求急剧增加

近年来，随着中国经济和各项建设的快速发展，土地紧张的矛盾日益突出，特别是东部沿海地区尤为明显。由于国家实行了严格的土地管理制度，加大耕地保护力度，陆地发展空间受限，许多地方把目标转向海洋。实施围填海工程一方面可以增加土地面积，在一定程度上缓解建设用地紧张；另一方面通过出让土地获取土地收益增加财政收入。

(2)填海造地成本较低，巨大的经济利益刺激

现阶段围填海工程不受国家土地政策的控制，海域使用金相对低廉，没有征地搬迁的费用，也没有破坏生态系统的补偿费用。如山东省五垒岛湾和靖海湾的前岛高端制造业聚集区的成本估算表明，滩涂填海成本3万～4万元/a，平均4 m水深的近海海域填海成本约10万元/a，而陆上征用土地的成本在14万元/a以上。

(3)不少地方政府海洋环境意识淡薄

海岸带是中国特殊的宝贵资源，但是长期以来各级政府对海岸带均存在重开发轻保护的倾向。沿海地区政府有些主要官员的海洋对环境意识淡薄，普遍重眼前经济效益而轻视对环境的长期保护，为追求政绩不断上马各种大型工程，这也是造成沿海大规模围填海失控的主要原因之一。

3. 围填海对海岸带环境的影响

(1)海岸带生态系统服务

中国大陆的海岸带北起辽宁省的鸭绿江口，南达广西壮族自

治区的北仑河口，总长度为 18 000 km。此外，中国还有面积大于 500 m^2 的岛屿 6 900 多个，其水陆交界带长度有 14 000 km 左右，中国海岸带拥有丰富的资源，发挥着供给、支持、调节与文化四大类生态服务功能，其可持续利用是沿海入口生存和发展的重要基础和保障（表 7-2）。其中，其供给功能提供各种产品，如食物（包括近岸海域渔产品、海岸带农产品等）、原材料（包括石油资源、矿产资源、纤维资源等）、生活空间、燃料、洁净水，以及生物遗传资源等，是海洋渔业、海洋交通运输业、海洋油气业、海洋化工等产业的基础；其休闲文化功能支撑着滨海旅游业的发展。此外，海岸带还发挥着维持水动力平衡、防洪防涝、净化污染等调节功能，以及维持营养物质循环和生物多样性等重要支持功能。这类生态服务功能直接关系着人类生存环境的安全与健康，也是供给功能和文化功能的基础和保障。

表 7-2　海岸带及海洋各种生境的生态服务功能

生态服务功能		海岸带									海洋		
		河口沼泽	红树林	潟湖及盐池	潮间带	海藻	岩石及贝礁	海草	珊瑚礁	内陆架	大陆架斜坡外缘	海底山脉及山洋脊	深海及中央涡旋
生物多样性		X	X	X	X	X	X	X	X	X	X	X	X
供给服务	食物	X	X	X	X	X	X	X	X		X	X	X
	纤维、木材及燃油	X	X	X							X		X
	医药及其他资源	X	X	X		X			X				

续表

生态服务功能		海岸带									海洋		
		河口沼泽	红树林	潟湖及盐池	潮间带	海藻	岩石及贝礁	海草	珊瑚礁	内陆架	大陆架斜坡外缘	海底山脉及山洋脊	深海及中央涡旋
调节服务	生物调节	X	X	X	X		X		X				
	淡水蓄调	X		X									
	水动力平衡	X		X									
	气候及气体调节	X	X	X	X		X	X	X	X	X		X
	疾病控制	X	X	X	X		X	X	X				
	废物处理	X	X	X				X	X				
	防潮减灾	X	X	X	X	X	X	X	X				
	侵蚀控制	X	X	X				X	X				
文化服务	文化礼仪	X	X	X	X	X	X	X	X	X			
	休闲娱乐	X	X	X	X	X			X				
	美学欣赏	X		X	X				X				
	教育科研	X	X	X	X	X	X	X	X	X	X	X	X
支持服务	生物化学	X	X			X			X				
	养分循环	X	X	X	X	X	X		X	X	X	X	X

注:X 表示该生境具有高生态服务价值。

大规模的围填海是一种严重改变海域自然属性的用海行为,对海岸带的生态环境有着重大和深远的影响。归根结底,表现在大规模围填海超出了海岸带所能承载的范围,使得生物多样性降低,多种资源和服务难以维持,生态服务价值显著下降,严重影响到海洋经济的可持续发展。

(2)围填海对海岸带生态环境的不利影响

目前,中国沿海大规模进行的围填海活动,已经远远超出了自然环境所能承载的范围,带来了一系列严重的生态环境问题,诸如滨海湿地减少、环境污染加剧、渔业资源衰竭、防洪抗涝能力下降等。所有这些生态环境问题可以归结为两个方面:即海岸带生物多样性损失,以及由此造成的生态服务功能显著下降。

①滨海湿地具有涵养水源、净化环境、物质生产、提供多种生物栖息地、调节大气组分、滨海旅游等多种功能,具有重要的生态服务价值。围填海工程使得滨海湿地减少和湿地生态服务价值下降。

根据美国生态学家 Costanza 等的研究成果,全球生态系统的服务价值为每年 33.2 万亿美元,其中海岸带生态系统为 14.2 万亿美元,占总价值的 43%,而这部分价值主要来自包括滩涂、红树林湿地等在内的滨海湿地生态系统,由此可见滨海湿地生态服务功能的重要性。

目前,以围填海为主的海岸带开发活动使中国滨海湿地面积锐减,生态服务价值大幅降低。据报道,新中国成立以来中国累计丧失滨海湿地面积约 $2.19\times10^4\ km^2$,约占滨海湿地总面积的 40%。其中红树林面积由 420 km^2 锐减到 146 km^2,珊瑚礁分布面积也减少了约 80%。

②海洋和滨海湿地碳储存功能减弱,影响全球气候变化。

海洋在全球碳循环中起到重大的作用。海洋不仅代表着体积最大、时限最长的碳汇,而且还储存和再分配 CO_2。地球上 93%左右的 CO_2(4×10^{13} t)是通过海洋来储存和循环的。地球上 50%~71%的各种碳就储存在海洋沉积物中。蓝色碳汇和河口每年捕获和储存 $2.35\times10^{13}\sim4.5\times10^{13}$ g 的碳,相当于全球运输行业排放量(每年估计达到 1×10^{15} g 碳)的一半。

在湿地的众多生态服务功能中,很重要的服务功能之一是湿地还作为巨大的陆地碳库,影响着重要温室气体 CO_2、CH_4 及 N_2O 等的全球平衡。在当今全球气温日趋变暖的形势下,湿地的碳储存功能吸引了各方专家的关注。湿地是陆地上巨大的有机碳储库,是全球碳循环的重要组成部分,在全球气候变化中起着重要作用。

湿地围垦转化为农田、森林、城市或工业等其他用途,都会导致碳储存的损失。此外,天然湿地还通常是温室气体的净汇,对于减少大气温室气体、防止全球气温变暖有重要作用。围填海将滨海湿地转为农业用途，导致湿地失去碳汇功能，转而变为碳源。

③鸟类在生态系统中具有控制森林害虫、维护林木健康、传播种子资源等重要作用。滨海湿地是多种鸟类的栖息地和觅食地。围填海造成的湿地减少也使得许多鸟类无处栖息，湿地鸟类生境受到严重影响。

④底栖生物多样性降低。海洋底栖生物在有机碎屑的分解、调节泥水界面的物质交换、促进水体的自净化中起着重要作用，自身又是鱼虾等经济动物的食物，其生物多样性与渔业资源的维护密切相关。围填海工程海洋取土、吹填、掩埋等造成海域生存条件剧变，底栖生物数量减少，群落结构改变，生物多样性降低，对底栖生物的影响巨大，造成底栖生物群落优势种、群落结构的改变和生物多样性的降低。

⑤景观是包括岩石、表面沉积物、土壤、植物和动物，以及土地形态本身在内的复杂体系。海岸带景观多样性受到破坏。

⑥围填海速度过快，加剧沿海生态灾害风险。历史上的围填海，由于技术比较原始，工程规模较小，进展较为缓慢，海岸带生态系统有足够的时间来适应，因此所受的影响不大。然而，近几十年来，由于填海技术和设备的不断改进，填海造陆的施工进度大大加快，如吹沙填海工艺约 20 d 就可吹填出 1 km^2 陆地，全国每年可轻易围填海数百平方千米。大规模围填海加剧了沿海地区的地面沉降。滨海沙滩淤积形成坚实地面的时间要数百年，目前，中国所有围海造地的沙滩的沉降年龄均不足 100 年，已经给城镇建设带来巨大的风险。在国外，填海区通常要经历 30 年左右的海水冲刷和地表充分沉积才可以大规模建设。

4. 围填海影响海岸带生态环境的因素

大规模围填海造成近岸海域生态环境遭到破坏的因素主要有：

(1)围填海规模过大，又大多集中于港湾、河口等生态脆弱区域

围填海工程平面设计简单，技术手段落后，消耗了大量的天然海岸线、公共可利用海岸线和近岸海域等稀缺资源，使得中小海湾消失，岛礁数量下降，自然景观破坏，滨海湿地丧失，河口行

洪断面缩减，潮流通道堵塞，海湾和河口纳潮量降低，从而造成近岸海域生态环境的严重破坏，海水动力与冲淤环境的严重失衡，以及近岸海域生态服务功能的严重受损。

(2)围填海管理和处置存在漏洞

2002年《海域法》出台以前，围填海处于无法可依、无序可循的局面，管理混乱。造成了围填海泛滥，对海域生态环境破坏严重。许多管理者对资源和环境保护意识的淡薄也造成了围填海审批和实施的放松。2002年《海域法》出台后，围填海管理大大加强。但仍然有不少地区采取各种手段违法围填海，管理和执法都存在漏洞，不少地方海洋主管部门对围填海处于不敢管或管不住的局面，造成实际围填海面积大大高于确权面积。

(3)缺乏生态补偿措施

中国围填海尚未建立有效的生态补偿制度。现有的海域有偿使用制度，是对国有资源的资产从资金上进行保障，提高了海域开发成本，一定程度上遏制了对海域资源的“无序、无度、无偿”开发。但仍然缺乏对生态系统及其服务功能的补偿。近岸海域和海岸带资源正逐步被围填海所蚕食，生物多样性和生态系统服务功能难以恢复。

7.2.4 海水养殖对海洋生态环境的破坏

在全球的海水养殖中，亚洲是主要生产区域，生产了海水养殖总产量的89.2%，其次为欧洲、美洲、大洋洲和非洲(图7-1)。世界上海水养殖的主要生产国有中国、菲律宾、印度尼西亚、韩国、日本、智利、挪威、朝鲜、泰国和西班牙等。最近10年来海水养殖发展较快的国家有墨西哥、缅甸、印度尼西亚、越南和巴西，年增长率超过15%以上，土耳其和泰国的发展速度也较快，年增长率超过10%；西班牙、法国、日本、马来西亚和朝鲜的海水养殖发展相对稳定；荷兰海水养殖出现了较大幅度的下降；中国的发展速度为5.2%，低于世界平均水平(5.5%)。

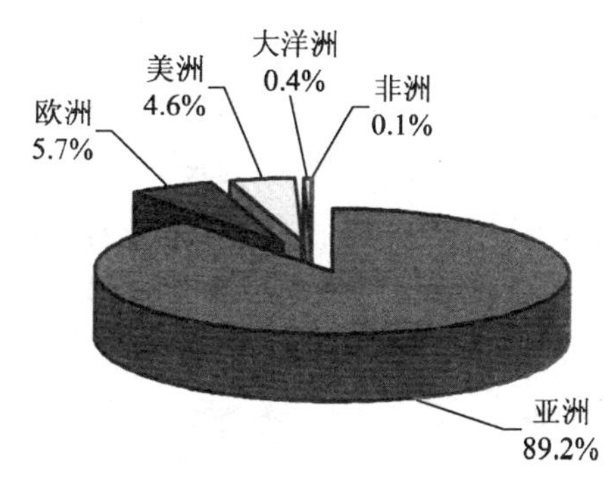

图 7-1　世界各大洲占海水养殖产量的比例

近年来水产养殖业以其巨大的发展潜力向人们提供大量的优质蛋白，对解决粮食紧缺具有重要意义。

1. 不同的养殖方式对环境的影响

海水养殖影响水体浊度，pH 值、溶解氧、营养盐的改变，使底泥环境污染恶化。其原因主要有：养殖生物大量的排泄物和残饵的长期累积超过环境的承受力；放养密度不合理；育苗废水直接外排，使局部水域海水中氮、磷元素增加，透明度下降，加重了水体富营养化。

(1)网箱养殖

海水网箱养殖系统是一种高密度、高投饵的人工养殖生态系统。网箱养殖一般不使用药浴的方法防治鱼病，通常采用注射疫苗和投入药饵的方法，投放的饵料蛋白质的含量较高，当养殖水体排放时，氮、磷排放量，有机物、悬浮物的排放量都有所增加。因此残饵、粪便和养殖动物的尸体等是引发环境问题的主要污染源，再加上网箱养殖区布局不合理，通常设在水交换率较低的内湾，当养殖容量超出了海域的环境容量，就会引发一系列的生态环境问题。网箱养殖产生的废物(有机物)沉积到海底，导致海底表面沉积物增加，底质的需氧量增加，造成沉积物环境缺氧。厌氧状态下，异氧细菌将有机物分解为硫化氢和氨，引起底质中硫化物增高。

(2)滩涂养殖

滩涂养殖主要以贝类为主。贝类作为一种滤食性动物，具有很强的滤水能力，高密度的养殖必然会对生态系统产生影响。对海岸环境造成的影响包括生物沉积物和营养盐再生。滤食性贝类并不能全部利用所过滤的食物,大部分以粪便的形式排出。因多种贝类的共同养殖而排出的大量粪便改变了海底沉积物的成分,影响底栖生态环境。生物沉积物经再悬浮和矿化后又可以重新进入水体,增加了水体的营养盐浓度,使得在夏季藻类大量繁殖,增加了赤潮发生的可能性。另外,贝类的筏式养殖改变了水体流速和水流方向,降低流速会导致养殖区域内悬浮物的淤积。

(3)池塘养殖

池塘养殖以对虾养殖最具有代表性,绝大多数对虾的养殖是在土池中进行的,大多数虾池都是在沙滩上直接排污,污染了附近的海水和沙滩,使得近岸海域淤泥沉积、海水变浑浊。对虾养殖过程中,水体中大量的营养物质主要来源于人工合成饵料的投入、残饵的分解、对虾的排泄物等。当大量富含营养物质的养殖水体排放进入近海海域后,造成水域中营养物质增高,水中溶解氧降低,导致沿海海域的污染。

2. 水产养殖对生物多样性的影响

目前,海水养殖种苗主要采用天然种苗和人工育苗。人工育苗解决了多数种类的苗种供应,但由于野生种苗更健壮,价格是人工苗的2倍以上,因而海上捕苗始终没有停止过。滥捕野生种苗,不仅破坏了相应种类的野生资源,还会对其他生物资源造成危害,使生物多样性降低。

7.2.5 海洋倾废对海洋生态环境的破坏

1. 海洋倾废概述

海洋倾废,即利用运载工具将废弃物倾倒入海,包括类似手段的海上弃置。倾废的概念有其时代的内容,在《1972年伦敦公约》之后的30多年间,海上倾废的方法有着不少变化,因此公约的适用范围或包括的内容也有其需要变更之处,比如现在发展很快的管道排污,在适用有关海底管道铺设规定时,就其倾废性质,也应该有倾废管理参与其中，才会产生更好的环境效益。

一些有害物质在陆地上处置妨碍生产和人们生活，甚至会危害人体健康，而海洋有一定的自净能力，海洋为这些废弃物的处理提供了一个途径和场所。

除陆源污染物排海之外，海上倾废也对海洋环境影响很大。世界沿海各国每年都有数量很大的废弃物倾入海洋。我国仅港口疏浚泥和部分生产废渣、粉煤灰等每年倾倒量就达 5×10^7 m^3 左右，这些物质虽然所含有害成分数量很低，属于《1972年伦敦公约》允许倾倒范围，但毕竟数量较大，对海洋环境质量总有一定的不利影响。多年来因海上倾倒废弃物破坏海洋环境和资源，并造成重大经济损失的事件，不但没有减少，反而有增长的势头。海上倾废的形势，要求沿海国家切实履行《1972年伦敦公约》，加强对海洋倾废的管理。

但是，海洋相对地球其他区域是最为活跃的区域，海洋里有众多的海流流动不已，波浪无时无刻不在搅动着水体，还有巨大的净化能力、无可比拟的生物界。再者，海洋与人类虽然关系密切，可是与森林、平原、城市和乡村相比较总还有着差距，因此，利用海洋的空间，分担一部分人类生产、生活必定产生的“三废”，是合乎人类总体与长远利益的。

绝对禁止向海洋倾倒适量的废弃物的做法，既是不合理的，也是行不通的。如何做到适量倾倒，是个比较困难的问题，不过，以现在的科学技术，只要严格地进行倾废管理工作，还是能够解决的。

2. 海洋倾废的生态影响

海洋倾废是利用船舶、航空器、平台或其他运载工具向海洋处置废物及其他物质的行为。包括向海洋弃置船舶、航空器、平台和海上人工构造物的行为。这类运载工具正常作业产生的废弃物的弃置不属于倾废。倾废与船舶排污有着本质的区别。倾倒的废弃物多数是在陆地上或港口岸边产生的，由船舶及其他运载工具运送到海上处置，而处置又是唯一的目的。由于海洋倾废具有倾倒的地点是人为选划的,污染范围也不固定,倾废物有陆源和海源的特点,因而防控需要区域或全球范围内进行合作。

此外,长期的倾废还能改变底栖生态系统的结构和功能。

长江口巷道整治工程是上海市国际航运中心建设重要组成部分之一。为了避免因工程施工和营运期间对施工海区及其附近滨海滩涂湿地生态环境的影响,建设单位遵照《中华人民共和国海洋倾废管理条例》(同[1985]34 号)、《中华人民共和国海洋倾废区管理暂行规定》(国家海洋局,2004)和《疏浚物海洋倾倒生物学检验技术规程》(2003),进行了工程一期、二期和三期(1998—2009 年)疏浚物倾倒区选划和论证及实施,委托海洋监测部门进行工程海域环境监测,疏浚物动态、生物生态和栖息生物的现状调查与影响评价,为工程的可行性,提出了比较客观、科学的结论。因为这项工程重大、疏浚物量多,而选划的倾倒区又与长江口生态敏感区如中华鲟保护区、鳗鱼捕捞禁渔区比较靠近,倾废与生物生态的矛盾比较突出,所以,我们选择长江口深水航道整治工程疏浚物倾倒对工程海域生态环境的负面影响作为典型代表进行分析讨论。没有可能、也没有必要对每一个工程的倾废的负面影响做全面分析。

根据工程施工期和营运期在工程海域和倾倒区监测结果,我们提出的主要生态环境问题认识是:在一定海域内集中倾倒大量疏浚泥,对倾倒区及邻近海域环境产生的主要影响是破坏了局部区域的海床的冲淤平衡,造成局部海域水下地形的明显变化(主要是变浅);倾倒的新泥完全覆盖了原有底栖生物的生存环境,造成倾倒区沉积环境的明显改变,并直接导致底栖生物生存环境的破坏;另外,疏浚泥在水中停留过程中溶出的部分化学物质以及倾倒过程中引起的悬浮物浓度的增加将随着水流的作用影响倾倒区周边水域的水质环境。相比较而言,对沉积环境及底栖生态的影响较大,但范围小;而对水质的影响相对微弱,但范围广。

在水动力的作用下,倾倒行为对于邻近海洋功能区存在影响,特别是对敏感区的影响是应当重点关注的。比如,对于整个捕捞区以及中华鲟自然保护区的影响虽然不是立即就能显现出来的,但是引起水质的变化会影响到鱼类及中华鲟的生活习性，并最终引起整个海域渔业资源以及中华鲟资源分布的明显变化，随着时间的推移和影响效应的累积，这种变化将滞后表现出来。

(1)工程疏浚物的生态影响

①对生物栖息环境影响回顾分析。航道施工对局部海域水质的悬浮物、溶解氧、化学需氧量、硅酸盐含量存在一定程度影响，挖泥、疏浚等工程行为使底层沉积物中硅酸盐、重金属等重新释放，这对它们空间分布的影响很大。油类的空间分布受过往船舶的油污排放影响很大，但工程海域环境整体质量良好，并无恶化趋势。大多数水质理化指标符合一类或二类海水水质指标，无机氮和活性磷酸盐是工程海域水质的主要超标因子。无机氮含量状况均超四类海水水质标准，活性磷酸盐指标大部分海域符合二、三类或四类海水水质标准，只有小部分海域超四类海水水质标准。

②对生态影响分析。在局部施工区的浮游生物多样性指数下降明显，而底栖动物平均栖息密度明显大于一期工程，但种类有所改变；北导堤附近水域的底栖动物种类组成极为贫乏，生物量小。

航道二期工程的施工造成了附近海域水动力场的变化，航道流速加快，渔场面积减小，鱼类索饵育肥区域有所改变并缩小。洄游路线的改变以及施工中产生的疏浚泥沙和悬浮物都会影响鱼卵和仔鱼的发育，可能会对渔业资源(主要为中华鳌蟹蟹苗、中华绒螯蟹、日本鳗鲡、凤鲚和刀鲚)造成一定的影响，可以通过人工增殖放流等生态修复工程逐步恢复。

(2)对主要功能区(航道除外)生态影响预测

工程拟选划倾倒区及其附近海域共涉及的主要功能区有：九段沙湿地生态自然保护区、崇明东滩湿地候鸟保护区、长江口中华鲟自然保护区、长江口锚地、长江口捕捞区、横沙浅滩围垦区和长江口鳗鱼捕捞禁渔区。

由于各主要功能区和拟选划倾倒区的距离不一，各倾倒区周边海况差异明显，因而受倾倒区倾倒施工等活动的影响程度不同，具体影响预测见表7-3。

表 7-3　工程选划倾倒区对主要功能区影响

类型		工程已用倾倒区					工程拟设倾倒区			
		2#	3#	6#	9#	吹泥站(C1、C2、C3、C4)	7#′	7#	8#	10#
保护区	九段沙湿地生态保护区	距离 14 km，涨潮时少量悬沙进入，有利促淤	距离 15 km，深水航道相隔，影响小	距离 3 km，落潮时少量泥沙进入，有利促淤	距离 7 km 鱼咀工程，无影响	平均距离 7 km，深水航道和南导堤阻挡，无影响	距离 21 km，较远，无影响	距离 25 km，较远，无影响	距离 25 km，较远，无影响	距离 3 km，南导堤和丁坝阻挡，无影响
	崇明东滩湿地候鸟保护区	距离 56 km，无影响	距离 50 km，无影响	多深槽、岛屿相隔，不受影响	多深槽、岛屿相隔，不受影响	深槽、岛屿和海堤相隔、无影响	距离 56 km，无影响	距离 58 km，无影响	距离 65 km，无影响	深槽、岛屿相隔，不受影响
	长江口中华鲟保护区	距离 54 km，很远，影响微弱	距离 45 km，很远，影响微弱	多深槽、岛屿相隔，不受影响	多深槽、岛屿相隔，不受影响	深槽、岛屿和促淤坝相隔、影响微弱	距离 51 km，很远，影响微弱	距离 52 km，很远，影响微弱	距离 57 km，很远，影响微弱	多深槽、岛屿相隔，不受影响

续表

类型		工程已用倾倒区					工程拟设倾倒区			
		2#	3#	6#	9#	吹泥站(C1、C2、C3、C4)	7#′	7#	8#	10#
锚地	长江口1、2和3号锚地	平均距离21 km，影响微弱	平均距离22 km,影响小	相距甚远，不受影响	同6#	同6#	平均距离15 km,影响小	平均距离9 km，涨潮时有轻微影响	平均距离13 km，影响较小	平均距离38 km，影响微弱
捕捞区	长江口捕捞区	对倾倒区附近渔网有影响	同2#	影响较小	影响小	对北槽航道附近渔网有一定的影响	同2#	对长江口渔场有一定影响	对长江口渔场有一定影响	无影响
围垦区	横沙浅滩围垦区	距离较远，影响小	同2#	距离远，导堤和深槽相隔，不受影响	距离42 km，影响很小	部分泥沙进入横沙浅滩，加速其淤高成陆	同2#	同2#	同2#	北槽相隔，北导堤阻挡，无影响

①对浮游植物的影响预测分析。工程以疏浚工程为主，对浮游植物产生的影响主要因素是悬浮疏浚物。在疏浚物吹、抛泥作业及其挖掘施工量比较大时，水体悬浮物浓度可能会超四类水质标准，会造成在一定范围内的浮游植物生长受抑制，但这不是永久的和大范围的，而是局部和暂时的。随着这些间断性和暂时性抛泥活动的终止，局部海域的水环境和浮游植物又会逐步恢复。从整体看工程建设不会对工程海域的浮游植物造成大的明显的不良影响。

②对浮游动物的影响预测分析。水体中浮游植物是水域中次级生产力——浮游动物的主要饵料。在疏浚倾倒过程中，倾倒区海域随着浮游植物数量的降低，浮游动物也会在数量和种类组成上发生一定的变化。由于疏浚活动是间歇性和暂时性的，海域环境又是可恢复的，因而这种影响会随着施工结束而逐渐减弱和消失。

③底栖生物的影响预测分析。工程以疏浚为主，在挖泥和抛吹倾倒过程中对底栖生物有一定的影响。在深水航道疏浚作业期间，作业段的底栖生物将随疏浚泥被挖起后完全被破坏；在倾倒和吹泥过程中，疏浚泥会将倾倒区和吹泥区的大部分底栖生物掩埋，会造成部分底栖生物没及时逃离而窒息死亡。根据抛泥倾倒区附近水域底栖生物的平均生物量(5.45 mg/L)及倾倒区实际面积(19.23 km^2)，推测拟选倾倒区内底栖生物损失量 104.80 t/a。随着工程疏浚施工的结束，在一定时间内，这些区域又将逐步恢复并形成新的底栖生物群落结构。

④对渔业生态及生产影响预测。工程疏浚泥抛、吹入倾倒区会引起局部海域悬浮物增加，导致局部范围内水体浊度增加，生物资源受影响，从而直接或间接地影响渔业资源数量和渔业生产。另外，施工中疏浚泥沙和悬浮物影响鱼卵和仔鱼的发育，因而也会对渔业资源造成一定的影响。拟选划倾倒区周围基本上都是为长江口捕捞区，新增设的 7＃、7＃′、8＃、10＃倾倒区(四选三)会占用一定原有捕捞区海域(10.4 km^2)，倾倒区施工时会破坏倾倒区周围捕捞区内的渔网，对倾倒区附近的捕捞业造成一定的影响。运营区内在不同程度上会限制部分水域禁止捕捞作业，这也将减少一部分渔业产量。对海洋渔业资源损失量的估算结果表

明，拟选倾倒区作业对渔业资源的损失量估计约为 345.65 t/a。

由于长江口水域辽阔，而倾倒区的范围有限，上述对渔业资源的影响范围也是有限的，主要局限在倾倒区附近，而且这种影响是可逆的，随着倾倒活动的结束可逐步自行修复。

7.2.6　海洋生态环境退化的表现

海洋生态环境的退化主要表现在以下几个方面。

1．水质和底质质量降低

海水水质严重偏离正常的海水质量，如溶解氧降低或枯竭，各种营养盐、各种有毒污染物和溶解有机物质严重超标，海水 pH 值剧烈改变，沉积物氧化还原电位改变等。在这样的环境中，海洋动植物存活、生长更加艰难，生物多样性难以为继。

2．生境丧失

由于海洋生物栖息的各种生境丧失（特别是滩涂、海湾、海底森林等重要生境），海洋底质组成与状态改变，海水物理状态（如透明度等）改变，致使产卵场、索饵场、越冬场受到严重破坏或消失，海洋生物的生命活动受到严重影响。

3．海洋生物退化和消失

海洋生物体内污染物质含量会增多，物种退化，表现在生物个体变小，性成熟提前，个体数减少。大量海洋物种消失，海洋生物物种结构失调，致病生物增多，严重者导致海洋荒漠化发生。

4．海洋生物多样性降低

由于各种海洋生物，如微生物、浮游生物、底栖植物、底栖动物、游泳动物等不断退化，导致海洋生物多样性降低，食物链缩短，渔业资源衰退。

5．海洋生态系统功能降低

海洋物种消失和生境的丧失导致生态系统结构受到破坏，从而影响到海洋生态系统物质循环、能量流动和信息传递,海洋生态系统的功能降低。

7.3 退化海洋环境的生态修复

7.3.1 生态修复的基本原则

一般包括自然原则、社会经济技术原则和美学原则三个方面,如表 7-4 所示。

表 7-4 生态修复原则

<table>
<tr><td rowspan="3">生态修复原则</td><td rowspan="3">自然原则</td><td>地域性原则</td><td>区域性原则
差异性原则
地带性原则</td></tr>
<tr><td>生态学原则</td><td>主导生态因子原则
限制性与耐性定律
能量流动与物质循环原则
种群密度制约与物质相互作用原则
生态位与生物互补原则
边缘效应与干扰原则
生态演替原则
生物多样性原则
食物链与食物网原则
缀块—廊道—基底的景观格局原则
空间异质性原则
时空尺度与等级理论原则</td></tr>
<tr><td>系统学原则</td><td>整体原则
协同恢复重建原则
耗散结构与开放性原则
可控性原则</td></tr>
</table>

续表

生态修复原则	社会经济技术原则	经济可行性与可承受性原则 技术可操作性原则 社会可接受性原则 无害化原则 最小风险原则 生物、生态与工程技术相结合原则 效益原则 可持续发展原则
	美学原则	景观美学原则 健康原则 精神文化原则

自然原则是生态修复与重建的基本原则，只有遵循自然规律的修复重建才是真正意义上的修复重建，否则只能背道而驰；社会经济技术原则，是生态修复的基础，在一定尺度上制约着修复的可能性、水平和深度；美学原则，是指退化生态系统修复重建应给人们以美的享受，并保证对健康有利。生态修复与重建技术方法的选择要求：在遵循自然规律的基础上，根据自然原则、社会经济技术原则、美学原则的三个方面，选择技术适当、经济可行、社会能够接受的生态修复方法，使退化生态系统重新获得健康并为人类提供必需的服务。

7.3.2　自然生态修复

对于海洋生态系统破坏较轻的生态系统需要的海洋生态修复为自然生态修复。

1. 人工鱼礁建设

人工鱼礁为鱼、虾、贝、藻和各种海洋生物提供稚鱼庇护，同时成为鱼类栖息、索饵和产卵的场所，因而成为渔业生态环境修复的重要方法之一。

为改善近海鱼类栖息环境，自21世纪初开始在南海实施人工鱼礁工程。人工鱼礁建设对整治海洋国土、建设海上牧场、调整渔业产业结构和配合大农业改革、促进海洋产业优化升级、修复和改善海洋生态环境、增殖和优化渔业资源、拯救珍稀濒危生物和保护生物多样性、促进海洋经济快速、持续、健康发展等具有十分重要的战略重义。根据近年来的监测评价，发现人工鱼礁建设对维护近海渔业生物多样性具有积极作用，但投放人工鱼礁设施引起环境改变，是否会产生负面影响尚需进一步验证。

设置人工鱼礁的投资比较大，要避开泥质底和高低不平的海底。

2. 人工增殖放流

近年来，华南三省区在南海北部（主要在沿岸海湾、河口区）开展了人工增殖放流，其效果取决于放流后种苗的成活率，而成活率则取决于放流种苗的质量和放流渔场的生态条件。目前，广东省用于放流的种苗大部分是人工繁殖和培育的，其自然的生态习性已发生了变化，在自然海域中捕食能力差，躲避敌害能力弱，抗击环境突变能力不强。为了适应放流后生存环境的变化，要不断地改善和提高种苗生产技术，生产健壮的、变异畸形少的种苗，而且还要通过中间培育培养大规格种苗和进行适当的野化训练，以提高放流种苗的成活率。另外，过去的放流品种较单一，特别是海水鱼类品种比较少。今后，在实施人工放流增殖时，要充分考虑放流海域的生态特点和种类结构，选择适当的生物品种，以保护生物的多样性。放流渔场可与人工鱼礁建设相结合，与水产自然保护区和幼鱼幼虾保护区建设相结合，以促进渔业资源的有效恢复。

经过多年的实践，中国海洋经济生物增殖放流技术日臻成熟，放流规模不断扩大，目前适合增殖放流的种类已达到近20种，其中不乏珍稀保护种类。在黄渤海地区，放流的有虾类、海蜇、三疣梭子蟹、牙鲆、菲律宾蛤仔、毛蚶等品种。

3. 控制和削减捕捞强度

(1)降低捕捞强度

据最近的渔船普查，南海北部沿海大陆三省区无证和证件不齐的渔船达3万多艘。新《渔业法》要求我国将逐步实行限额捕捞制度。根据目前南海渔业资源的特点和渔业的实际情况，可以逐步降低捕捞强度，在较长时间后过渡到渔获量的监控。目前应从渔具渔法的限制入手，包括限制底拖网数量和网目规格、加强近海渔业管理等。

(2)引导渔民转产转业

沿海渔民转产转业是新的历史发展时期我国和整个南海渔业结构调整和可持续发展的重大战略举措，南海三省(区)政府和有关主管部门十分重视，做了周密的部署和安排。主要通过发展海水养殖业、水产品流通加工业、远洋渔业、休闲渔业、渔需后勤服务业等，为渔民转产转业提供机会；通过各种方式宣传和培训，提高渔民的生态环境意识，在减低近海渔业资源和生态环境压力的同时，促进安全、绿色、低碳的生态养殖和环保加工产业的发展。

7.3.3　人工促进生态修复

1. 人工促进生态修复的常用方法

由环境污染、生境破坏等因素导致的海洋生态环境的退化，在自然条件下可以通过海洋生态系统的自我调节机制慢慢恢复，但自然恢复速度极为缓慢，因此常用的方法是进行人工生态修复。

(1)减少污染物入海量，改善水质

海洋环境污染导致海域水质退化，是造成海洋环境退化的主要原因之一。各种污染物进入海洋，极大地影响海洋环境中的各个生态因子，使生态系统结构和功能受损。特别是在长江口、黄河口、珠江口等海域，其流域中大量污染物进入，使这些海域呈现严重污染状态。因此，要修复退化的海洋生态环境，首要问题是减少污染物入海量，使入海污染物总量低于海洋环境容量，改善水质，通过海洋生态系统的自身修复机制，辅以其他修复手段，恢复海洋生态系统健康。

(2)生境修复

生境是指具体的生物及其群体生活的空间环境，包括该空间环境因子的总和。生态系统空间异质性的降低和生物多样性的减少，导致生态系统不稳而退化。常见的海洋生态环境破碎化表现在以下几个方面。

①海水空间的减少和海水质量的退化。由下列因素引起：海洋污染和海水富营养化，近海工程引起海水动力条件的改变，河流入海径流降低达不到河口水域的生态需水量等。

②近海水域、滩涂、红树林丧失。主要由海洋围垦、沿海工程、海水养殖活动引起。

③海草床和海藻床退化消失。影响因素有：海水富营养化导致透明度降低，使海底生活的海藻和海草得不到充足的光线；海水富营养化还会引起浮游生物大量繁殖，从而影响到底生的海藻、海草的生长；海洋渔业和其他人类活动；地震、台风、海啸等自然因素；海底动物的利用过度和竞争。

④海底状态的破坏。由海洋渔业活动(如底拖网)，海底工程、采砂等造成。

因此，可以针对生境丧失和破碎化的原因，采取相应的措施，对生境进行修复。主要方法有：①控制污染，提高海水水质，保护海洋环境；②拆除相关工程设施，禁止违法海底作业；③通过海洋生物保护和移植进行生物修复。

(3)生物修复

生物修复方法应用前景非常广阔。但由于实际操作比较复杂，目前仍处于实验阶段。生物修复包括微生物修复、大型海藻修复、贝—藻等生物修复等。

①微生物修复。海洋中虽然存在着大量可以分解污染物的微生物，但由于这些微生物密度较低，降解速度极为缓慢。特别

是有些污染物质由于缺乏自然海洋微生物代谢所必需的营养元素，微生物的生长代谢受到影响，从而也影响到污染物质的降解速度。

海洋微生物修复成功与否主要与降解微生物群落在环境中的数量及生长繁殖速率有关，因此当污染的海洋环境中很少有甚至没有降解菌存在时，引入数量合适的降解菌株是非常必要的，这样可以大大缩短污染物的降解时间。而微生物修复中引入具有降解能力的菌种成功与否与菌株在环境中的适应性及竞争力有关。

环境中污染物的微生物修复过程完成后，这些菌株大都会由于缺乏足够的营养和能量来源最终在环境中消亡，但少数情况下接种的菌株可能会长期存在于环境中。

②大型藻类移植修复。大型藻类不仅能有效降低氮、磷等营养物质的浓度，而且能通过光合作用，提高海域初级生产力；同时，大型海藻的存在为众多的海洋生物提供了生活的附着基质、食物和生活空间；大型藻类的存在对于赤潮生物还起到了抑制作用。因此，大型海藻对于海域生态环境的稳定具有重要作用。

许多海区本来有大型海藻生存，但由于生境丧失(如污染和富营养化导致的海水透明度降低使海底生活的大型藻类得不到足够的光线而消失)、过度开发等原因而从环境中消失，结果使这些海域的生态环境更加恶化。由于大型藻类具有诸多生态功能，特别是大型藻类易于栽培后从环境中移植，因此在海洋环境退化海区，特别是富营养化海水养殖区移植栽培大型海藻，是一种对退化的海洋环境进行原位修复的有效手段。目前，世界许多国家和地区都开展了大型藻类移植来修复退化的海洋生态环境。用于移植的大型藻类有海带、江蓠、紫菜、巨藻、石莼等。大型藻类移植具有显著的环境效益、生态效益和经济效益。

在进行退化海域大型藻类生物修复过程中，首选的是土著大型藻类。有些海域本来就有大型藻类分布，由于种种原因导致大量减少或消失。在这些海域，应该在进行生境修复的基础上，扶持幸存的大型藻类，使其尽快恢复正常的分布和生活状态，促进环境的修复。对于已经消失的土著大型藻类，宜从就近海域规模引入同种大型藻类，有利于尽快在退化海域重建大型藻类生态环境。在原先没有大型藻类分布的海域，也可能原先该海域本来就不适合某些大型藻类生存，因此应在充分调查了解该海域生态环境状况和生态评估的基础上，引入一些适合于该海域水质和底质特点的大型藻类，使其迅速增殖，形成海藻场，促进退化海洋生态环境的恢复。也可以在这些海区，通过控制污染、改良水质、建造人工藻礁，创造适合于大型藻类生存的环境，然后移植合适的大型藻类。

在进行大型藻类移植过程中，可以以人工方式采集大型藻类的孢子令其附着于基质上，将这种附着有大型藻类孢子的基质投放于海底让其萌发、生长，或人为移栽野生海藻种苗，促使各种大型海藻在退化海域大量繁殖生长，形成茂密海藻群落，形成大型的海藻场。

③底栖动物移植修复。底栖动物中有许多种类是靠从水层中沉降下来的有机碳屑为食物，有些可以过滤水中的有机碎屑和浮游生物为食，同时许多底栖生物还是其他大型动物的饵料。在许多湿地、浅海以及河口区分布的贻贝床、牡蛎礁具有的重要生态功能。因此底栖动物在净化水体、提供栖息生境、保护生物多样性和耦合生态系统能量流动等方面均具有重要的功能，对控制滨海水体的富营养化具有重要作用，对于海洋生态系统的稳定具有重要意义。

在许多海域的海底天然分布着众多的底栖动物，例如江苏省海门蛎蚜山牡蛎礁、小清河牡蛎礁、渤海湾牡蛎礁等。但是自20世纪以来，由于过度采捕、环境污染、病害和生境破坏等原因，在沿海海域，特别是河口、海湾和许多沿岸海区，许多底栖动物的种群数量持续下降，甚至消失，许多曾拥有极高海洋生物多样性的富饶海岸带，已成为无生命的荒滩、死海，海洋生态系统的结构与功能受到破坏，海洋环境退化越来越严重，甚至成为无生物区。

为了修复沿岸浅海生态系统、净化水质和促进渔业可持续发展，近二三十年来世界各地都开展了一系列牡蛎礁、贻贝床和其他底栖动物的恢复活动。在进行底栖动物移植修复过程中，在控制污染和修复生境的基础上，通过引入合适的底栖动物种类，使其在修复区域建立稳定种群，形成规模资源，达到以生物来调控水质、改善沉积物质量，以期在退化潮间带、潮下带重建植被和底栖动物群落，使受损生境得到修复、自净，进而恢复该区域生物多样性和生物资源的生产力，促使退化海洋环境的生物结构完善和生态平衡。

为达到上述目的，采用的方法可以是土著底栖动物种类的增殖和非土著种类移植等。适用的底栖动物种类包括：贝类中的牡蛎、贻贝、毛蚶、青蛤、杂色蛤，多毛类的沙蚕，甲壳类的蟹类等。例如，美国在东海岸及墨西哥湾建立了大量的人工牡蛎礁，研究结果证实，构建的人工牡蛎礁经过二三年时间，就能恢复自然生境的生态功能。

2. 石油污染修复技术

(1)物理修复法

物理修复法就是借助于机械装置或吸油材料消除海面和海岸的油污染。这是目前国内外常用的处理溢油的方法，适用于较厚油层的回收处理。

①围油栏。

其原理是采用巨大的浮物在水面上形成围油栏将溢油海域围住以防止油扩散，主要用来处理一些突发性的油泄漏及海洋石油开采的喷油事故等。目前我国所有已投产的海上油田都配备了400～500 m以上长度的围油栏。

围油栏是防止溢油扩散的必要设备，其作用为：

a. 封锁和控制到港、离港的油船、炼油厂、油库及触礁油船所发生的溢油。

b. 控制海上漂浮的污染物和拆船过程中造成的油污染。

c. 控制海滨浴场、海上渔场和河流、湖泊的油污染。

海上溢油事件发生后，最先采用的方法就是使用围油栏来防止溢油大面积的扩散。大连海域被石油污染后，辽宁海事局在溢油水域布设了7 000 m的围栏，由20多艘清污船舶对海上油污进行清除。清理海滩浮油也是一项重大的工程，墨西哥湾沿岸各州设置了充气式围油栏，密西西比河入海口一带的路易斯安那州沿海湿地采用建造“障壁岛”、设置阻油带等措施清除油污。

②吸附法。

利用吸油材料吸附海面溢油，是一种简单有效的治理溢油的装置，适用于浅海和海岸边及比较平静的场所。

聚丙烯纤维是当前使用最为广泛的吸油材料，它是利用自身具有疏水亲油的特征和聚合物分子间的空隙包藏吸油，这类吸油材料原料来源广泛，价格较低，使用安全，在含油废水的净化处理中发挥着重要的作用。

除了专用的吸油毡、吸油棉等吸油材料外，头发、丝袜、手套等也是良好的吸油材料。墨西哥湾漏油事件发生后，麦克罗利通过海獭的皮毛被石油浸透的现象，设想头发能够有效地吸收油分，并用实验证实了自己的猜测。一般情况下，头发和皮毛能吸收相当于其本身重量4倍至6倍的油，1磅(0.454 kg)头发能够吸收多达1加仑(3.79 L)原油。美国民众纷纷捐献毛发、尼龙丝袜等吸油材料来清除海水中的油污。同样，大连海域受到石油污染后，市民收集头发50斤(25 kg)左右，手套650余副，丝袜2 000多双来拯救受原油污染的大连海洋环境。

③机械法。

油回收船通常是双体船，两个船体之间装有一个氨基甲酸乙酯制的滚筒在海面旋转吸收浮油。墨西哥湾漏油事故发生后，由台湾海陆运输公司制造的“世上第一艘大型除油船”也参与了海上石油清污工作。这艘浮油回收船是利用鲸鱼吸水排水的原理，在船侧开凿12个吸水口，将浮油吸进船舱内，经油水分离后，再将海水排出。“鲸”号船身有3个半足球场长，10层楼高，每天可抽取多达50万桶被原油污染的海水，即每天可收集大约7.95×10^{7} L油水混合物并加以分离。分离后，油污将被转移到另一艘船，而干净的海水则会被排放回墨西哥湾。

同样，在大连海域石油污染后，为了及时展开海上清污工作，国家海洋局调来了4艘大马力高效率的海上收油船舶进行海域收油作业，仅几天时间，这4艘船收集上来的油污多达280 m^3。此外，还有21艘清油船、15艘辅助船，以及800余艘渔船在大连新港海域清污，预计当日回收油污可达160 t。

(2)化学处理方法

海水受到石油污染后，除了采用一些常用的物理方法外，也通常采用投加化学药剂的方法消除海水中的石油，常用的化学药剂包括溢油分散剂、凝油剂和集油剂等。

在处理海洋油污染时使用化学药剂，不论其有无毒性都是不适宜的。这是因为：分散开或沉降的石油不仅依然存在于海洋环境中，而且变得更易于被生物吸收或同化；另外，许多化学药剂对生物的毒性比石油还强。因此，一些国家对使用化学药剂处理海洋油污染做了一定的限制和规定。瑞典的生物学家们认为，即使使用低毒性乳化剂，也会对海洋生物造成伤害。所以瑞典在处理油污染时一般不使用乳化剂。在日本，考虑到沉降到海底的石油对底栖动物危害更大，几乎不使用沉降剂。

尽管这些化学药剂能在短时间内清除大量的石油，但是即使无毒无害的药剂使用后也不可避免地对环境造成一定的负面影响。例如，英国在处理海上石油污染时使用乳化剂，曾造成海鸟大量死亡。

为了缓解墨西哥湾的漏油压力，英国石油公司(BP)使用了至少190万加仑的石油分散剂，据称这些分散剂属于禁用物品。分散剂与原油结合后，会生成毒性更强的物质，并随着分散开的石油向沿岸扩散。这些有毒混合物中的芳烃是病因的罪魁祸首，能致癌、诱发有机体突变和导致畸形。附近的渔民因受到了有毒分散剂的影响，表现出一系列的症状，如整夜盗汗、经常腹泻、身上出现许多白色小泡、喉咙痛等，根据调查发现，墨西哥湾沿岸患有各种怪病的人数快速增加。由此可见，用化学药剂处理石油时要综合考虑所加药剂的种类、浓度及其可能产生的负面作用。

(3)生物治理技术

物理方法常存在吸油效率低的问题，化学法投加药剂可能会带来一定的负面影响，而生物处理方法能够有效清除海面油膜和分解海水中溶解的石油烃，并且费用低、效率高、安全性好，被认为是最可行、最有效的方法。

①生物表面活性剂的应用及影响。

化学合成的表面活性剂在生产和使用过程中常常会出现严重的环境污染问题，而微生物产生的表面活性剂既能加速石油降解，又不至于对环境产生负面影响。

②向土著微生物中添加营养物质。

表面活性剂可能具有毒性并在环境中积累，引入高效降解菌不能对土著微生物保持长久竞争优势，同时会引起相应的生态和社会问题，而对于石油污染海洋环境，通过向土著微生物添加营养物质，进行生物修复的研究相对较多。

③引进石油降解菌。

石油降解菌能够有效去除海洋中的石油物质。但是，在受污染环境中接种外来微生物也存在多重压力。引入高效降解菌不能对土著微生物保持长久竞争优势，同时会引起相应的生态和社会问题，因此，接入的降解菌必须经过详细的分类鉴定，以确定其中没有对人类及其他生物造成危害的致病菌。

④真菌类微生物。

除了细菌在海洋石油降解中发挥巨大作用外，真菌类微生物的功劳也不可小觑。在真菌中，金色担子菌属、假丝酵母属、红酵母属、掷孢酵母属是最普通的海洋石油降解菌。此外，一些丝状真菌如曲霉属、毛霉属、镰刀霉属、青霉属等也是海洋石油降解的参与者。

研究表明，酵母菌清除海洋石油污染与细菌等其他微生物相比有诸多优点：细菌受环境因素的影响较大，阳光能杀死细菌，海水的渗透压能破坏细菌的细胞壁，这些都有碍细菌分解石油的效能；而酵母对阳光的杀菌效应和对海水的渗透压都具有较强的抵抗力，而且很多种酵母菌株能很快吃掉石油，或者钻到油滴内部并在其中繁殖。这样，在海洋环境中的酵母菌就不会受到原生动物的伤害。

3. 海水养殖污染修复技术

物理修复是指利用各种材料或机械对养殖环境施加物理作用，从而达到环境改善的目的，这也是最传统的生态修复技术。

化学修复是利用化学制剂与污染物发生氧化、还原、沉淀、聚合等反应，使污染物从养殖环境中分离或降解转化成无毒、无害的化学形态。在水产养殖业中已广泛应用的多数水质改良剂、水质消毒剂就是基于这个原理。

植物修复是一种高效生物修复途径，在水环境污染治理领域中得到广泛研究，并应用到我国江、河、湖、库等水体治理上，也取得一系列成功的工程实例。

对于投喂饵料过程来讲，减少饵料损失，仔细地监控食物摄入是非常重要的。加强饵料管理：确保饵料投喂新鲜度，即饵料要有一定质量，严禁使用腐败变质的；保持饵料投喂连续性，即要保证每天有饵料，在饵料紧张状况下宁可少投饵不可不投饵，这样使得养殖物不致缺少食物而减慢生长；有意识的增添投饵量。

7.3.4　海洋环境的自净能力

1. 物理净化

物理净化是海洋环境中最重要的自净过程。在整个海域的自净能力中占有特别重要的地位。它通过沉降、吸附、扩散、稀释、混合、气化等过程，使海水中污染物的浓度逐步降低，从而使海洋环境得到净化。海洋环境物理净化能力的强弱取决于海洋环境条件,例如温度、盐度、酸碱度、海面风力、潮汐和海浪等物理条件,也取决于污染物的性质、结构、形态、比重等理化性质。如温度升高可以有利于污染物挥发,海面风力有利于污染物的扩散,水体中颗粒黏土矿物有利于对污染物的吸附和沉淀等。而海水的快速净化主要依赖于海流输送和稀释扩散。在河口和内湾,潮流是污染物稀释扩散最持久的动力,如随河流径流携入河口的污水或污染物,随着时间和流程的增加,通过水平流动和混合作用不断向外海扩散,使污染浓度由高变低,可沉性固体由水相向沉积相转移,从而改善了水质。而在河口近岸区,混合和扩散作用的强弱直接受到河口地形、径流、湍流和盐度较高的下层水体卷入的影响。另外,污水的入海量、入海方式和排污口的地理位置,污染物的种类及其理化性质,风力、风速、风频率等气象因素对污水或污染物的混合和扩散过程也有重要作用。

物理净化能力也是环境水动力研究的核心问题,研究物理净化的方法通常采用现场观测和数值模拟方法。近年,欧美、日本和我国学者曾分别对布里斯托尔湾和塞文河口、大阪湾、东京湾、渤海湾、胶州湾等作了潮流和污染物扩散过程的数值模拟。

2. 化学净化

海洋环境的化学净化能力,是指通过海洋环境的氧化、还原、化合、分解、吸附、凝聚、交换和络合等化学反应来实现对污染物的降解,达到海洋环境的自净。影响化学净化的海洋环境因素有溶解氧(DO)、酸碱度(pH),氧化还原电位(Eh)、温度、海水的化学组成及其形态。其中,氧化还原反应起重要作用,而海水的酸碱条件影响重金属的沉淀与溶解。酚、氰等物质的挥发与固定以及有害物质的毒性大小,在很大程度上决定着污染物的迁移或净化,是化学净化的重要影响因素。污染物本身的形态和化学性质对化学净化也具有重大影响。当然,海洋环境的化学净化各个因素的影响不是完全独立的,有时是在多个因子共同作用下进行的,甚至是与物理、生物的过程同步进行。特别是海洋生态系统是由海洋环境要素和生物要素组成的互为存在条件的体系。水体中化学净化能力的强弱，一般情况下是多方面因素作用的结果。

3. 生物净化

海洋环境的生物净化，是指通过各种海洋生物的新陈代谢作用，将进入海洋的污染物质降解，转化成低毒或无毒物质的过程。如将甲基汞转化为金属汞，将石油烃氧化成二氧化碳和水等。进入海洋环境中的污染物质，入海后经物理混合稀释、对流扩散以及吸附沉降等和化学净化作用，使污染物浓度明显降低，但还需要海洋生物如微生物的直接作用和浮游动物等的间接作用，最终实现海洋环境净化。

影响生物净化的海洋环境因素有生物种类组成、生物丰度以及污染物本身的性质和浓度等。不同种类生物对污染物的净化能力存在着明显的差异：如微生物能降解石油、有机氯农药、多氯联苯和其他有机污染物，其降解速度又与微生物和污染物的种类及环境条件有关；某些微生物能转化汞、镉、铅和砷等金属。微生物在降解有机污染物时需要消耗水中的溶解氧，因此可以根据在一定期间内消耗氧的数量多少来表示水体污染的程度。

生物净化最重要的是微生物净化，其基础是自然界中微生物对污染物的生物代谢作用。微生物从细胞外环境中吸收摄取物质的方式主要有主动运输、促进扩散、基团转位、被动扩散、胞饮作用等，微生物降解有机污染物的反应类型有基团转移、氧化、还原、水解、酯化、氨化、乙酰化等作用和缩合、双键断裂等反应。

绝大多数原生动物的营养方式为动物性营养，以吞食其他生物如细菌、藻类或有机颗粒为生。水体中的原生动物与环境条件有关，当有机物浓度较高时，可刺激植鞭毛虫如眼虫的生长，以后会逐步让位于游泳型纤毛虫如豆形虫、草履虫、游仆虫等。当有机物浓度极低，而溶解氧浓度又较高时，会出现后生动物如轮虫和甲壳类。当细菌群落下降时，有柄纤毛虫如钟虫和累枝虫等出现。这些动物以藻类和细菌为食，降低水体中的藻菌含量而使水体变清。

此外，其他一些无脊椎动物在底泥中底栖，如线虫、颤蚓、摇蚊幼虫、蠕虫等有稳定底泥的作用。蠕虫和蠓幼虫有增加底泥和水在固—液界面的物质交换速率的作用。原生动物和后生动物优势种的种类和数量与水体的溶解氧和有机负荷有关，因而也可作为水体水质变化的指示生物。

微型藻类是水体中另一类重要的微生物。藻类具有叶绿体，含有叶绿素或其他色素，能借助于这些色素进行光合作用，产生并向水体提供氧气。其优势种的种类与季节、有机负荷有关。

藻类还可以去除氮和磷，有些藻类可吸收超过自身需求的营养盐，特别是磷，称为超量吸收。藻类的光合作用可降低水中二氧化碳的浓度，引起水体的 pH 上升，使一些营养盐沉淀下来。在阳光和二氧化碳受限时，藻类可直接吸收利用某些有机物作为碳源。此外，藻类还能吸收积累一些金属。

许多海洋动物，可以直接摄食海水中和海底沉积物中的有机物质，使海洋环境中的有机污染物通过碎屑食物链的途径直接重新进入物质循环，减少了这些有机物质对海洋环境的污染。例如，许多杂食性的动物，像海洋贝类、多毛类中的许多种类，既可以摄食浮游植物，又可以摄食水中的有机碎屑。

总之，在海洋环境中，由于生物净化过程是一个与物理净化、化学净化过程同时发生，又相互影响的过程，因此海域生物自净能力在很大程度上取决于该海域物理、化学自净能力的强弱，这三者都是直接或间接地影响到海洋环境的净化能力。

4. 海洋环境容量

海洋环境容量，是指特定海域对污染物质所能接纳的最大负荷量。通常，环境容量愈大，对污染物容纳的负荷量就愈大；反之愈小。环境容量的大小可以作为特定海域自净能力的指标。

环境容量的概念主要应用在质量管理上。在环境管理上只有采用总量控制法，即把各个污染源排入某一环境的污染物总量限制在一定数值之内，才能有效地保护海洋环境，消除和减少污染物对海洋环境的危害。

7.4 海洋生物的多样性保护

7.4.1 海洋生物多样性与人类的关系

海洋生物在为人类生存环境提供保护的同时，也为人类的休闲旅游、科研和教育等提供条件，可见海洋生物多样性与人类的关系是密切的。

海洋为人类提供非常重要的食物来源。虽然大部分海洋初级产品不能被人类作为直接的食物，但是鱼、虾、贝等海产品却是人类所需动物蛋白的重要来源，人类消耗的高质量蛋白质约有20%来自海洋，在许多发展中国家该比例更高。

近几十年来，对一些抗病毒和抗癌的海洋药物的开发研究已取得一些重要成果。由此可见，海洋生物作为药物的开发利用前途是十分广阔的。

沿岸海区生长的褐藻、红藻、绿藻是很重要的食品化工原料，除被用于家禽家畜饲料之外，还可作为土壤改良剂、化肥，并且是制造在食品、医药领域中用途广泛的藻蛋白酸盐的重要原料。江蓠、石花菜等红藻类可提取多糖类物质，是生产琼脂和鹿角胶的原料。海洋单细胞藻类的利用较少，但其中有的种类对于补充人类食物来源具有重要的潜在意义，目前也开始被开发利用。还有甲壳动物的几丁质广泛用于农业、生物技术、工业污水净化和食物添加剂。造礁珊瑚的骨骼碎片可用于外科手术作为移植骨片，这种植入的碎片中的碳酸钙还能被吸收并变成骨头成分。总之，海洋生物作为人类食品、药物和工业原料的应用前景是非常广阔的。

每种生物都有自身的价值和存在意义，保护生物多样性具有呼唤人类天性以及教育人与自然协调相处的作用。当前科学技术水平已经可以通过基因工程培育出符合人类需要的动植物，包括利用基因工程技术实现生长激素基因、抗冻蛋白基因和抗病基因的转移。

7.4.2 海洋生物多样性面临的威胁

1. 海洋生物资源的过度利用

高强度捕捞造成大多数高等级的鱼类数量急剧下降，出现过度捕捞的局面。此外，不合理的捕捞方式也导致大量非目标对象的连带死亡，甚至在有些海域还使用“炸鱼”作业，结果不论何种生物都遭到毁灭。

人类过度利用海洋生物资源还会导致很多珍贵物种濒临灭绝，如鲸、海豹、海狮、海象、海獭、海牛、企鹅、海龟、海绵和鲨鱼等的数量大幅度下降。

2. 人类活动对海洋自然环境的破坏

(1)底层拖网作业对海洋环境的破坏

拖网，尤其是底层拖网几乎遍布各大海区，产量约占海洋总捕获量的43%。随着拖网渔船数量的增加和马力的增大，拖网作业对海底环境的破坏也就更加严重。

(2)人为改变沿岸区的自然环境

沿岸区是人类活动最为频繁的区域，也就更容易遭到人类的破坏。其中最为突出的是港口建设、砍伐红树林以及采挖珊瑚礁等行为。

(3)污染

陆地上人类生产、生活的各种各样污染物质最终都汇集到海洋，或者经过大气沉降到海洋。虽然海洋有一定自净能力可以缓解这种污染危害，但随着现代工农业的发展，沿海人口剧增和海上活动频繁。在近岸内湾，有机质污染导致海区严重富营养化，结果造成赤潮现象频发，海洋生物大量死亡。很多海区底部缺氧，产生的 H_2S 使生物无法生存。海洋污染的范围随时间推移而不断扩大，污染越来越严重时水体就会变成动植物无法生存的“死海”。如我国渤海每年要接纳 $4\times10^9\sim6\times10^9$ t 的污水，加上又是半封闭的环境，大量的污染物质长期积聚无法扩散出去，海域就会呈现富营养化状态，渔场的功能就会丧失。这种危害必须引起全社会的关注。

7.4.3　保护海洋生物多样性的途径

保护海洋生物多样性的途径有多种，如树立正确的生态观，停止继续损害海洋生物多样性的行为；实行易地保护；恢复退化生态系统以及建立自然保护区等。这里着重介绍前两种措施。

1. 树立正确的生态观，停止继续损害海洋生物多样性的行为

人类在处理人与自然的关系时，首先必须树立正确的生态观，其中最主要的有如下几种观念。

①认识到人类是自然界生物的成员，而不要把自己看成是可以驾驭自然的主人，学会与自然协调相处。如果对自然强取豪夺将会受到自然规律的惩罚，最终丧失的是自己生存的基础。

②树立生态系统的整体观，认识到生物之间以及生物与环境之间是相互依存、相互作用的统一整体。实际上，人类对任何一个生态环境的破坏或对任何一种生物的过度利用都有可能影响整个生态系统的结构与功能。

③树立可持续发展的观点，对环境与资源的利用既要满足现代人的需求，又要做到不损满足后代人需求的能力，使子孙后代可以安居乐业、永续发展。

2. 执行易地保护措施

易地保护是指将有些稀有种或濒危种转移到受控制的人工条件下(如动物园、水族馆等)加以保护,以避免其在野外迅速灭绝。因为对于许多稀有物种,或因遭到过度开发、病害、生境被破坏或外来种入侵等而处于濒危状态的物种,就地保护往往不是一种切实可行的方法,在这种情况下,保护物种免于灭绝的唯一方法就是采用易地保护。

人们在从事易地保护实践过程中也摸索了一些有利于发挥保护作用的经验。例如,为了保护濒危的长江白鳍豚,我国科学家已经在河道"U"形弯曲的河中设立养护繁殖中心,这是介于野生和人造条件之间的生境。这种保护方式也可为饲养海洋哺乳动物和鱼类提供借鉴。另外,在一定时间内适当收集保护对象的野生个体,补充或部分更替易地保护的原有个体或让它们进行杂交,也有利于延续保护对象的种质质量。

第8章　海洋牧场

海洋牧场，又称"蓝色粮仓"。它是在陆地粮食日趋减少而人类对食物的需求逐渐增加的情形下出现的。人类向大海要资源，求营养，但无休止的捕捞和严重的养殖污染让水体生态平衡遭到破坏。只有有节制地索取海洋资源，拿走并补充，让海洋可持续发展且生态环境保持健康稳定，人类才能走得更远！海洋牧场的应运而生带给人类机遇，但由于管理不当，海洋牧场出现了一些阻碍它发展的问题。

8.1　什么是海洋牧场

1. 海洋牧场

海洋牧场，简单地说，就是在海洋中"种粮食"。这个过程同样需要"种子"——海洋生物，需要"土地"——合适的海域，需要"养料"——饵料生物、营养物质等。在适宜的海域投放人工鱼礁，鱼礁配上良好的溶解氧、温度、pH、营养盐等条件，就创造了生物栖息地。小型微生物、植物再到大型鱼、蟹类等生物渐渐被吸引来，形成稳定和谐的生物结构。在"种粮食"后，我们再从中获取利益。在管理上，借助声、光、电及生物学特性，运用生物资源监测技术和环境监测技术来科学地"耕海"，从而实现改善生态环境，优化渔业结构，实现海洋经济可持续发展。

海洋牧场源于20世纪初 Marine Ranching 运动。美、日、韩等国依次探索海洋牧场建设，为后来的海洋牧场发展提供了经验。美国在30年代开始鱼礁区建设，60年代末提出海洋牧场建设计划并于1974年成功培育出巨藻；日本在60年代着手“栽培渔业”，70、80年代对海洋牧场进行规划和实践，最终使日本黑潮牧场——世界上第一个海洋牧场诞生；韩国是从育苗场建设、投放混凝土鱼礁开始，一步步实现沿岸渔业牧场化。现发展趋于多元化，因地制宜，致力于不同规模、不同类型的海洋牧场的建设。

我国的海洋牧场建设起步晚，发展慢。我国海洋牧场始于20世纪80年代“海洋农牧化”的设想，90年代建成了24个试验点。那时，我国渔业资源因过度捕捞、生态破坏而衰退。以人工鱼礁建设、增殖放流技术为主的海洋牧场就需要修复海洋资源和满足日益增长的水产品需求，所以发展速度较慢。10年的建设，带来的是规模小的海洋牧场、数量少的人工鱼礁以及没有较大改观的渔业经济。

步入21世纪，我们借鉴国内外经验，结合本国海洋特点，让中国海洋牧场的发展大步向前。近10年中国海洋牧场建设取得较好的成果。辽宁省獐子岛的海洋牧场可彰显成功。獐子岛在人工鱼礁、海底绿化、构建稳定生态方面进行探索。20多年的实践，成就了世界级、规模化、标准的海洋牧场。獐子岛纯自然生长的海参、海胆等海珍品也以“原生”和“天养”著称。我国南北方也据自身优势建立特色的海洋牧场。南方的惠州海洋牧场融合了养殖元素，以贝藻类立体养殖方式为创新，这一互利理念让水产品优质而高产。北方的秦皇岛海洋牧场则构建了更稳固的生物关系，它将海珍品、藻类、底栖鱼类的增殖联系起来，生物的相互作用带来水质的改善、天然饵料的补给，也使鲍鱼、海参等海珍品成为秦皇岛海洋牧场的招牌。

2. 我国海洋牧场存在的问题

我国海洋牧场的发展在如火如荼地进行，但存在一些不足，这些问题制约着海洋牧场的建设。

我国海洋牧场建设总体处于以增殖放流，投放人工鱼礁为主的初级发展阶段。表现为：

①我国海洋牧场以贝类、藻类的增养殖为模式的较多，缺少综合型的海洋牧场，与休闲旅游、文化生活结合的海洋牧场建设有很大的进步空间。

②运用高科技来运营、管理海洋牧场的能力还较弱。海胆啃食海带、裙带菜的现象时常发生，说明我们的海洋动物行为控制、生态监测、选择性捕捞、自动化管理技术还有待提高。

③海洋牧场的研究还不成熟。研究生态改变对海洋牧场的影响的资料较少；对鱼礁的形状、材料等研究缺乏创新突破；亟待相关的科研人员来给予技术指导。

④法律、法规体制需进一步完善。合理的统筹规划，健全的管理体系及完备的政策支持是保障政府、企业和渔民利益，提高国家经济水平的关键。

8.2 《国家级海洋牧场示范区建设规划(2017—2025)》关于建设海洋牧场的总体思路和布局

为实现海洋强国目标，国家对海洋牧场建设进行指导。旨在通过国家级海洋牧场示范区的带动作用，促进全国海洋牧场发展迈上新台阶，实现新突破。《国家级海洋牧场示范区建设规划(2017——2025)》是贯彻国家生态文明建设和海洋强国战略的要求而提出的，它对海洋牧场建设的总体思路和布局具有较好的指导意义。

8.2.1 总体思路

该规划在指导思想、基本原则、规划目标和建设内容做了统筹安排。

1. 指导思想

该规划以“创新、协调、绿色、开放、共享”五大发展理念为内容，以渔业资源可持续利用的发展观等为指导思想。具体是以国家级海洋牧场示范区为重点，在人工鱼礁、海藻场建设和增殖放流上实践，进行现代化和信息化管理，在科技、资金和制度的支持下，调整现代渔业结构，实现渔业资源生态修复和开发利用。

2. 基本原则

把握好“统筹兼顾，生态优先；科学布局，重点示范；明确定位，分类管理；理顺机制，多元投入”的基本原则。统筹考虑生态修复、资源保护，让生态、经济、社会的综合利益最大化；根据不同海域特点合理规划、规范管理，提升海洋牧场的层次、水平；明晰海洋牧场的功能定位，实行科学的管理、观测和评估；以规章制度强化管理，建立多元化投入机制。

3. 规划目标

我国海洋牧场的规划目标是：到 2025 年，建成 178 个国家级海洋牧场示范区；累积投放超过 5 000 万空方的人工鱼礁；建造面积达到 330 km^2 的海藻场、海草床，建成近海“一带三区”（一带：沿海一带；三区：黄渤海区、东海区、南海区）的海洋牧场新格局；构建全国海洋牧场监测网；建立较完善的海洋牧场建设管理制度和科技支撑体系，创建资源节约、环境友好、运行高效、产出持续的海洋牧场。

4. 建设内容

以设计、修复和设施建设工作为主，包括：人工鱼礁的设计、建造和投放，海藻场、海草床的移植修复，配套的船艇、管护平台、监测和管理系统等设施设备等建设。

8.2.2　总体布局

根据我国近海的地理特点，结合我国沿海各省（区、市）海洋牧场建设和发展计划，规划到 2025 年在黄渤海、东海、南海海区建设 178 个国家级海洋牧场示范区（包括 2015—2016 年已建的 42 个）。

1. 黄渤海区

规划到 2025 年，此海区共建设 113 个国家级海洋牧场示范区（包括 2015—2016 年已建的示范区），示范海域面积达 1 200 km^2，其中建设人工鱼礁区面积 600 km^2，投放人工鱼礁 3 400 多万空方，形成海藻场和海草床面积 160 km^2。

主要分布区域：渤海辽东湾、渤海湾、莱州湾、秦皇岛一滦河口海域、大连近海海域、山东半岛近岸海域、南黄海等海域。

2. 东海区

规划到 2025 年，此海区共建设 20 个国家级海洋牧场示范区（包括 2015—2016 年已建的示范区），示范海域面积达 500 km^2，其中建设人工鱼礁区面积 160 km^2，投放人工鱼礁 500 多万空方，形成海藻场和海草床面积 80 km^2。

主要分布区域：浙江、福建近海海域。

3. 南海区

规划到 2025 年，此海区共建设 45 个国家级海洋牧场示范区（包括 2015—2016 年已建的示范区），形成示范海域面积 1 000 km^2，其中建设人工鱼礁区面积 300 km^2，投放人工鱼礁 1 100 多万空方，形成海藻场和海草床面积 90 km^2。

主要分布区域：广东、广西和海南近海海域。

《国家级海洋牧场示范区建设规划（2017—2025）》指导着我

国海洋牧场的建设,坚持遵循其指导思想、基本原则,落实规划目标和建设内容,让我国海洋牧场发挥更大的优势,实现渔业产业结构转变,改善居民膳食结构,优化海洋生态环境,实现海洋强国目标。

8.3 海洋牧场的模式和管理

8.3.1 海洋牧场的组分

海洋牧场旨在构建生物与环境的和谐关系,借助鱼礁、海藻床等为水产动物创造栖息环境,从而改善生态环境、增加渔业资源。人工鱼礁和海洋植物是重要的组成要素。

人工鱼礁是海洋牧场建设的关键部分,是鱼类的庇护所,具有吸引和增殖鱼类的作用。这是由于海洋洋流遇上海底鱼礁会产生上升流,携带海底营养物质到上层水体,从而有助于鱼类的生长和繁殖。鱼礁的阴影区和缓流区,是鱼类避风浪、躲天敌的良好场所。同时,流动的水体,不利于污染和病菌的累积,海洋生态环境较健康。随着时间推移,鱼礁附近的生物种类愈加丰富,密切的生物联系构成牢固的食物网,形成稳定的生态系统。

此外,礁体内空隙的数目、形状和大小,礁体表面积,礁体的材质和透水性都会影响礁体周围生物的种类和数量及水质。因此,根据不同海域的特点,设计稳定性强、效果好的鱼礁对于海洋牧场的发展有着重要作用。

海洋植物在海洋牧场的发展中也扮演着不可或缺的角色,它们具有一定经济价值和生态价值。海藻可作海洋生物的饵料,可生产加工成保健品供人类食用,可以作为海洋牧场的经济作物。红树林有促淤保滩、保护堤岸及净化水质的生态功效,可改善海洋牧场的生态环境。此外,海洋植物作为海洋系统中关键的生产者,是主要的能量来源,对海洋植物进行增殖有助于补给海洋牧场能量，从而减少人为投饵量。适量的海洋植物与其他生物共存时既可发挥汇碳作用，改善水质，又可为浮游生物提供栖息、繁殖和防御的良好场所，为渔业经济做了巨大贡献。

8.3.2　海洋牧场的模式

现代海洋牧场模式多种多样，按照不同的分类标准，有不同的模式表现。

依据建设中心，可分为海湾型、岛礁型、滩涂型以及离岸深水型。浙江的东极海洋牧场就是岛海一体化的岛礁型海洋牧场建设模式。它的特色是建设增殖礁、集鱼礁、保育礁等延伸岛礁结构，配置筏式和网箱养殖设施，养殖恋礁性和感礁性鱼类如石斑鱼、真鲷等。它将育苗、增殖放流及海藻移植技术优化，形成了科学、系统的海洋牧场示范区。

依据核心设施，可分为人工鱼礁型、筏式设施型、离岸深水网箱型及工船型。其中离岸深水网箱型有利于实现近海生境修复和生物资源养护。

依据建设目标，可分为海珍品增殖型、休闲游钓型、资源养护型、生态修复型及综合型。广东的休闲渔业整体发展较好，但在观念、管理、产业及科研上还有大的进步空间。当海洋牧场给休闲渔业提供动力，二者结合产生品牌效应、生态效益，发挥海洋牧场的特色时，广东渔业经济便会快速发展。

8.3.3　海洋牧场的建设与管理

1. 海洋牧场的建设内容

(1)对生境的建设。通过投放鱼礁、改造滩涂及移植海草，以达到调控环境、改造工程的作用，进而创造适宜鱼类生长、繁衍的生态栖息地。

(2)培育和驯化目标生物。结合本地特点选择高产、高效益的养殖生物,将自然与人工育苗结合,提高成活率,形成规模化且技术成熟的产卵、孵化、幼体发育及习性驯化的发展模式。

(3)配套技术建设。海岸工程技术、鱼类选种培育技术、环境改善修复技术和渔业资源管理技术关系到海洋牧场的持续发展,彼此联系可见图 8-1。

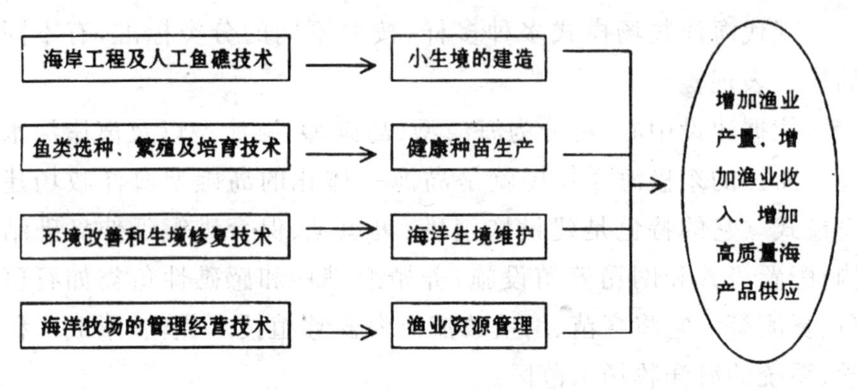

图 8-1 海洋牧场的核心技术体系

2. 海洋牧场的管理

管理是海洋牧场建设的重要保障,这既有相关政策、法规对海洋牧场的管理,又有海洋牧场建设本身的管理工作。

要做好与渔民、与相关单位的沟通,建立完善的海洋牧场管理体系和出台相应的管理政策。国家通过调查,了解不同海区的海洋牧场环境状况,建立牧场健康评价指标,在评估海洋牧场承载力后,用规章制度来规范牧场建设,统筹管理、协调运转。另外,制定支持政策有利于保障政府、企业和渔民的利益,设立管理机构、监督部门有利于海洋牧场的可持续发展。

除了形成统一的海洋牧场建设标准外,管理好海洋牧场建设中的技术也是关键的步骤。在海洋牧场的生态修复工作上,管理好海藻场、底质的修复工程,优化水动力调节、种群重建及景观设计技术,进而改善海洋牧场生境;在种质保护方面,管理好增殖、放流、疾病防控对稀有品种的保护是至关重要的;针对关键种的驯化，根据生物习性，采用模拟生境、诱导等技术来有效驯化、管理鱼类。

海洋牧场的半人工的干预管理方式可以提高水产品质量，在良好的养殖环境中，少投饵或不投饵，让海洋生物借助自然食物链充分获得能量，饵料不足刺激了海洋生物的饵料利用率。而管理现代化、智能化是当今海洋牧场的新举措：在运营管理方面实现机械化，不断升级机械化装备；在投饵、洗网、分级、吸鱼、育苗及驯化方面实现机械化，提高工作效率；在实时管理上实现智能化。智能化管理是建设优质海洋牧场的重要环节，它可以对海洋牧场发展的各阶段状况实时监测、评估、预警、预报，在出现问题时，又能分析和溯源。这是自动化的运营过程，在水下安装监测设备，测定水域的环境参数，实时记录数据和生物动态，从而建立对海洋牧场状态的效果评价体系，在牧场出现异常情形时又会根据以往数据建立的模型及时预报，分析故障。

未来的海洋牧场高级化管理是建设智慧海洋牧场。智慧海洋牧场靠信息网实现“智慧”，它可以感知、汇总、处理和分析海洋牧场的信息，进而高效管理海洋牧场，提高生态和经济效益。它感知生物、船舶、鱼礁、水质、气象及饵料的消耗状况。大量感知到的信息加以汇总、处理后放置于云存储数据库，从而形成智慧海洋牧场数据中心。一片海域的不同海洋牧场可以互联互通，提供大量数据来提高“智慧化”水平。智慧海洋牧场中所运用的物联网中感知信息和交换数据的主体可以是生物与环境，两者互动后会对牧场中各状况做出应答。大量的数据存储与计算依靠云计算技术，而大数据挖掘技术可从离散数据中找寻规律，使海洋牧场面对常规问题能够自主反应或提出最优解决方案。

智慧化管理是海洋牧场管理发展的高级阶段，智慧化让海洋牧场的管理的效果更佳，推动海洋牧场实现高效益、大发展！随着对自动化、机械化、智能化的研究进一步加深，我国将很快实现智慧化海洋牧场的建设。

8.4 监控中心的自动化监测

海洋牧场中生态因子是动态变化的，而生物的种类、数量也不是固定的，当海洋中水温、营养盐等生态指标改变或海洋生物行为异常时，海洋牧场的生态平衡就被打破，海洋牧场水产品的质量也会受损。因此，实时的监测对于海洋牧场的发展是极为重要的，而现代海洋牧场更倾向于提高自动化检测水平，以取得高效益。

在海洋牧场监测上，主要是生态环境质量的监测和生物资源监测。其中实时监测生物资源，可以了解水生生物的行为动态，包括捕食、竞争的种间关系，从而确定该海洋牧场环境是否稳定，也可以观测不同时期水生生物的种类、数量、形态变化，从而对生物资源的育苗、放流及驯化进行管理。实施自动化监测让监测更高效、更准确！

GIS(Geographic Information System，地理信息系统)、RS(Demote Sensing，遥感)、GPS(Global Positioning System，全球定位系统)技术逐渐被应用到我国海洋牧场建设中，并在监测方面广泛使用。我国海洋牧场建设处于不发达的发展阶段，而远程监控管理系统主要以3S为主，自动化监测技术还有很大的进步空间。我国将自动化监测技术应用于海洋牧场建设的研究一直在进行。一般利用海底摄像系统对海洋牧场中生物种类和数量量进行监测；利用声学评估方法探测生物物种并分类；利用遥感信息技术对海洋牧场环境进行分析。

将监测与互联网结合的自动化监测研究较普遍，总体设计是将浮标平台、环境参数探测仪、无线网络传感器、摄像装置及数据储存和转换装置结合，建立水质监测系统。浮标是连接海洋牧场环境监测和海洋生物图像监测的桥梁，用于收集海洋环境信息，具有长期性、连续性、自动性的特点。其优势在于抗腐蚀、韧性和稳定性良好，即使在恶劣的环境也不会阻断监测过程。GPRS 无线数据网络和 3G 无线网络则用于远程传输数据，防水密封的摄像头装置用于实时监控海洋动态。海洋牧场的温度、盐度、酸碱度、透明度、叶绿素、洋流等环境参数被浮标平台收集、整合，并通过无线网络运输至服务器数据库。海洋的动态影像是通过可变焦、转换光圈、对光敏感的摄像装置录制所得，影像数据由无线网络传输至影像转发服务器，用户访问服务器可远程了解水下动态。此外，用户访问海洋牧场环境因子数据网站时，可以查看到被转化成图形及表格的海洋环境参数，海洋动态变化便更清晰明了。

用自动化监测技术，我们可以得知水质的发展变化，水生生物的生长、发育过程，及时了解海洋牧场的发展过程，为管理海洋牧场建设提供科学依据。同时，将自动化监测技术与预警预报系统紧密联系对于海洋牧场建设有着重大意义。当把监测所得数据综合分析，发现海洋牧场存在的问题并究其根源后，预警预报系统启动，进而人为排解问题，及时修补海洋牧场漏洞，这便可减少海洋牧场损失，给海洋牧场带来更大的经济效益。此外，在多个海洋牧场的自动化监测技术间建立联系，可实现信息共享，大量数据分析养殖最佳环境状态，这对于海洋牧场、渔业资源的稳定和持续发展都具有积极意义。

自动化监测技术是建设现代先进海洋牧场的关键技术，我们应持续研究提高相应技术，不断创新，赋予海洋牧场新的生命力。

8.5　海洋牧场建设的可持续发展问题

海洋牧场通过养殖经济作物，带动育苗、驯化为主的增养殖业及选种育种业的发展，从而提高渔业经济发展水平；海洋牧场养殖与生态环境的协调发展使海洋资源可持续利用。生物与环境的相互作用，优化了生态，改善了人类生活质量。海洋牧场的建设在如火如荼地进行，为了海洋牧场能长久地为人类服务，我们要在海洋牧场建设可持续发展方面做出努力。

1. 加强生态建设

为了海洋牧场建设更稳定、更优质，我们要把生态建设放在首位。生态平衡关系到海洋牧场的各个环节，唯有生态环境良好，海洋牧场中的各要素才会发挥功能，共同维持海洋牧场的健康发展。海洋牧场建设要与生态和谐共处，我们应依据生态承载力来确定海洋牧场的发展规模，确定投放鱼礁、移植海藻床、培育苗种的数量。生态建设与海洋牧场建设之间存在相互作用。生态影响海洋牧场的发展，而海洋牧场也关系到生态的质量。可以借助海洋牧场的微生物、海洋植物来改善生态环境，例如红树林有促淤净水功能；健康的海洋生物在优质的养殖状态下不会对水环境造成污染，反而利于生态建设。此外，对生态环境，包括温度、盐度、酸碱度等因子实时监测是生态建设的坚强后盾，所以要不断提高环境监测技术。

2. 做好陆海统筹

实现海洋牧场建设的可持续发展，需要陆地和海洋的协调发展，形成完整的产业链。在陆地上做好选苗育苗、产品加工、牧场运营等工作，在海上完成鱼礁工程、生态修复、增殖放流、抓获补充等任务。对陆地和海上空间要进行科学筹划，在海洋应根据海域地势和环境特点来选择养殖模式和目标生物，在陆地应建立科学合理布局，以利于海洋牧场建设的部分工作能简便而高效地完成。

3. 提高科学技术，培养优秀人才

要让海洋牧场建设具有持久的鲜活生命力，科学技术和科研人员是强效的“催化剂”。海洋牧场的发展、进步离不开科技的推动。海洋牧场的高级阶段是智慧化海洋牧场，这是一个高科技支撑的先进成果,也是我们努力奋斗的方向。在这条发展道路上,海洋牧场建设的承载力评估技术、生境修复技术、生物资源养护技术及关键种的驯化技术是保障海洋牧场正常运行的技术,需不断更新完善并加以创新,以优化海洋牧场建设质量。让海洋牧场更高效运作和创造高效益要依靠自动化、智能化监测管理技术。自动化监测和预警技术可有效观测海洋牧场的发展状况,预警并规避灾害发生。自动化监测所得的大数据,可以为海洋牧场选址、布局、鱼礁设计和投放、生物资源估测及生态评估等方面提供有效建议,也可帮助智能化技术建立模型来评价当前海洋牧场运行情况,预判未来状态,起到控制成本、指导运营及优化水产品的作用。

另一方面,要重视科技人才的培养。海洋高校应担起重任,要"以应用素质教育为方向,以理论知识学习为基础,以专业培训为核心",培养海洋牧场领域的佼佼者。高校应开设海洋牧场的专业特色课程,对相关教材做系统编撰,开展由专业教师、科研人员、企业相关技术人员组成的海洋牧场产学研合作平台建设,加强校企合作,借助多方力量培养全面而专业的海洋牧场人才。

4. 健全海洋牧场建设管理体系

建立系统完备的海洋牧场管理体系,用相关规章制度来合理规划、安排海洋牧场建设工作是海洋牧场发展的稳定保障。国家应调查国内各海域并利用海洋评估技术分析海域发展状况,依据不同海域的特点,来制定总体海洋牧场的建设规划,统筹安排。让一部分海洋牧场先"富起来",成为模范,再发挥示范作用,引导其他海洋牧场发展。《国家级海洋牧场示范区建设规划(2017—2025)》便是国家做出统筹规划的范例。

国家和政府都要出台关于建立海洋牧场的法律、法规,从条款项目中约束不利于海洋牧场建设的行为。从制度上,确立渔民、沿岸政府、相关企业海洋权益,协调好彼此关系;再根据海洋牧场模式、规格及类型制定不同渔业管理法、海洋生态保护法,从而使鱼礁的投放、渔具的选择、水质管理所用药物更符合生态、健康和环境承载力的要求，促进海洋牧场建设；对发挥重大生境修复功能的海洋牧场建设实施奖励政策，且在海域使用费用上给予税费优惠。这样既可降低海洋牧场先期投入成本，又可调动群众对海洋牧场的建设积极性；加强管理、指导和监督，促进海洋牧场发展。相关部门和专业技术人才组成管理机构，对海洋牧场的建设进行管理、指导，另设监督部门，共同为海洋牧场运营提供全方位的优质服务；加大财政和金融扶持力度。将海洋牧场建设纳入财政支农范围，并建立补贴制度。增加融资方式，建立海洋牧场建设保险、贷款，扶持小企业发展，推动海洋牧场的建设。

参考文献

[1]沈国英,黄凌风,郭丰.海洋生态学[M].3版.北京:科学出版社,2010.

[2]袁红英.海洋生态文明建设研究[M].济南:山东人民出版社,2014.

[3]中国海洋可持续发展的生态环境问题与政策研究课题组.中国海洋可持续发展的生态环境问题与政策研究[M].北京:中国环境出版社,2013.

[4]张存勇.海州湾近岸海域现代沉积动力环境[M].北京:海洋出版社,2015.

[5]夏章英.海洋环境管理[M].北京:海洋出版社,2014.

[6]韩庚辰,樊景凤.我国近岸海域生态环境现状及发展趋势[M].北京:海洋出版社,2016.

[7]孙英杰,黄尧,赵由才.海洋与环境——大海母亲的予与求[M].北京:冶金工业出版社,2011.

[8]李加林,马仁锋.中国海洋资源环境与海洋经济研究40年发展报告:1975—2014[M].杭州:浙江大学出版社,2014.

[9]洪富艳.生态文明与中国生态治理模式创新[M].长春:吉林出版集团股份有限公司,2015.

[10]唐启升.中国海洋工程与科技发展战略研究[M].北京:海洋出版社,2014.

[11]朱庆林,郭佩芳,张越美.海洋环境保护[M].北京:中国海洋大学出版社,2011.

[12]李树华,夏华永,陈明剑.广西近海水文及水动力环境研究[M].北京:海洋出版社,2000.

[13]李永祺.中国区域海洋学——海洋环境生态学[M].北京:海洋出版社,2012.

[14] 林河山,廖连招,蔡晓琼,等.海岛生态服务功能保护初探[J].生态科学,2011,30(6):667-671.

[15] 高才全,刘荣杰,张爱华,等.沧州海域浮游生物调查与分析[J].河北渔业,2010(3):29-40.

[16] 段雯娟.保护"蓝色遗产" 全世界在行动[J].地球,2016(9):26-28.

[17] 周丽亚,秦正茂,樊行,等.试论海洋资源观的演进与城市发展——以深圳为例[J].城市发展研究,2015,22(4):59-60.

[18] 范媛媛,林苗,王高强,等.湖北省土地资源生态承载力评价[J].安徽农业科学,2018,46(4):47-52.

[19] 黄杰,梁雅惠,王玉.我国区域围填海问题的经济学分析[J].经济师,2016(02):166-167.

[20] 曲晴.认识海洋污染[J].环境教育,2010(8):80-80.

[21] 彭欣,叶属峰,杨建毅,等.基于海岛管理的南麂列岛生物多样性保护实践与经验[J].海洋开发与管理,2012,29(5):93-100.

[22]孙伟博,张彦明,蒲子芳,等.港口溢油应急处置技术探讨[J].环境工程,2015(S1):971.

[23] 高瑜,陈全震,曾江宁.浙江省海洋外来生物入侵影响与控制策略研究[J].海洋开发与管理,2012,29(5):101-107.

[24] 张沛东,曾星,孙燕,等.海草植株移植方法的研究进展[J].海洋科学,2013,37(5):100-107.

[25]马仁锋,梁贤军,任丽燕.中国区域海洋经济发展的"理性"与"异化"[J].华东经济管理,2012(11):27-31.

[26]高峰.深海石油开采的风险[J].资源与人居环境,2010(18):37-37.

[27]郭永华,刘成斌,王琛.海洋污染物的鉴定分类研究[J].中国水运,2010(10):36-37.

[28]林燕鸿,黄发明,黄金良,等.我国区域用海规划实施主要特点及驱动机制分析[J].海洋开发与管理,2018,35(3):32－37.

[29] 宋华.石油烃类污染物的微生物修复技术[J].环境科学与管理,2013,38(2):83－88.

[30] 夏丽华,徐珊,陈智斌,等.广东省海岸带海水养殖业污染贡献率研究[J].广州大学学报(自然科学版),2013,12(5):80－86.

[31]姜欢欢,温国义,周艳荣,等.我国海洋生态修复现状、存在的问题及展望[J].海洋开发与管理,2013(01):37－38.

[32]朱坚真,杨义勇.我国海岸带综合管理政策目标初探[J].海洋环境科学,2015(02):753－754.

[33]张毅敏,陈晶,杨阳,等.我国海洋污染现状、生态修复技术及展望[J].科学,2014(03):50－51.

[34] 李德鹏.辽宁省典型海岸带开发活动区的环境累计影响和综合效应研究 [D].大连:大连海事大学,2012.

[35] 姜海燕.海洋污染防治中的政府职责研究[D].上海:复旦大学,2012.

[36]崔姣.我国海洋生态补偿政策研究[D].青岛:中国海洋大学,2010.

[37]李晨光.围海造地法律规制研究[D].上海:复旦大学,2012.